"十三五"国家重点出版物出版规划项目
可靠性新技术丛书

动态系统可靠性理论

Dynamic System Reliability Theory

［美］邢留冬（Liudong Xing）
　　　汪超男
　　　　　　　　　　　　　　　著
［以］格雷戈里·列维廷（Gregory Levitin）
　　　陈颖

国防工业出版社
·北京·

内 容 简 介

本书以理论叙述和实际案例分析相结合的方式,对存在不完全故障覆盖、功能相关、确定性和概率性共因失效、确定性和概率性竞争失效以及动态贮备等相关复杂行为的系统可靠性建模方法和求解算法进行了探讨,为人们认识和描述失效的发生、发展、演变规律提供了理论依据。

本书可供可靠性相关专业高年级本科生和研究生学习使用,也可供从事可靠性相关工作的工程技术人员及科研人员参考。

图书在版编目(CIP)数据

动态系统可靠性理论／(美)邢留冬等著. —北京:国防工业出版社,2022.1 重印
(可靠性新技术丛书)
ISBN 978-7-118-11868-1

Ⅰ.①动… Ⅱ.①邢… Ⅲ.①动态系统-系统可靠性-研究 Ⅳ.①N945.17

中国版本图书馆 CIP 数据核字(2019)第 148867 号

※

*国防工業出版社*出版发行
(北京市海淀区紫竹院南路 23 号 邮政编码 100048)
北京虎彩文化传播有限公司
新华书店经售

*

开本 710×1000 1/16 印张 13¼ 字数 228 千字
2022 年 1 月第 1 版第 2 次印刷 印数 2001—2500 册 定价 78.00 元

(本书如有印装错误,我社负责调换)

| 国防书店:(010)88540777 | 发行邮购:(010)88540776 |
| 发行传真:(010)88540755 | 发行业务:(010)88540717 |

可靠性新技术丛书 编审委员会

主 任 委 员：康　锐
副主任委员：周东华　左明健　王少萍　林　京
委　　　员（按姓氏笔画排序）：

　　　　　　朱晓燕　任占勇　任立明　李　想
　　　　　　李大庆　李建军　李彦夫　杨立兴
　　　　　　宋笔锋　苗　强　胡昌华　姜　潮
　　　　　　陶春虎　姬广振　翟国富　魏发远

丛书序

可靠性理论与技术发源于20世纪50年代,在西方工业化先进国家得到了学术界、工业界广泛持续的关注,在理论、技术和实践上均取得了显著的成就。20世纪60年代,我国开始在学术界和电子、航天等工业领域关注可靠性理论研究和技术应用,但是由于众所周知的原因,这一时期进展并不顺利。直到20世纪80年代,国内才开始系统化地研究和应用可靠性理论与技术,但在发展初期,主要以引进吸收国外的成熟理论与技术进行转化应用为主,原创性的研究成果不多,这一局面直到20世纪90年代才开始逐渐转变。1995年以来,在航空航天及国防工业领域开始设立可靠性技术的国家级专项研究计划,标志着国内可靠性理论与技术研究的起步;2005年,以国家863计划为代表,开始在非军工领域设立可靠性技术专项研究计划;2010年以来,在国家自然科学基金的资助项目中,各领域的可靠性基础研究项目数量也大幅增加。同时,进入21世纪以来,在国内若干单位先后建立了国家级、省部级的可靠性技术重点实验室。上述工作全方位地推动了国内可靠性理论与技术研究工作。当然,在这一进程中,随着中国制造业的快速发展,特别是《中国制造2025》的颁布,中国正从制造大国向制造强国的目标迈进,在这一进程中,中国工业界对可靠性理论与技术的迫切需求也越来越强烈。工业界的需求与学术界的研究相互促进,使得国内可靠性理论与技术自主成果层出不穷,极大地丰富和充实了已有的可靠性理论与技术体系。

在上述背景下,我们组织编著了这套可靠性新技术丛书,以集中展示近5年国内可靠性技术领域最新的原创性研究和应用成果。在组织编著丛书过程中,坚持了以下几个原则:

一是**坚持原创**。丛书选题的征集,要求每一本图书反映的成果都要依托国家级科研项目或重大工程实践,确保图书内容反映理论、技术和应用创新成果,力求做到每一本图书达到专著或编著水平。

二是**体系科学**。丛书框架的设计,按照可靠性系统工程管理、可靠性设计与试验、故障诊断预测与维修决策、可靠性物理与失效分析4个板块组织丛书的选题,基本上反映了可靠性技术作为一门新兴交叉学科的主要内容,也能在一定时期内保证本套丛书的开放性。

三是**保证权威**。丛书作者的遴选，汇聚了一支由国内可靠性技术领域长江学者特聘教授、千人计划专家、国家杰出青年基金获得者、973项目首席科学家、国家级奖获得者、大型企业质量总师、首席可靠性专家等领衔的高水平作者队伍，这些高层次专家的加盟奠定了丛书的权威性地位。

四是**覆盖全面**。丛书选题内容不仅覆盖了航空航天、国防军工行业，还涉及了轨道交通、装备制造、通信网络等非军工行业。

这套丛书成功入选"十三五"国家重点出版物出版规划项目，主要著作同时获得国家科学技术学术著作出版基金、国防科技图书出版基金以及其他专项基金等的资助。为了保证这套丛书的出版质量，国防工业出版社专门成立了由总编辑挂帅的丛书出版工作领导小组和由可靠性领域权威专家组成的丛书编审委员会，从选题征集、大纲审定、初稿协调、终稿审查等若干环节设置评审点，依托领域专家逐一对入选丛书的创新性、实用性、协调性进行审查把关。

我们相信，本套丛书的出版将推动我国可靠性理论与技术的学术研究跃上一个新台阶，引领我国工业界可靠性技术应用的新方向，并最终为"中国制造2025"目标的实现做出积极的贡献。

康锐

2018年5月20日

前言

动态性与部件之间的相关性是现代工程和计算系统或产品的典型特征,系统负载、应力水平、冗余程度及其他工作环境参数都可能随着时间发生变化,而且,系统部件的行为在时间或功能上常常有着相关性。描述这些动态和相关行为,对准确地建立系统可靠性模型并分析系统的可靠性指标,以及进行进一步的系统优化和维护工作至关重要。

传统的可靠性建模方法可以定义系统的静态逻辑结构,但不能描述现代系统的动态性和相关性,这使得利用传统可靠性模型进行的可靠性分析结果偏离系统实际可靠性性能,从而可能会误导系统设计、操作和维护工作。作为传统可靠性理论的演变和改进,动态可靠性理论在研究系统故障时,不仅仅建立在基本部件故障事件的静态逻辑组合基础上,还考虑部件故障事件发生的时机、事件的相互关系以及工作环境的影响。这个领域的研究成果持续不断地在相关的期刊和学术会议上发表,引起越来越多的人对这个领域的关注,因此现在正是出版这本书的好时机。

本书围绕动态系统可靠性热点问题,系统地介绍了带有不完全故障覆盖的容错系统、功能相关系统、确定性和概率性共因失效系统、确定性和概率性竞争失效系统以及动态贮备系统的可靠性建模和分析方法。本书部分工作得到了国家自然科学基金(61702219)、广州市科技计划项目(201804010305)以及中央高校基本科研业务费专项资金的资助。

全书共分为10章,在第2章的可靠性理论基础上,第3章和第4章研究了二态系统、多状态系统、多阶段任务系统、分级系统的不完全故障覆盖以及模块化不完全故障覆盖问题。第5章描述了利用或门替代法和组合方法来分析功能相关问题,并给出了组合触发事件、级联效应事件、双重效应事件、共享相关事件等案例分析。第6章和第7章针对共因失效问题,介绍了利用分解聚合法、基于决策图算法、基于通用生成函数的方法等求解单阶段与多阶段任务系统中的确定性共因失效问题和概率性共因失效问题。第8章和第9章阐述了确定性竞争失效和概率性竞争失效问题,明确了系统故障的传播规律和故障模式之间的相关性,介绍了全局性与选择性传播失效,以及具有这些故障传播关系的系统动态故障树建模方法,并利用组合算法、马尔可夫法求解此类问题。第10章是利用马尔可夫法、基于决策图算法和近似算法来求解冷贮备和温贮备系统的动态可靠性问题。

本书采用理论与案例分析相结合的方式,深入浅出地介绍了解决多种复杂动态系统可靠性问题的模型和方法,希望成为可靠性相关专业高年级本科生和研究生及可靠性领域的研究人员和工程技术人员极具参考价值的学习资料。

本书的主要作者 Liudong Xing(邢留冬),目前为美国麻省大学(UMass)达特茅斯分校电子与计算机工程系终身教授、中国教育部 2015 年度长江学者讲座教授。本书的共同作者包括以色列电力公司可靠性部门的高级专家 Gregory Levitin 教授,毕业于麻省大学达特茅斯分校现就职于暨南大学的汪超男教授,北京航空航天大学的陈颖副教授。作者成员均为活跃在国际动态可靠性领域的研究人员,同时也是多个相关国际期刊论文的作者、审稿人、编委或者副主编,这为本书能够站在国际视角上解决动态可靠性领域内亟需解决的问题提供了基础。本书汇总了作者近年来发表的动态可靠性分析论文中的研究成果,这些论文发表在国际可靠性与系统工程领域内顶级期刊如 *Reliability Engineering and System Safety* 和 *IEEE Transactions on Systems, Man, and Cybernetics: Systems* 上,是最新的、原创性成果的提炼和升华,所研究的内容和成果在本行业内都具有领先性。

本书作者衷心感谢提出本书中一些基础概念与模型的研究人员和本书部分主题的合作研究者,这其中包括弗吉尼亚大学(University of Virginia)的 Joanne Bechta Dugan 教授和 Barry W. Johnson 教授,杜克大学(Duke University)的 Kishor S. Trivedi 教授,美国 BAE Systems 的 Suprasad V. Amari 博士,华侨大学的莫毓昌教授,北京工业大学的彭锐教授;主要作者 Liudong Xing 培养的已毕业的博士,包括美国 Autoliv 公司的 Akhilesh Shrestha 博士,美国伊利诺伊斯理工大学(Illinois Institute of Technology)的 Ola Tannous 博士,美国 Global Prior Art 公司的 Prashanthi Boddu 博士,电子科技大学的王玉洁博士后。作者同样感谢本书参考文献中的研究人员的付出,也感谢来自北京航空航天大学可靠性与系统工程学院的李颖异、汤宁、门伟阳、俞晓勇、王泽对本书中文翻译的录入和排版所做的工作。最后,本书作者很荣幸能与国防工业出版社的编辑人员合作,感谢他们对本书出版付出的辛勤努力。

目录

第1章 绪论 ·· 1
  参考文献 ·· 4
第2章 基础可靠性理论 ··· 8
  2.1 概率的基本概念 ·· 8
    2.1.1 概率公理 ·· 8
    2.1.2 全概率定律 ··· 9
    2.1.3 贝叶斯定理 ··· 9
    2.1.4 随机变量 ·· 9
  2.2 可靠性度量 ·· 11
    2.2.1 失效函数 ·· 11
    2.2.2 可靠性函数 ··· 11
    2.2.3 失效率函数 ··· 12
    2.2.4 平均失效时间 ·· 12
    2.2.5 平均剩余寿命 ·· 12
  2.3 故障树建模 ·· 12
    2.3.1 静态故障树 ··· 13
    2.3.2 动态故障树 ··· 14
    2.3.3 多阶段任务故障树 ··· 14
    2.3.4 多状态故障树 ·· 15
  2.4 二元决策图 ·· 16
    2.4.1 基础概念 ·· 17
    2.4.2 ROBDD 生成 ·· 17
    2.4.3 ROBDD 评估 ·· 18
    2.4.4 案例分析 ·· 18
  参考文献 ··· 19
第3章 不完全故障覆盖 ·· 24
  3.1 故障覆盖类型 ··· 24
  3.2 不完全故障覆盖模型 ·· 25
  3.3 二态系统 ··· 26

        3.3.1　BDD 扩展法 ··············· 26
        3.3.2　简单有效算法 ············· 28
    3.4　多状态系统 ······················· 29
        3.4.1　基于 MMDD 的 MSS 分析方法 ··· 30
        3.4.2　存在 ELC 的 MSS 的案例分析 ··· 31
    3.5　多阶段任务系统 ··················· 33
        3.5.1　小部件概念 ················ 33
        3.5.2　拓展的 SEA 方法 ············ 33
        3.5.3　PMS BDD 分析方法 ··········· 35
        3.5.4　总结 ······················ 36
        3.5.5　PMS 案例分析 ··············· 37
    参考文献 ····························· 39

第 4 章　模块化不完全覆盖 ··············· 42
    4.1　模块化不完全覆盖模型 ············· 42
    4.2　不可修分级系统 ··················· 44
    4.3　可修分级系统 ····················· 47
    参考文献 ····························· 50

第 5 章　功能相关 ······················· 52
    5.1　概述 ····························· 52
    5.2　或门替代方法 ····················· 52
    5.3　组合方法 ························· 54
        5.3.1　任务 1：处理触发部件的未覆盖失效 ··· 54
        5.3.2　任务 2：变换以生成不考虑 FDEP 的简化问题 ··· 55
        5.3.3　任务 3：求解简化问题并处理相关部件的未覆盖失效 ··· 55
        5.3.4　任务 4：整合得到最终系统的不可靠性 ··· 56
        5.3.5　组合算法总结 ················ 56
    5.4　案例分析 ························· 58
        5.4.1　具有组合触发事件的存储系统 ··· 58
        5.4.2　存在级联效应的系统 ·········· 60
        5.4.3　存在级联 FDEP 和双重效应事件的系统 ··· 63
        5.4.4　存在 FDEP 共享相关事件的系统 ··· 65
    参考文献 ····························· 67

第 6 章　确定性共因失效 ················· 70
    6.1　概述 ····························· 70

6.2 分解聚合法 ·· 70
6.2.1 三步求解法 ··· 70
6.2.2 案例分析 ··· 72
6.3 基于决策图的算法 ·· 74
6.3.1 CCF 建模 ··· 75
6.3.2 系统 DD 模型的生成 ··· 75
6.3.3 系统 DD 模型评估 ·· 76
6.3.4 案例分析 ··· 76
6.4 基于通用生成函数的方法 ·· 79
6.4.1 系统模型 ··· 80
6.4.2 串并联系统的 u-函数方法 ·· 81
6.4.3 考虑 CCFs 的 u-函数方法 ·· 82
6.4.4 案例分析 ··· 84
参考文献 ·· 88

第7章 概率性共因失效 ·· 91
7.1 单阶段任务系统 ·· 91
7.1.1 显式算法 ··· 92
7.1.2 案例分析 ··· 93
7.1.3 隐式算法 ··· 95
7.1.4 案例分析 ··· 96
7.1.5 比较和讨论 ··· 98
7.2 多阶段任务系统 ·· 98
7.2.1 显式方法 ··· 99
7.2.2 案例分析 ··· 101
7.2.3 隐式方法 ··· 104
7.2.4 案例分析 ··· 105
7.2.5 比较和讨论 ··· 106
参考文献 ·· 107

第8章 确定性竞争失效 ·· 109
8.1 概述 ·· 109
8.2 单功能相关组单阶段任务系统 ·· 110
8.2.1 PFGE 方法 ·· 110
8.2.2 组合算法 ··· 111
8.2.3 案例分析 ··· 113

8.3 多功能相关组单阶段任务系统 …… 118
    8.3.1 组合算法 …… 118
    8.3.2 案例分析 …… 119

8.4 全局性与选择性传播失效共存的单阶段任务系统 …… 124
    8.4.1 组合算法 …… 124
    8.4.2 案例分析 …… 127

8.5 包含单功能相关组的多阶段任务系统 …… 138
    8.5.1 组合算法 …… 139
    8.5.2 案例分析 …… 142

8.6 包含多功能相关组的多阶段任务系统 …… 147
    8.6.1 马尔可夫法 …… 148
    8.6.2 案例分析 …… 149

参考文献 …… 153

第9章 概率性竞争失效 …… 155

9.1 概述 …… 155

9.2 存在单类本地失效的系统 …… 156
    9.2.1 组合算法 …… 156
    9.2.2 案例分析 …… 158

9.3 存在多类本地失效的系统 …… 166
    9.3.1 组合算法 …… 166
    9.3.2 案例分析 …… 169

参考文献 …… 177

第10章 动态贮备 …… 178

10.1 概述 …… 178

10.2 马尔可夫法 …… 179
    10.2.1 冷贮备系统 …… 180
    10.2.2 温贮备系统 …… 181

10.3 基于决策图的算法 …… 182
    10.3.1 冷贮备系统 …… 182
    10.3.2 温贮备系统 …… 186

10.4 近似算法 …… 189
    10.4.1 同构冷贮备系统 …… 189
    10.4.2 异构冷贮备系统 …… 191

参考文献 …… 194

第1章

绪　论

科学技术的飞速发展与跨学科融合使得现代的工程和计算机系统越来越复杂。现代系统,特别是无线传感器网、物联网、智能电网、空间探索以及云计算领域的系统,动态性与相关性是系统或者产品的典型特征。系统载荷、工作条件、应力水平、冗余程度以及其他工作环境参数都是随着时间而变化的,这些都成为系统部件的动态故障行为以及系统具有动态可靠性需求的原因。另外,这些系统的部件常常在时间或功能上有着很强的关联性或者相关性。为了更准确地建立可靠性模型并分析系统可靠性,必须描述这些动态和相关行为,这对于校核一个系统是否满足预期的可靠性需求,确定最优化的设计以及操作模式并对成本和可靠性等系统参数进行权衡至关重要。正因为如此,现代动态系统的可靠性建模和分析变得比任何时候都更加具有挑战性。

传统的可靠性建模方法,例如可靠性框图[1]和故障树[2],可以定义系统的静态逻辑结构,但缺乏描述系统动态状态转移、部件故障相关及传播效应的能力。利用传统的可靠性模型精确地反映现代复杂容错系统的实际行为非常困难,甚至是不可能的。换言之,不能描述现代系统的动态性和相关性,使得利用传统可靠性模型进行的可靠性分析结果偏离系统实际可靠性性能,可能会误导系统设计、操作和维护工作。

与传统静态可靠性建模不同,动态可靠性理论研究系统故障不仅仅建立在基本部件故障事件的静态逻辑组合基础上,还依赖于事件发生的时机、事件的相互关系以及工作环境的影响。因而,动态可靠性理论是传统可靠性理论的演变和改进,其研究将会促进复杂系统工程的发展和应用。

本书主要阐述带有不完全故障覆盖的容错系统、功能相关系统、确定性和概率性共因失效系统、确定性和概率性竞争失效系统以及动态贮备系统可靠性建模和分析方法。

特别要提及的是,不完全故障覆盖是容错系统的固有行为,这种容错系统在设计上存在冗余以及系统自动恢复和重构机制[3-5]。正如任何系统部件一样,系统恢复机制包括故障检测、故障定位和故障隔离,故障恢复机制是很难完美的,这种机制可能会失效,从而导致系统无法正常地探测、定位、隔离或者从故障中将其恢复。未覆盖的部件故障可能会传播到系统中,引发大面积的损伤,有时候甚至导致整个系统崩溃。进一步研究发现,分层系统中源于未覆盖部件故障的损伤可能会由于分层恢复而展现出多层次性[6]。传统的不完全覆盖问题被延伸到了模块化不完全覆盖中,从而对分层系统中部件的多层未覆盖故障模式进行建模[7]。

功能相关发生在系统中一个部件发生故障(或者通常是产生某些触发事件),引起同一系统的其他部件(称为相关部件)无法使用或者无法被访问或者被隔离。典型的案例是计算机网络系统,其中的计算机可以通过路由器访问网络[8]。如果路由器故障,所有连接到路由器上的计算机就无法访问。我们称这些计算机与路由器具有功能相关关系。在故障完全覆盖的系统中,功能相关行为可以用逻辑"或"关系来表示[9]。但是,在不完全故障覆盖系统中,逻辑"或"门替代法会导致高估系统不可靠性。原因是,在触发事件发生的情况下,如果相关部件发生未被覆盖故障,这些未连接的相关部件却对系统未覆盖故障概率做了贡献。但是,由于这些相关部件是断开或者隔离的,它们实际上不会产生传播效应或者使系统停止工作[10]。需要新的算法来描述功能相关和不完全故障覆盖的耦合行为。

除了不完全故障覆盖,共因失效是另外一类可以对整个系统不可靠性产生重大影响的行为[11-13]。共因失效定义为"相关事件的一个子集,某种共同原因导致其中两个或者更多部件故障状态同时或者在一个很短的时间间隔内出现"[11]。大多数传统共因失效模型假设受共享根原因影响的多个部件的确定性失效。近期的研究将这个概念扩展到概率共因失效的建模上,此时根原因导致多个系统部件以不同的概率失效[14-16]。

做为共因失效的一种,源于一个系统部件的带有全局效应的传播性故障(PFGE)可以导致整个系统的故障[17]。此类故障可能由不完全故障覆盖或者一个部件故障对其他系统部件故障的破坏性效应(例如过热,爆炸等)而引发。但是,PFGE 可能不会总是引发带有功能相关行为的整个系统的故障。特别地,如果触发事件发生在所有相关部件的 PFGE 之前,这些 PFGE 就能够被确定性的隔离,从而不会影响系统中的其他部件正常运行。另一方面,如果任意一个相关部件的 PFGE 发生在触发事件之前,就会产生故障传播效应,摧毁整个系统。因此,在时间域故障隔离和故障传播效应存在竞争关系,这两种效应的不同发生顺序会导致完全不同的系统状态[18,19]。

描述此类带有功能相关的竞争失效系统的开创性工作主要聚焦在确定

性的竞争失效上，只要触发事件先发生，源于相应相关部件的任何故障都被确定性地或必然地隔离。最新的研究[20-21]揭示出在某些现实世界系统，例如中继性无线通信系统，故障隔离效应可能是概率性或者不确定的。考虑一个具体的案例，由于无线信号的衰减，中继辅助无线传感器网络中的一些传感器更倾向于通过中继节点将它们感知到的信息传给汇聚节点。这些传感器与中继节点之间存在功能相关关系。然而，与确定性竞争失效情况不同的是当中继器失效后，每个传感器并不一定被隔离，其原因是它们可以以一定的概率基于剩余电量的比例增加传输功率，从而与汇聚设备无线相连。某个传感器只有在剩余电量不足，无法直接传输到汇聚节点时才会被隔离。类似于确定性竞争失效，在概率故障隔离效应和故障传播效应间存在时域竞争关系，并会导致显著不同的系统状态。这种概率竞争失效要比确定性竞争失效行为的建模更为复杂。

另外一种常见的动态系统是贮备系统，这种系统常用于需要进行容错设计且系统可靠性水平要求较高的生命关键应用或任务关键应用中。在贮备系统中，一个或多个单元在线工作，其他的冗余单元做贮备。当在线单元发生故障后，贮备单元被激活，使得系统任务恢复[3]。贮备系统中的部件常常表现出动态故障行为，它们在被激活代替已经发生故障的部件之前和之后有着不同的失效率[22-26]。

上述的动态行为在现实世界中大量存在，将会在接下来章节的案例研究中详细讲解。由于这些动态行为的存在，不仅严重影响系统安全运行，同时系统可靠性建模和分析也变得更加复杂。忽略故障的动态性和相关性，或者在进行系统可靠性分析时假设部件独立工作，通常会导致误差过大，甚至得到错误结论。下面的各章介绍各种模型和方法来描述不同类型系统的动态和相关行为，包括二态和多态系统、单阶段任务和多阶段任务系统。

传统的可靠性模型大多只适用于二态系统，这种系统及其部件会呈现两种或仅有两种的状态（工作或故障）。然而，许多实际系统是多状态的[27-30]，例如不完全故障覆盖系统、动态贮备系统、多故障模式系统[31]、工作共担系统[32]、载荷共担系统[33]、性能共享系统[34,35]、性能退化系统以及有限的维修资源系统[36]。在这些系统中，系统及其部件都会呈现出由功能完善到完全故障的多种状态或性能水平。在对多状态系统建模时，必须描述部件的非二态性及不同状态之间的相关性。

除了在对多状态系统进行可靠性建模与分析时考虑动态行为的效应，本书还会考虑多阶段任务系统（phased-mission system，PMS）。传统系统可靠性建模时通常假设被研究的系统仅执行唯一的阶段任务，在此期间系统不会改变任务和配置[37]。自 19 世纪 70 年代以来，由于在诸如机载武器系统、航天、核能以及通信网络等各种行业中自动化程度的提高，多阶段任务系统已经成为一种更加恰当和精确的可靠性模型[38-39]。这些系统执行的任务包括了多个连续的阶段，每个阶段持续的时间都可能不同。在每个阶段中，系统必须完成特定的且通常不同的任务。除此之外，系统会受到不同应力水平、环境条件的作用，有不同的可靠性需求。因此，系统的配置、成功标准（结构函数），以及部件行为在不同阶段任务中可能会不同[13,40]。这些动态性以及给定部件的不同阶段之间的统计相关性使得多阶段任务系统的可靠性建模与分析比单阶段任务系统更加困难和具有挑战性。

总的来说，本书介绍的动态可靠性理论可以解决具有单级或多级（模块化）不完全故障覆盖、功能相关、确定性或概率性共因失效、确定性或概率性竞争失效、动态贮备、多状态以及多阶段任务行为系统的有效且准确的可靠性建模和分析。

参考文献

[1] RAUSAND M, HOYLAND A. System reliability theory: models, statistical methods, and applications [M]. 2nd ed. Hoboken: John Wiley & Sons, Inc, 2004.

[2] DUGAN J B, DOYLE S A. New results in Fault-Tree analysis [C]//Tutorial Notes of Annual Reliability and Maintainability Symposium. Pennsylvania: Philadelphia, 1999.

[3] JOHNSON B W. Design and analysis of fault tolerant digital systems [M]. 1st ed. Boston, Mass: Addison-Wesley Longman Publishing Co., Inc, 1988.

[4] ARNOLD T F. The concept of coverage and its effect on the reliability model of a repairable system [J]. IEEE transactions on computers, 1973, C-22(3): 251-254.

[5] DUGAN J B. Fault trees and imperfect coverage [J]. IEEE transactions on reliability, 1989, 38(2): 177-185.

[6] XING L, DUGAN J B. Dependability analysis of hierarchical systems with modular imperfect coverage [C]//Proceedings of the 19th International System Safety Conference (ISSC'2001), Huntsville, 2001.

[7] XING L. Reliability modeling and analysis of complex hierarchical systems [J]. International journal of reliability, quality and safety engineering, 2005, 12(6): 477-492.

[8] XING L, LEVITIN G, WANG C, et al. Reliability of systems subject to failures with dependent propagation effect [J]. IEEE transactions on systems, man, and cybernetics: systems, 2013, 43(2): 277-290.

[9] MERLE G, ROUSSEL J M, LESAGE J J. Improving the efficiency of dynamic Fault Tree analysis by considering gates FDEP as static [C]. European Safety and Reliability Conference (ESREL 2010), Rhodes, 2010.

[10] XING L,MORRISSETTE B A,DUGAN J B. Combinatorial reliability analysis of imperfect coverage systems subject to functional dependence [J]. IEEE transactions on reliability, 2014,63(1):367-382.

[11] Nuclear Regulatory Commission. Procedure for treating common-cause failures in safety and reliability studies:Vol. I and II (NUREG/CR-4780)[Z]. Washington DC,1988.

[12] FLEMING K N,MOSLEH A,KELLY A P. On the analysis of dependent failures in risk assessment and reliability evaluation [J]. Nuclear safety,1983,15(24):637-657.

[13] XING L,LEVITIN G. BDD-based reliability evaluation of phased-mission systems with internal/external common-cause failures [J]. Reliability engineering & system safety,2013, 112:145-153.

[14] XING L,WANG W. Probabilistic common-cause failures analysis[C]//Reliability and maintainability symposium,Las Vegas. New York:IEEE,2009.

[15] XING L,BODDU P,SUN Y,et al. Reliability analysis of static and dynamic fault-tolerant systems subject to probabilistic common-cause failures [J]. Proc. IMechE,Part O:Journal of risk and reliability,2010,224(1):43-53.

[16] WANG C,XING L,LEVITIN G. Explicit and implicit methods for probabilistic common-cause failure analysis [J]. Reliability engineering & system safety,2014,131:175-184.

[17] XING L,LEVITIN G. Combinatorial analysis of systems with competing failures subject to failure isolation and propagation effects [J]. Reliability engineering & system safety,2010, 95(11):1210-1215.

[18] XING L,WANG C,LEVITIN G. Competing failure analysis in non-repairable binary systems subject to functional dependence [J]. Proc IMechE,Part O:Journal of risk and reliability,2012,226(4):406-416.

[19] WANG C,XING L,LEVITIN G. Competing failure analysis in phased-mission systems with functional dependence in one of phases [J]. Reliability engineering & system safety, 2012,108:90-99.

[20] WANG Y,XING L,WANG H,et al. Combinatorial analysis of body sensor networks subject to probabilistic competing failures [J]. Reliability engineering & system safety,2015,142: 388-398.

[21] WANG Y,XING L,WANG H. Reliability of systems subject to competing failure propagation and probabilistic failure isolation[J]. International journal of systems science:operations & logistics,2016(3):1-19.

[22] XING L,TANNOUS O,DUGAN J B. Reliability analysis of non-repairable cold-standby systems using sequential binary decision diagrams [J]. IEEE transactions on systems, man,and cybernetics,part a:systems and humans,2012,42(3):715-726.

[23] ZHAI Q,PENG R,XING L,et al. BDD-based reliability evaluation of k-out-of-(n+k) warm standby systems subject to fault-level coverage [J]. Proc IMechE,Part O:Journal of risk and reliability,2013,227(5):540-548.

［24］ LEVITIN G, XING L, DAI Y. Optimal sequencing of warm standby elements ［J］. Computers & industrial engineering, 2013, 65(4): 570-576.

［25］ LEVITIN G, XING L, DAI Y. Cold vs. hot standby mission operation cost minimization for 1-out-of-N systems ［J］. European journal of operational research, 2014, 234(1): 155-162.

［26］ LEVITIN G, XING L, DAI Y. Mission cost and reliability of 1-out-of-N warm standby systems with imperfect switching mechanisms ［J］. IEEE transactions on systems, man, and cybernetics: systems, 2014, 44(9): 1262-1271.

［27］ ZANG X, WANG D, SUN H, et al. A BDD-based algorithm for analysis of multistate systems with multistate components ［J］. IEEE transactions on computers, 2003, 52(12): 1608-1618.

［28］ CALDAROLA L. Coherent systems with multistate components ［J］. Nuclear engineering & design, 1980, 58(1): 127-139.

［29］ XING L, DAI Y. A new decision-diagram-based method for efficient analysis on multistate systems ［J］. IEEE transactions on dependable & secure computing, 2009, 6(3): 161-174.

［30］ LISNIANSKI A, LEVITIN G. Multi-state system reliability: assessment, optimization and applications, Series on quality, reliability and engineering statistics: volume 6 ［M］. 1st ed. Singapore: World Scientific, 2003.

［31］ MO Y, XING L, DUGAN J B. MDD-based method for efficient analysis on phased-mission systems with multimode failures ［J］. IEEE transactions on systems, man, and cybernetics: systems, 2014, 44(6): 757-769.

［32］ LEVITIN G, XING L, BEN-HAIM H, et al. Optimal task partition and state-dependent loading in heterogeneous two-element work sharing system ［J］. Reliability engineering & system safety, 2016, 156: 97-108.

［33］ KVAM P H, PENA E A. Estimating load-sharing properties in a dynamic reliability system ［J］. Journal of the American statistical association, 2005, 100(469): 262-272.

［34］ LEVITIN G. Reliability of multi-state systems with common bus performance sharing ［J］. IIE transactions, 2011, 43(7): 518-524.

［35］ YU H, YANG J, MO H. Reliability analysis of repairable multi-state system with common bus performance sharing ［J］. Reliability engineering & system safety, 2014, 132: 90-96.

［36］ AMARI S V, XING L, SHRESTHA A, et al. Performability analysis of multi-state computing systems using multi-valued decision diagrams ［J］. IEEE transactions on computers, 2010, 59(10): 1419-1433.

［37］ MA Y, TRIVEDI K S. An algorithm for reliability analysis of phased-mission systems ［J］. Reliability engineering & system safety, 1999, 66(2): 157-170.

［38］ ESARY J D, ZIEHMS H. Reliability analysis of phased missions ［C］//Reliability and fault tree analysis: theoretical and applied aspects of system reliability and safety assessment.

Philadelphia: Society for Industrial and Applied Mathematics, 1975.

[39] BURDICK G R, FUSSELL J B, RASMUSON D M, et al. Phased mission analysis: a review of new developments and an application [J]. IEEE transactions on reliability, 1977, R-26 (1): 43-49.

[40] SHRESTHA A, XING L, DAI Y. Reliability analysis of multi-state phased-mission systems with unordered and ordered states [J]. IEEE transactions on systems, man, and cybernetics, part a: systems and humans, 2011, 41(4): 625-636.

第 2 章

基础可靠性理论

本章介绍概率的基本概念、可靠性度量、故障树建模和二元决策图。

2.1 概率的基本概念

"随机试验"是概率论中的一个基础概念,表示试验前所有可能的结果是事先已知的,但无法得知哪种结果会发生[1]。所有可能的结果组成的集合构成了随机试验的"样本空间",通常由 Ω 表示,每一个结果称为"样本点"。

样本空间的子集称为"事件"。如果试验中观察到的结果在所定义事件的子集中,称该随机试验事件发生。样本空间本身就是一个集合,是一个特殊事件,叫做"必然事件",其发生概率为 1。空集 $\varnothing$ 也是一个特殊事件,叫做"不可能事件",其发生概率为 0。

由于事件就是集合,所以集合论中的一般运算,比如求补集、合集和交集等也能运用到事件的运算中,从而形成新的事件。特别地,如果两个事件没有相同的样本点,例如 $A \cap B = \varnothing$,那么 A 和 B 叫做"互斥事件"或"不相交事件"。

2.1.1 概率公理

E 表示一个随机事件,对于实数 $P(E)$,如果满足以下 3 个公理[1],那么 $P(E)$ 称为事件 E 的概率。

公理 1:$0 \leq P(E) \leq 1$。

公理 2:$P(\Omega) = 1$ 意味着结果为样本空间 Ω 中的一个样本点的概率为 1。

公理 3:对于两两互斥事件的任何序列 $E_1, E_2, \cdots$,即 $E_i \cap E_j = \varnothing (i \neq j)$,这些事件中至少一个发生的概率等于它们各自发生概率的总和:$P(\cup_{i=1}^{\infty} E_i) = \sum_{i=1}^{\infty} P(E_i)$。

用 A 和 B 表示两个事件,那么在 B 发生的情况下 A 发生的条件概率表示

为 $P(\mathbf{A}|\mathbf{B})$，且有 $0 \leq P(\mathbf{A}|\mathbf{B}) \leq 1$，$P(\mathbf{A} \cap \mathbf{B}) = P(\mathbf{B})P(\mathbf{A}|\mathbf{B})$。在 $P(\mathbf{B}) \neq 0$ 的情况下，更为常用的条件概率公式为

$$P(\mathbf{A}|\mathbf{B}) = \frac{P(\mathbf{A} \cap \mathbf{B})}{P(\mathbf{B})} \tag{2.1}$$

2.1.2 全概率定律

满足以下 3 个条件的事件集 $\{\mathbf{B}_i\}_{i=1}^n$ 称为样本空间 Ω 的一个"划分"：① $\mathbf{B}_i \cap \mathbf{B}_j = \emptyset (i \neq j)$；② $P(\mathbf{B}_i) > 0 (i = 1, 2, \cdots, n)$；③ $\cup_{i=1}^n \mathbf{B}_i = \Omega$。基于划分 $\{\mathbf{B}_i\}_{i=1}^n$，对同一样本空间 Ω 定义的任何事件 $\mathbf{E}$，全概率定律的一般情况[1]为

$$P(\mathbf{E}) = \sum_{i=1}^n P(\mathbf{E}|\mathbf{B}_i)P(\mathbf{B}_i) \tag{2.2}$$

事件集 $\{\mathbf{B}, \overline{\mathbf{B}}\}$ 是 Ω 的一个特殊划分，基于这个划分有 $P(\mathbf{E}) = P(\mathbf{E}|\mathbf{B})P(\mathbf{B}) + P(\mathbf{E}|\overline{\mathbf{B}})P(\overline{\mathbf{B}})$ 给出了全概率定律的一种特殊情况。

2.1.3 贝叶斯定理

基于条件概率公式（式（2.1））和全概率定律（式（2.2）），式（2.3）给出了贝叶斯定理[1]：

$$P(\mathbf{B}_j|\mathbf{E}) = \frac{P(\mathbf{E}|\mathbf{B}_j)P(\mathbf{B}_j)}{P(\mathbf{E})} = \frac{P(\mathbf{E}|\mathbf{B}_j)P(\mathbf{B}_j)}{\sum_{i=1}^n P(\mathbf{E}|\mathbf{B}_i)P(\mathbf{B}_i)} \tag{2.3}$$

基于划分 $\{\mathbf{B}, \overline{\mathbf{B}}\}$，贝叶斯定理可以应用为

$$P(\mathbf{B}|\mathbf{E}) = \frac{P(\mathbf{E}|\mathbf{B})P(\mathbf{B})}{P(\mathbf{E})} = \frac{P(\mathbf{E}|\mathbf{B})P(\mathbf{B})}{P(\mathbf{E}|\mathbf{B})P(\mathbf{B}) + P(\mathbf{E}|\overline{\mathbf{B}})P(\overline{\mathbf{B}})} \tag{2.4}$$

2.1.4 随机变量

随机变量 X 是定义在实数域上的样本空间 Ω 到 $\mathbf{R}$ 上的实值函数，即 $X:\Omega \to \mathbf{R}$。换句话说，随机变量 X 将 Ω 中的每一个结果 ω 映射到一个实数 $X(\omega) \in \mathbf{R}$。

对于实数 a 和随机变量 X，累积分布函数 F 定义为[1]

$$F_X(a) = P\{\omega:\omega \in \Omega \text{ 和 } X(\omega) \leq a\} = P\{X \leq a\} \tag{2.5}$$

累积分布函数 F 是一个非递减函数，即如果 $a < b$，则有 $F(a) \leq F(b)$。并且，对于任何 $a < b$ 都有 $P\{a < X \leq b\} = F(b) - F(a)$。

随机变量分为离散型和连续型。一个离散型随机变量所有可能的取值是

可数的,且离散随机变量 X 的映像是一个有限的或可数无穷的实数子集,表示为 $T=\{x_1,x_2,\cdots\}$。除了累积分布函数,离散型随机变量还可用另一个函数表征——概率质量函数,定义为

$$p_X(a)=P\{X=a\}=P\{\omega:\omega\in\Omega\mid X(\omega)=a\} \tag{2.6}$$

概率质量函数有以下特性:$0\leqslant p_X(x)\leqslant 1$,且 $\sum_{x_i\in T}p_X(x_i)=1$。

连续随机变量是取值为一系列不可数实数的随机变量。通常,某一特定事件发生的时间是连续随机变量。除了累积分布函数,连续型随机变量还可用另一个函数表征——概率密度函数,定义为

$$f_X(x)=F'_X(x)=\frac{\mathrm{d}F_X(x)}{\mathrm{d}x} \tag{2.7}$$

对于任意实数 a,$F_X(a)=P(X\leqslant a)=\int_{-\infty}^{a}f_X(x)\mathrm{d}x$,同时,$F_X(\infty)=\int_{-\infty}^{\infty}f_X(x)\mathrm{d}x=1$。概率密度函数 $f_X(x)$ 是可积的,并且对于任意实数 $a<b$,都有 $\int_{a}^{b}f_X(x)\mathrm{d}x=P\{a\leqslant X\leqslant b\}=F_X(b)-F_X(a)$。

随机变量的"均值"或"期望值"表示变量的长期平均值或大量观察后的平均预期结果。用概率质量函数 $p_X(x)$ 表示离散随机变量 X 的均值:

$$\mu=E[X]=\sum_{x_i\in T}[x_i p_X(x_i)] \tag{2.8}$$

用概率密度函数 $f_X(x)$ 表示连续随机变量 X 的均值:

$$\mu=E[X]=\int_{-\infty}^{\infty}xf_X(x)\mathrm{d}x \tag{2.9}$$

随机变量的"方差"是变量统计分布程度的度量,表示其值偏离平均值的程度。对于均值为 μ 的随机变量 X,其方差定义为

$$\mathrm{Var}(X)=\sigma^2=E[(X-\mu)^2] \tag{2.10}$$

用于计算方差的替代公式是 $\mathrm{Var}(X)=E[X^2]-\mu^2$,其证明如下:

$$\begin{aligned}\mathrm{Var}[X]&=E[(X-\mu)^2]=E[X^2-2\mu X+\mu^2]\\&=E[X^2]-2\mu E[X]+E[\mu^2]=E[X^2]-2\mu^2+\mu^2\\&=E[X^2]-\mu^2\end{aligned} \tag{2.11}$$

随机变量的标准差 σ 是方差的平方根。

例 2.1 作为示例,用可靠性工程中最广泛使用的连续型分布之一的指数分布来进行说明。

如果某一连续型随机变量 X 的概率密度函数符合以下形式,该随机变量服从参数为 λ 的"指数"分布[1]:

$$f_X(x) = \begin{cases} \lambda e^{-\lambda x} & (x \geq 0) \\ 0 & (x < 0) \end{cases} \tag{2.12}$$

其累积分布函数为

$$F_X(x) = \int_{-\infty}^{x} f_X(u) \mathrm{d}u = \begin{cases} 1 - e^{-\lambda x} & (x \geq 0) \\ 0 & (x < 0) \end{cases} \tag{2.13}$$

根据式(2.9)和式(2.10),服从指数分布的随机变量 X 的均值和方差分别为

$$E[X] = 1/\lambda, \quad \mathrm{Var}[X] = 1/\lambda^2 \tag{2.14}$$

指数分布具有下式定义的无记忆(memoryless)特性:

$$P\{X>t+h \mid X>t\} = P\{X>h\} \quad (\forall t, h > 0) \tag{2.15}$$

2.2 可靠性度量

本节介绍不可修复单元的一些可靠性度量指标,包括失效函数 $F(t)$、可靠性函数 $R(t)$、失效率函数 $h(t)$、平均失效时间(MTTF)和平均剩余寿命(MRL)。这些度量的定义是基于"失效时间"这一连续型随机变量的。具体来讲,不可修复单元的寿命可以用连续型随机变量 T,即失效时间(TTF)来进行建模。失效时间定义为单元从首次投入运行到第一次失效的时间。

2.2.1 失效函数

单元的失效函数为 T 的累积分布函数,即

$$F(t) = P\{T \leq t\} = \int_0^t f(\tau) \mathrm{d}\tau \tag{2.16}$$

式中: $f(\tau)$ 为 T 的概率密度函数; $F(t)$ 为在时间间隔 $(0, t]$ 内单元失效的概率。

例 2.1 中的单元如果其失效时间服从参数为 λ 的指数分布,根据式(2.13),其在 t 时刻的失效函数或失效概率为 $F(t) = 1 - e^{-\lambda t}$。

2.2.2 可靠性函数

单元在 $t>0$ 时刻的可靠性函数定义为

$$R(t) = 1 - F(t) = P\{T > t\} = \int_t^{\infty} f(\tau) \mathrm{d}\tau \tag{2.17}$$

表示在时间间隔 $(0, t]$ 内单元不失效的概率。可靠性函数 $R(t)$ 也称为残存函数,表示单元已经工作了 $(0, t]$ 的时间间隔并且在 t 时刻还能继续工作的概率。

例 2.1 中失效时间服从指数分布的单元在 t 时刻的可靠性函数为 $R(t) = e^{-\lambda t}$。

2.2.3 失效率函数

失效率函数又称为风险率函数，是单元失效的瞬时速度的量度，定义为

$$h(t) = \lim_{\Delta t \to 0} \frac{P\{t < T \leq t + \Delta t \mid T > t\}}{\Delta t} = \lim_{\Delta t \to 0} \frac{F(t + \Delta t) - F(t)}{R(t) \Delta t} = \frac{f(t)}{R(t)} \quad (2.18)$$

例 2.1 中的单元在 t 时刻的失效率函数为 $h(t) = \lambda$。因此，失效时间服从指数分布的单元的失效率函数是一个定值或常数。

2.2.4 平均失效时间

平均失效时间（MTTF）是指单元首次失效时间的期望值。计算如下：

$$\text{MTTF} = E[T] = \int_0^\infty \tau f(\tau) \, d\tau \quad (2.19)$$

对于可修复单元，如果其失效的平均修复时间（MTTR）特别短，或相比于 MTTF 可忽略，那么其平均失效间隔（MTBF）可用 MTTF 近似代替。否则，MTBF=MTTF+MTTR。下式给出了计算 MTTF 的另一个等价公式：

$$\text{MTTF} = \int_0^\infty R(\tau) \, d\tau \quad (2.20)$$

对于例 2.1 中失效时间服从指数分布的单元，其 $\text{MTTF} = \frac{1}{\lambda}$。该单元能够工作到 MTTF 的概率为 $R(\text{MTTF}) = e^{-1} = 0.36788$。

2.2.5 平均剩余寿命

t 时刻的 MRL 是指已经工作了 $(0, t]$ 的时间间隔的单元的平均剩余寿命，计算如下：

$$\text{MRL}(t) = \int_0^\infty R(\tau \mid t) \, d\tau = \int_0^\infty \frac{R(\tau + t)}{R(t)} d\tau = \frac{1}{R(t)} \int_t^\infty R(\tau) \, d\tau \quad (2.21)$$

新单元在 0 时刻的 MRL 等于 MTTF，即 $\text{MRL}(0) = \text{MTTF}$。对于例 2.1 中的单元，由于指数分布具有无记忆性，在任意时刻 t 都有 $\text{MRL}(t) = \text{MTTF}$。总的来说，失效时间服从指数分布的单元，只要单元仍然运行，在统计学上都是与新的一样。因此，没有必要更换仍在运行的失效时间服从指数分布的单元。

2.3 故障树建模

20 世纪 60 年代，故障树技术首先由贝尔电话实验室的 Watson 提出，它用于协助分析"民兵"洲际弹道导弹的发射控制系统[2]。如今，故障树已经成为系

统可靠性分析中最常用的技术之一。

故障树分析首先定义一个系统不希望发生的事件(通常是系统处于某种特定的故障模式),然后通过分析系统找到所有将导致该事件发生的基本事件的组合[3]。其具体分析推理如下:对于一个失效场景(故障树的"顶事件"),失效症状被分解为若干个可能的原因,每一个可能的原因又被深入研究分解直到理解失效的基本原因(称为"基本事件")。故障树构成是逐层完成的,从顶端到底端进行搭建。在从上至下的搭建过程中,会出现许多中间事件,每个"中间事件"是一个由一个或多个逻辑门相连的前提原因而导致的故障事件[3]。

故障树模型的分析分为两类。定性分析通常用于确定最小割集(导致顶事件发生的基本事件的最小组合)[4]。定量分析是在给定每一个基本事件发生概率的条件下,确定顶事件(系统不可靠或无效)的发生概率。定量分析方法包括仿真(如蒙特卡罗仿真)[5]和分析方法。分析方法又可进一步分为3种类型:状态空间法[6-9]、组合法[10-12]以及这两种方法组合而成的模块化方法[13-14]。参考文献[15]给出了这3种方法的详细介绍。

故障树用图解的方式表示了不希望发生的系统事件和基本故障事件之间的逻辑关系[4]。基于用于构建故障树模型的事件和逻辑门的类型,故障树可以划分为静态故障树、动态故障树、多阶段任务故障树和多态故障树,这些将在下面的章节中描述。

2.3.1 静态故障树

静态故障树(SFT)用故障事件的组合表示系统的失效条件。能够用来构建静态故障树逻辑门的有或门(OR)、与门(AND)和表决门(VOTE)(K/N),它们的符号如表2.1所列。

表2.1 静态故障树常用门符号

门	符 号	描 述
OR		只要有一个输入事件发生,输出事件就会发生
AND		全部的输入事件发生,输出事件才会发生
VOTE	K/N	N 个中至少有 K 个输入事件发生,输出事件才会发生

2.3.2 动态故障树

动态故障树(DFT)可以通过动态门来对动态系统的行为进行建模,动态故障树门符号如表2.2所列[4]。其中,功能相关(FDEP)门有一个单独的触发输入事件和一个或多个相关的基本事件。触发事件可以是基本事件,也可以是中间事件(即另一个门的输出)。触发事件的发生必然导致相关的基本事件发生。FDEP门没有逻辑输出,它通过虚线连接到故障树的顶门。

表2.2 动态故障树门符号

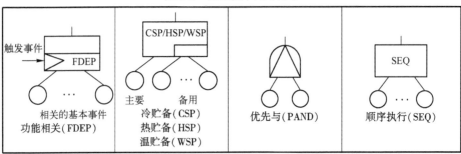

表2.2中的冷/热/温贮备(CSP/HSP/WSP)门由一个主要基本事件和一个或多个备用基本事件组成。主要输入对应于最初启用的部件,备用输入对应于最初未启动的备用部件,它是主要部件的替代品。当所有输入事件发生时,即主要部件和所有备用部件都失效或者无用时,输出事件发生。CSP中,备用部件在投入使用前未通电且失效率为零。HSP中,备用部件在上线投入使用前后失效率相同。WSP中,备用部件在投入使用前失效率较低。注意,这3种贮备门不仅可以对备用行为进行建模,还能影响与输入的基本事件相关联的部件的失效率,因此,一个基本事件不能同时连接不同类型的贮备门。

优先与(PAND)门在逻辑上等同于与门,但其有一个附加的条件,即输入事件必须按照预先指定的顺序发生(按照它们出现在逻辑门中从左到右的顺序)。如果有任何一个输入事件没有发生,或者右侧输入事件在左侧输入事件之前发生,那么输出事件将不会发生。顺序执行(SEQ)门强迫所有的输入事件按照特定的顺序即从左到右的顺序发生。它和PAND门的区别在于,SEQ门仅仅允许输入事件按照预先规定的顺序发生,而PAND门是检测输入事件是否按照预先规定的顺序发生(实际中事件可以按任何顺序发生)。

2.3.3 多阶段任务故障树

多阶段任务故障树(PFT)用于对多阶段任务系统(PMS)失效行为的建模,多阶段任务系统是指包含要按顺序完成的多个不重叠阶段的任务或操作的系统[16-17]。在不同的阶段,系统结构和部件失效行为可以不同。航空器的飞行是多阶段任务系统的一个经典例子,其过程包括滑行、起飞、攀升、巡航、下降和着陆多个阶段[18-20]。对于多发动机飞机,在起飞阶段,由于飞机承受着巨大的气压,通常所有的发动机都要运转,然而,虽然所有的发动机都希望能够正常工作,但在其他飞行阶段仅有一部分是必须要运转的。此外,相比于飞行过程中的其他阶段,由于发动机在起飞阶段通常要承受更为巨大的压力,因此发动机更容易在该阶段失效[20]。在系统可靠性分析中,这些动态行为都需要不同的故障树来对 PMS 的每一个阶段进行建模[21-25]。

对于各阶段任务满足阶段或(phase-OR)需求的 PMS,如果系统在任意一个阶段失效,那么整个任务将会失败。此外,也存在满足更通用的组合阶段需求(CPR)的 PMS,具体来说,它们的失效标准可以用由逻辑与门、表决门和或门组成的阶段失效逻辑组合来表示。对于满足组合阶段需求的 PMS,某一阶段失效不一定导致整个任务的失败,可能只降低任务的性能。

例 2.2 一个空间数据采集系统由 3 个连续阶段组成,不同的阶段故障树组合下的系统性能不同[26]。如果在 3 个阶段均成功采集数据,那么系统性能为"优";如果在前两个阶段中的任意一个阶段和第三个阶段都能成功采集数据,那么系统性能为"好"。图 2.1 展示的故障树模型描述了这两个任务等级的 CPR。关于本例中的 PMS 的更多详细介绍参考文献[26]。

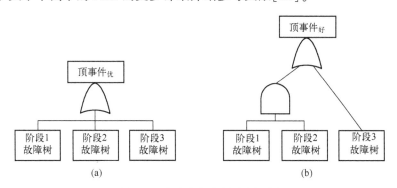

图 2.1 多阶段任务故障树示例

(a) $\Pr(优) = 1 - \Pr(顶事件_{优})$;(b) $\Pr(好) = 1 - \Pr(顶事件_{好})$。

2.3.4 多状态故障树

多状态故障树(MFT)用于对多状态系统(MSS)进行建模,在多状态系统中,系统及其部件可能存在多个性能级别,对应着从完美运行到完全失效的一系列不同状态[27-29]。MSS 可用于对性能退化、不完全故障覆盖、多种失效模式和负载共享等复杂行为进行建模,这些行为广泛存在于如计算机系统、电力系统、通信和传输网络以及传感器网络等实际应用系统中[30-33]。

与传统故障树模型类似,MFT 提供了部件事件组合的图解表示,这些事件组合可导致系统处于某一特定状态[34-35]。对于有 n 种系统状态的 MSS,必须构建 n 个不同的多状态故障树,每种系统状态一个。每个 MFT 包括一个代表系统处于某一特定状态 S_k 的顶事件,还包括一组基本事件,每一个基本事件表示一个多状态部件处于一个特定的状态。顶事件被分解为可导致 S_k 发生的基本事件的组合,该组合可通过与门、或门和表决门等逻辑门来表示。给定基本事件的发生概率,通过 MFT 的定量分析可确定系统处于该特定状态的概率。

例 2.3 某一多状态计算机系统有两块主板(B_1,B_2)[34],每一块主板都包含一个处理器和一个存储模块。两个存储模块(M_1, M_2)通过同一条总线被两个处理器(P_1,P_2)共享。基于其处理器和存储模块的状态,每一块主板 $B_i(i=1,2)$ 可展现 4 种不相交状态:$B_{i,4}$(P 和 M 均工作)、$B_{i,3}$(M 工作,P 失效)、$B_{i,2}$(P 工作,M 失效)以及 $B_{i,1}$(P 和 M 均失效)。整个计算机系统可假定存在 3 种不相交状态:S_3(至少一个 P 和两个 M 工作)、S_2(至少一个 P 和只有一个 M 工作)和 S_1(没有 P 或没有 M 工作)。以系统状态 S_3 为例,图 2.2 展示了计算机系统在此状态下的 MFT,它对导致整个系统处于状态 S_3 的主板状

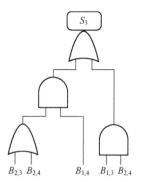

图 2.2 MFT 示例[34]

态组合进行了建模:主板 B_1 处于状态 4,同时主板 B_2 处于状态 3 或 4;主板 B_1 处于状态 3,同时主板 B_2 处于状态 4。

2.4 二元决策图

二元决策图(BDD)是 Lee 在 1959 年为了表征开关电路时首次提出的[36]。1986 年 Bryant 研究了基于 BDD 的高效算法的潜力[37],自从那时起,BDD 及其延伸形式被应用到不同领域中[38-48]。1993 年,BDD 首次用于二态系统的故障树可靠性分析中[4,10,11]。许多研究表明,在大多数情况下,相比于其他故障树可靠性分析方法如基于马尔可夫的方法、基于最小割集/路集的容斥原理法或者不交和算法,BDD 方法需要更少的计算时间和存储空间。近些年来,BDD 及其延伸形式已经成为不同类型复杂系统的高效可靠性分析的最先进组合模型。复杂系统可靠性评估中 BDD 及其延伸形式的综合讨论参考文献[49]。

在这一节中,我们将介绍 BDD 的基础,以及如何为系统可靠性分析构建和

评估 BDD 模型。

2.4.1 基础概念

BDD 主要是基于香农(Shannon)分解定理：设 F 是基于一组布尔变量 X 的布尔表达式，x 是 X 中的一个布尔变量，则有[37]

$$F = x \cdot F_{x=1} + \bar{x} \cdot F_{x=0} = x \cdot F_1 + \bar{x} \cdot F_0 = \text{ite}(x, F_1, F_0) \quad (2.22)$$

其中，$F_1 = F_{x=1}$ 和 $F_0 = F_{x=0}$ 表示 x 分别为 1 和 0 时对 F 的评估。为了使符号与由布尔函数 Shannon 分解产生的二叉树的直观概念相匹配，引入了"如果—则有—否则"(ite)形式[10]。

BDD 可用图解形式表示逻辑函数，图解形式既有简洁性（即任何其他图解表示都包含更多的节点），也有规范性（即对特定变量顺序的表示是独一无二的）。BDD 是一个有根有向非循环图，它有两个终节点和一组非终节点。两个终节点分别代表逻辑值"0"和"1"，表示系统处于运行状态或失效状态。BDD 中的每一个非终节点以 ite 形式对布尔函数进行编码。具体来说，每一个非终节点与一个布尔变量 x 相关联，有两条出边，分别叫做 0 边（或 else 边）和 1 边（或 then 边）（图 2.3）。0 边表示部件的运行，并导向子节点 $F_{x=0}$；1 边表示相应部件的失效，并导向子节点 $F_{x=1}$。BDD 的核心特征之一是 $x \cdot F_{x=1}$ 和 $\bar{x} \cdot F_{x=0}$ 是不相交的。

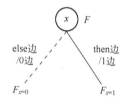

图 2.3 BDD 中的非终节点

对变量排序后，并且 BDD 中每一条从根节点到终节点的路径都是以上升顺序来访问变量的，我们可以得到有序的 BDD(OBDD)。此外，每一个非终节点都是以不同的表达式进行编码的 OBDD，被称为简化的 OBDD(ROBDD)。

为了利用 ROBDD 进行故障树的定量可靠性分析，故障树首先要转化为 ROBDD(2.4.2 节)，然后对所得的 ROBDD 进行评估，从而得到系统的不可靠性(2.4.3 节)。

2.4.2 ROBDD 生成

为了从故障树构建 ROBDD，首先要给每一个对应一个系统部件的变量分配一个不同的次序或索引(index)，最终 ROBDD 的规模在很大程度上取决于输入变量的次序。目前还没有确切的程序来确定对于给定的故障树结构下最优的变量排序方式，幸运的是，启发法通常可以用来寻找合理的排序。通过参考文献[50-55]可了解多种基于故障树模型深度优先搜索的启发法。

在输入变量顺序分配好后，通过重复递归地应用下列处理规则，按照由下向上的方式构造 OBDD[37]：

$$G \diamond H = \text{ite}(x, G_1, G_0) \diamond \text{ite}(y, H_1, H_0)$$

$$= \begin{cases} \text{ite}(x, G_1 \diamond H_1, G_0 \diamond H_0) & \text{index}(x) = \text{index}(y) \\ \text{ite}(x, G_1 \diamond H, G_0 \diamond H) & \text{index}(x) < \text{index}(y) \\ \text{ite}(y, G \diamond H_1, G \diamond H_0) & \text{index}(x) > \text{index}(y) \end{cases} \quad (2.23)$$

其中：$\diamond$ 表示一个逻辑与或者或运算；G 和 H 表示两个对应于遍历子故障树的布尔表达式；G_i 和 H_i ($i=0,1$) 分别是 G 和 H 的子表达式。这些规则是用来将两个分别用 G 和 H 逻辑表达式表示的子 OBDD 模型组合成为一个 OBDD 模型。为了应用这些规则，需要对两个根节点（即，x 对应 G，y 对应 H）的索引进行比较：如果 x 和 y 索引相同，表示它们属于同一个部件，那么对它们的子节点进行运算；否则，索引较小的变量将成为组合后的 OBDD 的新根节点，并且对索引较小的节点的每一个子节点与另一个子 OBDD 整体进行逻辑运算。上述规则循环应用直到子表达式中有一个变为定值表达式"0"或"1"，然后应用布尔代数 ($1+x=1, 0+x=x, 1 \cdot x=x, 0 \cdot x=0$) 去简化表达式。

为了生成 ROBDD，在生成 OBDD 时要应用两个简化准则：①由于同构型的子 OBDD 对应着相同的布尔表达式，所以将其合并为一个子 OBDD；②删除具有相同的左右子节点的无用的节点。

2.4.3 ROBDD 评估

ROBDD 中每一条从根节点到终节点的路径都表示一种部件失效和不失效的不相交组合。如果某一路径的终节点为"1"，那么该路径将导致系统失效；如果某一路径的终节点为"0"，那么该路径将导致系统运行。与路径上每一个与 then 边（或 1 边）相关联的概率是相应部件的不可靠性；与路径上每一个与 else 边（或 0 边）相关联的概率是相应部件的可靠性。系统的可靠性为所有从根节点到终节点"0"的路径概率之和。同样地，系统的不可靠性可以简单地由对所有从根节点到终节点"1"的路径概率求和所得。

对于图 2.3 所示的 BDD 分支，下式给出了计算机实现的递归评估算法：

$$\Pr(F) = q_x \cdot \Pr(F_1) + p_x \cdot \Pr(F_0) \quad (2.24)$$

式中：q_x 和 p_x 分别表示部件 x 的不可靠性和可靠性。当 x 为整个系统 ROBDD 的根节点时，$\Pr(F)$ 给出最终系统的不可靠性。该递归算法的出口条件是：如果 $F=0$，则 $\Pr(F)=0$；如果 $F=1$，则 $\Pr(F)=1$。

2.4.4 案例分析

考虑图 2.4 所示的故障树，用于生成 ROBDD 的变量顺序为 $A<B<C<D$。

图 2.5 为应用 2.4.2 节描述的生成过程得到的最终 ROBDD 模型。

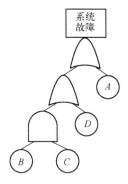

图 2.4 说明 ROBDD 生成的故障树示例

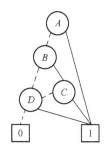

图 2.5 该示例最终 ROBDD

图 2.5 的 ROBDD 中有 4 条从根节点到终节点"1"的不相交路径：
路径-1：A 失效；
路径-2：A 没有失效，B 失效，C 失效；
路径-3：A 没有失效，B 没有失效，D 失效；
路径-4：A 没有失效，B 失效，C 没有失效，D 失效。
因此，系统不可靠性计算为

$$UR(t) = \sum_{i=1}^{4} \Pr\{路径 - i\} \\ = q_A + p_A q_B q_C + p_A p_B q_D + p_A q_B p_C q_D \tag{2.25}$$

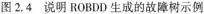

参考文献

[1] ALLEN A. Probability, statistics and queuing theory: with computer science applications [M]. 2nd ed. London: Academic Press, 1990.

[2] WATSON H A. Launch control safety study [M]. Murray Hill: Bell Telephone Laboratories, 1961.

[3] VESELY W E, GOLDBERG F F, ROBERTS N H, et al. Fault tree handbook (NUREG-0492)[M]. Washington DC: US Nuclear Regulatory Research, 1981.

[4] DUGAN J B, DOYLE S A. New results in Fault-Tree analysis[C]. Tutorial Notes of Annual Reliability and Maintainability Symposium, Philadelphia, 1999.

[5] KE J, SU Z, WANG K, et al. Simulation inferences for an availability system with general repair distribution and imperfect fault coverage [J]. Simulation modelling practice & theory, 2010, 18(3): 338-347.

[6] BOBBIO A, FRANCESCHINIS G, GAETA R, et al. Exploiting Petri nets to support fault tree based dependability analysis[C]//Proceedings of the 8th international workshop on Petri Nets and performance models. New York: IEEE, 2000.

[7] DUGAN J B, BAVUSO S J, BOYD M A. Fault trees and Markov models for reliability analysis of fault tolerant systems [J]. Reliability engineering & system safety, 1993, 39(3): 291-307.

[8] HURA G S, ATWOOD J W. The use of Petri nets to analyze coherent fault trees [J]. IEEE transactions on reliability, 1988, 37(5): 469-474.

[9] MALHOTRA M, TRIVEDI K S. Dependability modeling using Petri nets [J]. IEEE transactions on reliability, 1995, 44(3): 428-440.

[10] RAUZY A. New algorithms for fault tree analysis [J]. Reliability engineering & system safety, 1993, 40(3): 203-211.

[11] COUDERT O, MADRE J C. Fault Tree analysis: 10^{20} prime implicants and beyond[C]. Proceedings of annual reliability and maintainability symposium. New York: IEEE, 1993.

[12] SINNAMON R, ANDREWS J D. Fault tree analysis and binary decision diagrams[C]// Proceedings of the Annual Reliability and Maintainability Symposium. New York: IEEE, 1996.

[13] GULATI R, DUGAN J B. A modular approach for analyzing static and dynamic fault trees [C]//Proceedings of the Annual Reliability and Maintainability Symposium. New York: IEEE, 1997.

[14] SAHNER R, TRIVEDI K S, PULIAFITO A. Performance and reliability analysis of computer systems: an example-based approach using the SHARPE software package[M]. Boston: Kluwer Academic Publisher, 1996.

[15] XING L, AMARI S V. Fault tree analysis [M]//Misra K B. Handbook of Performability Engineering Chapter 38, London: Springer Science & Business Media, 2008.

[16] XING L. Reliability importance analysis of generalized phased-mission systems [J]. International journal of performability engineering, 2007, 3(3): 303-318.

[17] ASTAPENKO D, BARTLETT L M. Phased mission system design optimisation using genetic algorithms [J]. International journal of performability engineering, 2009, 5(4): 313 - 324.

[18] DAI Y, LEVITIN G, XING L. Structure optimization of non-repairable phased mission systems [J]. IEEE transactions on systems, man, and cybernetics: systems, 2014, 44(1): 121-129.

[19] ALAM M, MIN S, NESTER S L, et al. Reliability analysis of phased-mission systems: a practical approach[C]//Proceedings of Annual Reliability and Maintainability Symposium. New York: IEEE, 2006.

[20] MURPHY K E, CARTER C M, MALERICH A W. Reliability analysis of phased-mission systems: a correct approach[C]//Proceedings of Annual Reliability and Maintainability Symposium. New York: IEEE, 2007.

[21] DUGAN J B. Automated analysis of phased-mission reliability [J]. IEEE transactions on reliability, 1991, 40(1): 45-52, 55.

[22] SMOTHERMAN M K, ZEMOUDEH K. A non-homogeneous Markov model for phased-mission reliability analysis [J]. IEEE transactions on reliability, 1989, 38(5): 585-590.

[23] MURA I, BONDAVALLI A. Markov regenerative stochastic Petri nets to model and evaluate phased mission systems dependability [J]. IEEE transactions on computers, 2001,50(12):1337-1351.

[24] ESARY J D,ZIEHMS H. Reliability analysis of phased missions[C]//Reliability and fault tree analysis:theoretical and applied aspects of system reliability and safety assessment. Philadelphia:Society for Industrial and Applied Mathematics,1975.

[25] SOMANI A K,TRIVEDI K S. Boolean algebraic methods for phased-mission system analysis[R]//Technical Report NAS1-19480,Hampton:NASA Langley Research Center,1997.

[26] XING L, DUGAN J B. Analysis of generalized phased mission system reliability, performance and sensitivity [J]. IEEE transactions on reliability,2002,51(2):199-211.

[27] XING L,LEVITIN G. Combinatorial algorithm for reliability analysis of multi-state systems with propagated failures and failure isolation effect [J]. IEEE transactions on systems, man,and cybernetics,part a:systems and humans,2011,41(6):1156-1165.

[28] SHRESTHA A,XING L,DAI Y. Reliability analysis of multi-state phased-mission systems with unordered and ordered states [J]. IEEE transactions on systems, man, and cybernetics,part a:systems and humans,2011,41(4):625-636.

[29] LEVITIN G,XING L. Reliability and performance of multi-state systems with propagated failures having selective effect [J]. Reliability engineering & system safety,2010,95(6): 655-661.

[30] HUANG J,ZUO M J. Dominant multi-state systems [J]. IEEE transactions on reliability, 2004,53(3):362-368.

[31] LEVITIN G. Reliability of multi-state systems with two failure-modes [J]. IEEE transactions on reliability,2003,52(3):340-348.

[32] CHANG Y-R,AMARI S V,KUO S-Y. OBDD-based evaluation of reliability and importance measures for multistate systems subject to imperfect fault coverage [J]. IEEE transactions on dependable and secure computing,2005,2(4):336-347.

[33] LI W, PHAM H. Reliability modeling of multi-state degraded systems with multi-competing failures and random shocks [J]. IEEE transactions on reliability,2005,54(2): 297-303.

[34] ZANG X,WANG D,SUN H,et al. A BDD-based algorithm for analysis of multistate systems with multistate components [J]. IEEE transactions on computers,2003,52(12): 1608-1618.

[35] AMARI S V, XING L, SHRESTHA A, et al. Performability analysis of multi-state computing systems using multi-valued decision diagrams [J]. IEEE transactions on computers,2010,59(10):1419-1433.

[36] LEE C Y. Representation of switching circuits by binary-decision programs [J]. Bell systems technical journal,1959,38(4):985-999.

[37] BRYANT R E. Graph-based algorithms for Boolean function manipulation [J]. IEEE

transactions on computers,1986,C-35(8):677-691.

[38] MILLER D M. Multiple-Valued logic design tools[C]//Proceedings of 23rd Int'l Symp. Multiple-Valued Logic (ISMVL). New York:IEEE,1993.

[39] MILLER D M,DRECHSLER R. Implementing a multiple-valued decision diagram package [C]//Proceedings of 28th Int'l Symp. Multiple-Valued Logic (ISMVL). New York: IEEE,1998.

[40] BURCH J R,CLARKE E M,LONG D E,et al. Symbolic model checking for sequential circuit verification [J]. IEEE transactions on computer-aided design of integrated circuits and systems,1994,13(4):401-424.

[41] ClARDO G,LUETTGEN G,SIMINICEANU R. Saturation:An Efficient Iteration Strategy for Symbolic State Space Generation[C]//Tools and Algorithms for the Construction and Analysis of Systems. Berlin:Springer,2001.

[42] HERMANNS H, MEYER-KAYSER J, SIEGILE M. Multi terminal binary decision diagrams to represent and analyse continuous time Markov chains[C]//3rd International workshop on numerical solution of Markov chains (NSMC'99). Berlin:Springer,1999.

[43] MINER A S,CHENG S. Improving efficiency of implicit Markov chain state classification [C]//Proceedings of first international conference on the quantitative evaluation of systems (QEST 2004). New York:IEEE,2004.

[44] CIARDO G. Reachability set generation for Petri nets:Can brute force be smart[C]//Proceedings of 25th international conference on applications and theory of Petri nets (ICATPN 2004). Berlin:Springer,2004.

[45] MINER A S,CIARDO G. Efficient reachability set generation and storage using decision diagrams[C]//Application and theory of Petri nets,Williamsburg. Berlin:Springer,1999.

[46] BURGH J R,CLARKE E M,MCMILLAN K L,et al. Symbolic model checking:10^{20} States and Beyond[C]//Proceedings of fifth annual IEEE symposium logic in computer science (LICS' 90). New York:IEEE,1990.

[47] CHECHIK M,GURFINKEL A,DEVEREUX B,et al. Data structures for symbolic multi-valued model-checking [J]. Formal methods in system design,2006,29(3):295-344.

[48] CORSINI M M,RAUZY A. Symbolic model checking and constraint logic programming:a cross-fertilization[C]//Proceedings of 5th European symposium on Programming,Edinburgh. Berlin:Springer,1994.

[49] XING L,AMARI S V. Binary decision diagrams and extensions for system reliability analysis[M]. Beverly:Wiley-Scrivener,2015.

[50] MINATO S,ISHIURA N,YAJIMA S. Shared binary decision diagrams with attributed edges for efficient Boolean function manipulation [C]//Proceedings of the 27th ACM/IEEE Design Automation Conference. New York:IEEE,1990.

[51] FUJITA M,FUJISAWA H,KAWATO N. Evaluation and improvements of Boolean comparison method based on binary decision diagrams[C]//Proceedings of IEEE international con-

ference on computer aided design. New York:IEEE,1989.
[52] FUJITA M,FUJISAWA H,MATSUGANA Y. Variable ordering algorithm for ordered binary decision diagrams and their evalutation[J]. IEEE transactions on computer-aided design of integrated circuits and systems,1993,12(1):6-12.
[53] BOUISSOU M,BRLJYERE F,RAUZY A. BDD based fault-tree processing:a comparison of variable ordering heuristics[C]//Proceedings of European safety and reliability conference (ESREL). Lisbon:Pergamon,1997.
[54] BOUISSOU M. An ordering heuristics for building binary decision diagrams from fault-trees[C]//Proceedings of the annual reliability and maintainability symposium, Las Vegas. New York:IEEE,1996.
[55] BUTLER K M,ROSS D E,KAPUR R,et al. Heuristics to compute variable orderings for efficient manipulation of ordered BDDs[C]//Proceedings of the 28th Design Automation Conference. New York:ACM,1991.

第 3 章

不完全故障覆盖

在航空航天、飞行控制、核电站、数据存储和通信领域中的许多系统,尤其是在生命关键或任务关键应用中的系统都是容错系统(FTS)[1-2]。FTS即使在出现硬件或软件错误时,也能继续正确地实现其功能[3-4],这通常需要使用某些形式的冗余。基于冗余技术,包括故障的检测、定位、隔离和恢复的自动修复以及重新配置机制在构建容错系统中起着重要作用。然而,这些机制也会失效,从而导致系统不能对其内部的故障进行充分正确地检测、定位、隔离和恢复。尽管系统内依然有充足的冗余,但这些未被覆盖的故障会在系统内传播并导致整个系统或其子系统的失效,这种现象被称为不完全故障覆盖(IPC)[5-7]。

作为IPC现象的一个具体的例子,考虑由一台主服务器和一台备用服务器组成的热贮备服务器系统:当主服务器故障时,备用服务器被投入使用。在理想情况下,只需两台服务器中的一台正常工作,整个系统即可正常工作,然而事实上,在备用服务器投入使用前,主服务器的故障必须被检测到并进行适当的处理。

3.1 故障覆盖类型

根据所采用的容错技术,不完全故障覆盖可分为3类[8-9]:部件级覆盖(ELC)、故障级覆盖(FLC)和性能相关覆盖(PDC)。

ELC,也称为单点故障模型。该模型中系统恢复机制的有效性依赖于每个部件个体故障的发生。对于任一特定部件的故障,恢复机制的成功与否与其他部件是否故障无关。换一种说法,每个部件单独进行故障覆盖,并有一定的覆盖概率,与同系统中其他部件的状态无关。系统有可能可以容忍多个并存的单点部件故障。

FLC,也称为多重故障模型,其故障覆盖概率取决于某一特定集合或群组内故障部件的数量[10]。系统恢复机制的有效性与某恢复窗口内多重故障的发生有关。FLC 模型多应用在基于载荷共担的多处理器计算系统[11]和飞行器计算机控制系统[8,10]中。

在 PDC 中,系统恢复机制的有效性依赖于整个系统的状况[12]。PDC 模型通常适用于系统部件在实现系统主要功能的同时,也能执行故障检测和恢复功能的系统。例如,在数字通信系统中,同一组处理器同时实现故障检测和数据交换功能;故障覆盖概率与处理器的加载和运行速度相关。

本章剩余部分则着重叙述 ELC 建模和考虑 ELC 的可靠性分析方法。对在 FLC 和 PDC 下容错系统的可靠性建模和分析感兴趣的读者可以参考文献[8-11,12-15]详细了解。

3.2 不完全故障覆盖模型

在 Bouricius 等的开创性论文[16]中,故障覆盖(也称为覆盖因子)被定义为在部件故障发生的条件下系统能成功恢复功能的条件概率。此后,故障覆盖被广泛认为是可靠性领域的一个重要问题。一般来说,故障覆盖衡量了一个系统执行故障检测、定位、隔离和(或)恢复功能的能力。

本节将讨论 Dugan 和 Trivedi 提出的不完全故障覆盖模型(IPCM)[7]。后续章节将介绍如何在二态系统、多状态系统和多阶段任务系统可靠性分析中考虑 IPCM。

如图 3.1 所示,IPCM 有一个单一入口,代表着一个部件 k 故障的发生,有 3 个不相交的出口,代表部件 k 故障事件触发的恢复过程的所有可能结果。出口 R:从部件 k 的瞬态故障中成功恢复。系统在不去除故障部件 k 的情况下恢复到工作状态。出口 C:确定故障为永久性的,且成功隔离和移除故障部件 k。系统能否正常工作取决于剩下的冗余度。出口 S:发生单点失效,即未被覆盖或未被检测的单一部件 k 故障导致整个系统的失效。部件 k 的 IPCM 的 3 个输出的概率分别用 (r_k, c_k, s_k) 表示,且 $r_k+c_k+s_k=1$。这 3 种覆盖因子的数值通常可由故障注入[7,17]等技术来估算。令 NF_k、CF_k 和 UF_k 分别代表部件 k 工作、故障被覆盖、故障未被覆盖的事件,令 $q_k(t)$ 代表部件 k 的故障概率,式(3.1)给出了各事件发生的概率:

$$\begin{cases} \Pr\{NF_k\} = n[k] = 1-q_k(t)+q_k(t) \cdot r_k \\ \Pr\{CF_k\} = c[k] = q_k(t) \cdot c_k \\ \Pr\{UF_k\} = u[k] = q_k(t) \cdot s_k \end{cases} \quad (3.1)$$

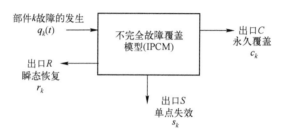

图 3.1　IPCM 结构[7]

3.3　二态系统

本节将分别介绍一种显示算法,即 BDD 扩展法(3.3.1 节);一种隐式算法,即简单有效算法(simple and efficient algorithm)(3.3.2 节),用于在二态系统可靠性分析中考虑 IPCM 的影响。

3.3.1　BDD 扩展法

BDD 扩展法(BEM)通过在系统的 BDD 模型遍历过程中(2.4 节),将 IPCM 显性地插入可发生未覆盖故障部件的路径中来处理 ELC 的影响[18]。如图 3.2 所示,当遍历至能够发生未覆盖故障的节点 k 时,IPCM 被插入到节点 k 的右侧分支所导向的路径上。原始的左侧分支(表示没有发生故障)和 IPCM 的出口 R 都指向 NF_k;出口 C 指向 F_k;因部件的未覆盖故障会导致整个系统的失效,所以出口 S 直接指向终节点"1"。

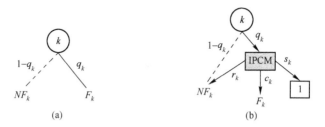

图 3.2　向 BDD 路径中插入 IPCM[18]
（a）初始节点分支；（b）插入 IPCM 之后。

在 ROBDD 生成过程(2.4 节)中,一些无用节点可能出现且被移除。当应用 BEM 时,能够发生未覆盖故障的无用节点必须被重新插入 BDD 模型,原因是即使无用节点的被覆盖故障对 BDD 某一特定路径的系统不可靠性无影响,但未被覆盖的故障仍会引起整个系统的失效。图 3.3 描述了节点(k+1)

为无用节点且已被从 BDD 中移除的情况,当应用 BEM 时,若节点($k+1$)所代表的部件能够发生未覆盖故障,节点($k+1$)及其相应的 IPCM 就应被重新插入路径中(图 3.4)。由于部件($k+1$)的未覆盖故障会导致整个系统的失效,故节点($k+1$)的出口 S 直接指向终节点"1";而其左侧分支(0 边)、出口 R 和出口 C 均指向节点($k+2$)。

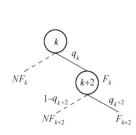
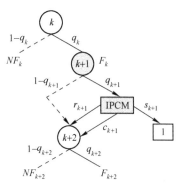

图 3.3　移除无用节点 $k+1$ 的 BDD[19]

图 3.4　插入无用节点 $k+1$ 及其 IPCM[19]

在所有能够发生未覆盖故障的节点的 IPCM 都插入后,便可如传统的 BDD 评估(2.4 节)一样,对从根节点到终节点"1"的全部路径的概率进行累加,得到考虑 ELC 的系统不可靠性。

以图 3.5 中的故障树为例,此故障树对应的是由部件 A 和 B 组成的并联系统。未考虑 ELC 的 BDD 模型如图 3.6(a) 所示。如果 A 和 B 均可能发生未覆盖故障,在应用 BEM 算法时,含 IPCM 的 BDD 模型如图 3.6(b) 所示。因此,通过计算 BDD 模型中由根节点到终节点"1"的 5 条路径的概率和,便可得到考虑 ELC 的系统不可靠性。

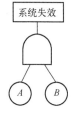

图 3.5　并联系统故障树

$$UR^{\mathrm{I}}(t) = q_A s_A + q_A c_A q_B c_B + q_A c_A q_B s_B + q_A r_A q_B s_B + (1-q_A) q_B s_B \tag{3.2}$$

假设 $q_A = q_B = 0.03$,$r_A = r_B = 0.9$,$c_A = c_B = 0.07$,$s_A = s_B = 0.03$;由式(3.2)可知,例中考虑 ELC 的并联系统的不可靠性为 0.0018036。相比之下,由图 3.6(a) 中 BDD 模型所得的未考虑 ELC 的并联系统的不可靠性为 0.0009,小于考虑 ELC 时的不可靠性。显而易见,这是由于存在 ELC 的系统内任一部件发生未覆盖故障都将导致整个系统失效,从而提高了系统的不可靠性。

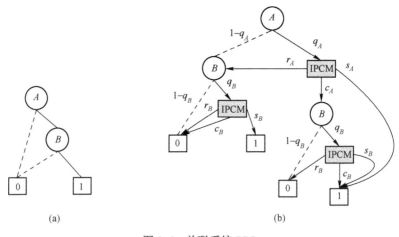

图 3.6 并联系统 BDD

(a) 不考虑 IPCM 的 BDD；(b) 考虑 IPCM 的扩展 BDD[19]。

3.3.2 简单有效算法

不同于显式的 BEM 算法，简单有效算法（SEA）允许使用任意不考虑 ELC 的组合可靠性分析软件，通过简单地调整问题的输入和输出，即可得到考虑 ELC 的系统可靠性。

基于全概率理论，SEA 算法[20]分析考虑 IPCM 的系统不可靠性的算法如下：

$$\begin{aligned}UR^{\text{I}}(t) &= \Pr\{\text{系统失效}\mid \text{至少有一个未覆盖故障}\}\times\\ &\quad \Pr\{\text{至少有一个未覆盖故障}\}+\\ &\quad \Pr\{\text{系统失效}\mid \text{没有未覆盖故障}\}\times\\ &\quad \Pr\{\text{没有未覆盖故障}\}\\ &= 1\times[1-P_u(t)]+UR^{\text{C}}(t)\times P_u(t)\\ &= 1-P_u(t)+P_u(t)\times UR^{\text{C}}(t)\end{aligned} \quad (3.3)$$

式(3.3)中，$P_u(t)$ 表示部件均未发生未覆盖故障的概率，基于式(3.1)可以得到

$$P_u(t) = \prod_{\forall i}\Pr\{\text{部件 } i \text{ 没有发生未覆盖故障}\}$$
$$= \prod_{\forall i}(1-s_i\times q_i(t)) = \prod_{\forall i}(1-u[i]) \quad (3.4)$$

$UR^{\text{C}}(t)$ 表示部件均未发生未覆盖故障时，系统失效的条件概率。为计算 $UR^{\text{C}}(t)$，部件 i 发生故障的概率 $q_i(t)$ 需要用式(3.5)调整为该部件在不发生未覆盖故障条件下的条件概率：

$$\tilde{q}_i(t) = \frac{c[i]}{1-u[i]} = \frac{c_i\times q_i(t)}{(1-s_i\times q_i(t))} = \frac{c[i]}{n[i]+c[i]} \quad (3.5)$$

$UR^C(t)$能够以任意组合方法,如传统BDD方法(2.4节),并使用$\tilde{q}_i(t)$来计算得到。

现以3.3.1节中的并联系统为例进行说明。根据式(3.1),能够得到部件A和B的覆盖和未覆盖的故障概率为

$$c[A]=q_A(t) \cdot c_A, u[A]=q_A(t) \cdot s_A; c[B]=q_B(t) \cdot c_B, u[B]=q_B(t) \cdot s_B$$

已知参数$q_A=q_B=0.03, r_A=r_B=0.9, c_A=c_B=0.07, s_A=s_B=0.03$;可以得到$c[A]=c[B]=0.0021$和$u[A]=u[B]=0.0009$。由式(3.4),得$P_u(t)=(1-u[A])(1-u[B])=0.99820081$。根据式(3.5),调整后的部件故障概率为

$$\tilde{q}_A(t)=\frac{c[A]}{1-u[A]}=0.00210189, \tilde{q}_B(t)=\frac{c[B]}{1-u[B]}=0.00210189$$

结合调整后的部件故障概率,可以由图3.6(a)中的BDD模型得到:

$$UR^C(t)=\tilde{q}_A(t) \cdot \tilde{q}_B(t)=0.000004418$$

最后根据式(3.3),可由$P_u(t)$和$UR^C(t)$求得考虑ELC的系统不可靠性:

$$UR^I(t)=1-P_u(t)+P_u(t) \times UR^C(t)=0.0018036$$

这一结果与3.3.1节中由BEM算法所得结果相符。

3.4 多状态系统

多状态系统(MSS)是指系统和(或)其部件有多个状态或性能级别的系统[21]。具体地,考虑一个由n个多状态部件组成的MSS,系统有m个不同的系统状态或性能级别,部件j有(r_j+1)个状态$(j=1,2,\cdots,n)$,其中状态0对应部件j的未覆盖故障,状态1对应部件j的覆盖故障,状态2,$\cdots$,r_j对应部件j运行状态下的不同性能级别。图3.7描述了IPCM下一个多状态部件j的事件和概率空间,其中$p_{j,k}^I(t)=\Pr\{$IPCM下部件j在时刻t处于状态$k\}$。

运行状态下不同性能级别	部件故障状态	
$\Pr\{x_j=r_j\}=p_{j,r_j}^I(t)$	覆盖	$\Pr\{x_j=1\}=p_{j,1}^I(t)$
$\cdots$		
$\Pr\{x_j=2\}=p_{j,2}^I(t)$	未覆盖	$\Pr\{x_j=0\}=p_{j,0}^I(t)$

图3.7 IPCM下多状态部件j的事件空间[22]

与二态系统的SEA算法类似,应用全概率理论,将考虑IPCM的MSS可靠性问题简化为基于完全故障覆盖的问题[23]。特别地,IPCM模型中MSS处于某一特定的非失效状态S_k的概率为

$$P_{S_k}^{\mathrm{I}}(t) = \Pr\{S_k\}$$
$$= \Pr\{S_k \mid 至少一个未覆盖故障(\mathrm{UF})\} \times \Pr\{至少一个\ \mathrm{UF}\} +$$
$$\Pr\{S_k \mid 没有\ \mathrm{UF}\} \times \Pr\{没有\ \mathrm{UF}\}$$
$$= 0 \times [1 - P_u(t)] + P_{S_k}^{\mathrm{C}}(t) \times P_u(t) = P_u(t) \times P_{S_k}^{\mathrm{C}}(t) \quad (3.6)$$

式(3.6)中,$P_u(t)$为部件均未发生未覆盖故障的概率。下式给出了其计算方法:

$$P_u(t) = \prod_{\forall j} \Pr\{部件\ j\ 没有发生\ \mathrm{UF}\} = \prod_{\forall j}[1 - p_{j,0}^{\mathrm{I}}(t)] \quad (3.7)$$

在计算式(3.6)中的系统状态条件概率 $P_{S_k}^{\mathrm{C}}(t) = \Pr\{S_k \mid 未发生\ \mathrm{UF}\}$ 之前,需应用下式将部件状态概率 $p_{j,k}^{\mathrm{I}}(t)$ 调整为在部件 j 不发生未覆盖故障条件下的条件状态概率 $p_{j,k}^{\mathrm{C}}(t)$ ($k=1,\cdots,r_j$)。

$$p_{j,k}^{\mathrm{C}}(t) = \Pr\{x_j = k \mid x_j \neq 0\} = p_{j,k}^{\mathrm{I}}(t)/(1 - p_{j,0}^{\mathrm{I}}(t)) \quad (3.8)$$

接下来将介绍基于多状态多值决策图(MMDD)的 MSS 可靠性分析方法,采用该方法并使用调整后的部件状态概率可计算式(3.6)中的 $P_{S_k}^{\mathrm{C}}(t)$。读者可参考文献[19]来详细了解基于 MMDD 的方法和其他 MSS 可靠性分析方法。

3.4.1 基于 MMDD 的 MSS 分析方法

MMDD 是将传统的 BDD 模型(2.4 节)向多值逻辑的直接拓展。每个含 r 个状态的多状态部件 A 对应一个多值变量 $x_A \in \{1, 2, \cdots, r\}$,在 MMDD 模型中,该变量由有 r 个外边的非终节点表示,如图 3.8 所示。

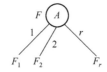

图 3.8 MMDD 中的某非终节点

图 3.8 中的 MMDD 模型用多值逻辑表达式 F 来进行编码,该表达式是对部件 A 变量的分解并能以式(3.9)所示的 case 形式来表示。

$$F = A_1 \cdot F_{x_A=1} + A_2 \cdot F_{x_A=2} + \cdots + A_r \cdot F_{x_A=r}$$
$$= \mathrm{case}(A, F_{x_A=1}, F_{x_A=2}, \cdots, F_{x_A=r})$$
$$= \mathrm{case}(A, F_1, F_2, \cdots, F_r) \quad (3.9)$$

对于 MSS 的各个不同状态,可能需要构造不同的 MMDD 模型。状态 S_k 的 MMDD 模型有两个终节点:"0"和"1",分别代表 MSS 未处于或处于状态

S_k。为了分析完全覆盖时,MSS 处于状态 S_k 的概率 $P_{S_k}^C(t)$,需执行以下 2 个步骤。

步骤 1 由 MFT 生成 MMDD

根据表现 MSS 的多状态故障树(2.3.4 节),可由式(3.10)的处理规则,按由下至上的方式构造 MMDD 模型,该处理规则是式(2.23)所示的传统的 BDD 处理规则的直接拓展[21]。式(3.10)中,逻辑表达式 $G=\text{case}(x,G_1,\cdots,G_r)$ 和 $H=\text{case}(y,H_1,\cdots,H_r)$ 分别代表两个 MMDD 子模型。

$$G \diamond H = \text{case}(x, G_1, \cdots G_r) \diamond \text{case}(y, H_1, \cdots, H_r)$$
$$= \begin{cases} \text{case}(x, G_1 \diamond H_1, \cdots, G_r \diamond H_r) & \text{index}(x) = \text{index}(y) \\ \text{case}(x, G_1 \diamond H, \cdots, G_r \diamond H) & \text{index}(x) < \text{index}(y) \\ \text{case}(y, G \diamond H_1, \cdots, G \diamond H_r) & \text{index}(x) > \text{index}(y) \end{cases} \quad (3.10)$$

步骤 2 MMDD 评估

在最终得到的 MMDD 模型中,每条从根节点到终节点"1"的路径都象征着部件状态的一个不相交组合,该组合可使 MSS 处于某一特定状态 S_k。如果路径是从节点 i 至其 l 边的,那么部件的状态 l 就被考虑进此路径中,概率 $p_{i,l}^C(t)$ 需要用于这一路径概率的计算当中。对从根节点至终节点"1"的全部路径的概率进行求和即可得到系统的状态概率 $P_{S_k}^C(t)$。

3.4.2 存在 ELC 的 MSS 的案例分析

以图 3.9 中的多状态桥联网络系统为例[22-23],网络中每条连接都有 6 个不同的能力或性能等级(含未覆盖故障状态)。整个网络有多种状态,其"合格"状态由下列结构函数确定,其中 $l_{j;k}$ 代表着连接 j 处于性能等级 k 或以上。

$$F_{\text{合格}} = l_{1;2} l_{3;2} l_{5;2} + l_{1;2} l_{4;2} + l_{2;2} l_{5;2} + l_{2;2} l_{3;2} l_{4;2} \quad (3.11)$$

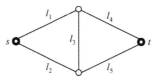

图 3.9 桥联网络系统示例

假设示例网络中的连接均为统计相同。表 3.1 列出了全部连接的部件状态概率。在完全覆盖的情况下,$p_{j,k}^I(t)$ 和 $p_{j,k}^C(t)$ 相同;在 ELC 模型中,可由式(3.8)和 $p_{j,k}^I(t)$ 得到 $p_{j,k}^C(t)$。

表 3.1 部件状态概率

状态 k	完全覆盖		不完全覆盖			
			情况 1		情况 2	
	$p_{j,k}^{I}(t)$	$p_{j,k}^{C}(t)$	$p_{j,k}^{I}(t)$	$p_{j,k}^{C}(t)$	$p_{j,k}^{I}(t)$	$p_{j,k}^{C}(t)$
0	—	—	0.1	—	0.2	—
1	0.1	0.1	0.1	0.11111	0.1	0.125
2	0.2	0.2	0.2	0.22222	0.2	0.25
3	0.3	0.3	0.3	0.33333	0.2	0.25
4	0.3	0.3	0.2	0.22222	0.2	0.25
5	0.1	0.1	0.1	0.11111	0.1	0.125

根据式(3.7)，可计算在两组部件状态概率下考虑 IPCM 的不同情况的 $P_u(t)$。计算结果列于表 3.2 中。为了评估在连接均未发生未覆盖故障情况下的"合格"状态的概率，生成了图 3.10 所示的 MMDD 模型，其中为了简化表达，将非终节点指向相同子节点的边整合在一起。使用表 3.1 中的 $p_{j,k}^{C}(t)$ 评估生成的 MMDD 模型，即可得到在完全覆盖条件下的系统"合格"状态的概率 $P_{S_{合格}}^{C}(t)$，列于表 3.2 中。根据式(3.6)，可进一步得到最终系统"合格"状态的概率 $P_{S_{合格}}^{I}(t)$。

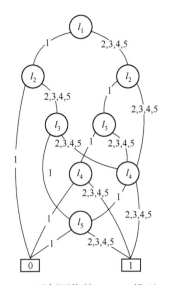

图 3.10 示例网络的 MMDD 模型：$F_{合格}$

表 3.2 示例网络的分析结果

完全覆盖			0.97848
不完全覆盖	情况 1	$P_u(t)$	0.59049
		$P^C_{S_{合格}}(t)$	0.97329
		$P^I_{S_{合格}}(t)$	0.57472
	情况 2	$P_u(t)$	0.32768
		$P^C_{S_{合格}}(t)$	0.96600
		$P^I_{S_{合格}}(t)$	0.31654

3.5 多阶段任务系统

多阶段任务系统(PMS)在执行任务期间包含许多连续的且不重叠的阶段(2.3.3节)。基于小部件(mini-component)概念(3.5.1节),本节将介绍一种 SEA 方法(3.3.2节)的拓展方法,可用于分析考虑 ELC 时不可修 PMS 的可靠性[24]。

3.5.1 小部件概念

为解决 PMS 中给定部件的跨阶段统计相关问题,Esary 和 Ziehms 于 1975 年提出了小部件概念[25]:用一系列统计独立的小部件来代替 PMS 各阶段的部件。具体地,阶段 i 的部件 A 被一系列小部件 $a_1, a_2, \cdots, a_i$ 所代替,这些小部件相互独立并符合 $A_i = a_1 a_2 \cdots a_i$ 的逻辑关系,这意味着当且仅当部件 A 在阶段 i 之前的所有阶段都正常工作, A 在阶段 i 才能正常工作(即 $A_i = 1$),该关系还可表示为 $\overline{A_i} = \overline{a_1} + \overline{a_2} + \cdots + \overline{a_i}$,即当且仅当 A 在阶段 i 或在之前任一阶段已经失效, A 在阶段 i 失效($A_i = 0$)。

根据式(3.1)及给定的小部件 a_i 的故障函数 $q_{a_i}(t)$ 和覆盖因子 $(r_{a_i}, c_{a_i}, s_{a_i})$,式(3.12)给出了 a_i 工作(事件 NF_{a_i})、故障覆盖(事件 CF_{a_i})和故障未覆盖(事件 UF_{a_i})的概率。

$$\begin{cases} \Pr\{NF_{a_i}\} = n[a_i] = 1 - q_{a_i}(t) + q_{a_i}(t) \cdot r_{a_i} \\ \Pr\{CF_{a_i}\} = c[a_i] = q_{a_i}(t) \cdot c_{a_i} \\ \Pr\{UF_{a_i}\} = u[a_i] = q_{a_i}(t) \cdot s_{a_i} \end{cases} \quad (3.12)$$

3.5.2 拓展的 SEA 方法

与单阶段任务系统的 SEA 方法(3.3.2节)相似,拓展方法旨在用全概率理论将全部系统部件的未覆盖故障从 PMS 可靠性求解组合中分离出来。根据式(3.3),存在 ELC 的含 n 个部件 m 个阶段的 PMS 不可靠性可由式 $UR^I(t) = 1 - P_u(t) + P_u(t) UR^C(t)$ 计算得到,其中,$P_u(t)$ 为整个任务期间内所有小部件均未发生未覆盖故障的概率,计算如下:

$$P_u(t) = \Pr(\overline{UF_1} \cap \overline{UF_2} \cap \cdots \cap \overline{UF_n})$$
$$= \prod_{A=1}^{n}(1 - \Pr(UF_A)) = \prod_{A=1}^{n}(1 - u[A]) = \prod_{A=1}^{n}(1 - u[A_m])$$
(3.13)

式(3.13)中,UF_A 表示整个任务期间内部件 A 发生未覆盖故障的事件;不同部件的 UF_A 是相互统计独立的。UF_A 的发生概率,记为 $u[A]$,等于 $u[A_m]$,即在最后阶段 m 结束前,A 已经发生未覆盖故障的概率。

对于不可修 PMS,如果一个部件在某阶段发生未覆盖故障,那么该部件在余下的任务阶段中仍将处于此状态。另外,如果一个部件能在某特定阶段 j 发生未覆盖故障,说明此部件于 j 之前的阶段中一直正常工作[25],因此,可得 $u[A_j] = \Pr(A$ 在阶段 j 结束前发生未覆盖故障) 为[24]

$$u[A_j] = \Pr(UF_{A_j}) = \Pr(任一小部件\ a_{i \in \{1,\cdots,j\}}\ 发生未覆盖故障)$$
$$= \Pr\{UF_{a_1} \cup (NF_{a_1} \cap UF_{a_2}) \cup \cdots \cup (NF_{a_1} \cap \cdots \cap NF_{a_{j-1}} \cap UF_{a_j})\}$$
$$= u[a_1] + n[a_1]u[a_2] + \cdots + n[a_1]n[a_2]\cdots n[a_{j-1}]u[a_j]$$
$$= u[a_1] + \sum_{i=2}^{j}\left\{\left(\prod_{k=1}^{i-1}n[a_k]\right)u[a_i]\right\}$$
(3.14)

式(3.13)中的 $u[A_m]$ 可通过将式(3.14)中的 j 设为 m 来求得。基于小部件概念,$n[A_j] = \Pr(A$ 在阶段 j 结束前发生未覆盖故障) 和 $c[A_j] = \Pr(A$ 在阶段 j 结束前发生覆盖故障) 可由下式所得:

$$n[A_j] = \Pr(NF_{A_j}) = \Pr(所有小部件\ a_{i \in \{1,\cdots,j\}}\ 均未失效)$$
$$= \Pr\{NF_{a_1} \cap \cdots \cap NF_{a_{j-1}} \cap NF_{a_j}\}$$
$$= n[a_1]\cdots n[a_{j-1}]n[a_j] = \prod_{i=1}^{j}n[a_i]$$
(3.15)

$$c[A_j] = \Pr(CF_{A_j}) = \Pr(任一小部件\ a_{i \in \{1,\cdots,j\}}\ 发生覆盖故障)$$
$$= \Pr\{CF_{a_1} \cup (NF_{a_1} \cap CF_{a_2}) \cup \cdots \cup (NF_{a_1} \cap \cdots \cap NF_{a_{j-1}} \cap CF_{a_j})\}$$
$$= c[a_1] + n[a_1]c[a_2] + \cdots + n[a_1]n[a_2]\cdots n[a_{j-1}]c[a_j]$$
$$= c[a_1] + \sum_{i=2}^{j}\left\{\left(\prod_{k=1}^{i-1}n[a_k]\right)c[a_i]\right\}$$
(3.16)

当 $j=1$ 时,$n[A_1] = n[a_1]$,$c[A_1] = c[a_1]$,$u[A_1] = u[a_1]$。

为计算式(3.3)中 PMS 的 $UR^C(t)$,部件 A 在阶段 j 的失效函数应修改为整个任务期间内均未发生未覆盖故障条件下的条件失效概率 $\Pr^C(A_j)$。

$$\Pr^c(A_j) = \Pr(CF_{A_j} \mid \overline{UF_A}) = \frac{c[A_j]}{1-u[A]} = \frac{c[A_j]}{1-u[A_m]} \tag{3.17}$$

使用修改后的部件失效概率$\Pr^c(A_j)$,便可由不考虑ELC的传统PMS可靠性分析方法来得到$UR^c(t)$。3.5.3节将介绍一种可用于分析$UR^c(t)$的基于BDD的PMS可靠性分析方法。

3.5.3 PMS BDD 分析方法

基于BDD的PMS可靠性分析方法包含了变量的排序、单阶段BDD的生成、单阶段BDD的组合以得到PMS BDD模型和PMS BDD的评估,下面总结了4个步骤。可参考文献[19,26]了解此方法更详细的解释。

步骤1 输入变量的排序

生成PMS的BDD时,需要对两类变量进行排序:代表系统不同部件的变量和代表同一部件在不同任务阶段的变量。对于前者,可以通过启发法[27-32]来找到合适的排序,对于后者,可以采用向前或向后的排序方法[26]。向前排序方法使用与阶段顺序相同的顺序来对同一部件的变量进行排序,如$A_1<A_2<\cdots<A_m$;而向后排序方法则使用与阶段顺序相反的顺序来对其排序,如$A_m<A_{m-1}<\cdots<A_1$。以两部件三阶段的PMS为例,若部件顺序为$A<B$,向前排序方法给出的总排序为$A_1<A_2<A_3<B_1<B_2<B_3$;向后排序方法给出的总排序为$A_3<A_2<A_1<B_3<B_2<B_1$。

事实表明,向后排序方法要优于向前排序方法[26],因此,在之后的讨论中,仅阐释和使用向后排序方法。

步骤2 单阶段BDD的生成

本步骤中,直接应用2.4.2节中的传统BDD生成方法来生成单阶段BDD。具体地,应用式(2.23)的处理规则,由PMS的单阶段故障树模型来生成BDD模型。

步骤3 PMS BDD的生成

本步骤中,通过组合单阶段BDD以生成整个PMS的BDD模型。有两种情形须区别对待:当对不同部件的两个变量进行逻辑运算时,应当采用式(2.23)的传统BDD处理规则;当对同一部件但处于不同任务阶段(如i,j,且$i<j$)的两个变量进行运算时,应采用特殊阶段的相关运算(PDO)来处理两个变量之间的统计相关性($A_j=0 \rightarrow A_i=0$,意味着若部件A在稍后的阶段j工作,则其一定在阶段i工作)[26]:

$$\begin{aligned} G \diamond H &= \text{ite}(A_i, G_{A_i=1}, G_{A_i=0}) \diamond \text{ite}(A_j, H_{A_j=1}, H_{A_j=0}) \\ &= \text{ite}(A_i, G_1, G_0) \diamond \text{ite}(A_j, H_1, H_0) \\ &= \text{ite}(A_j, G \diamond H_1, G_0 \diamond H_0) \end{aligned} \tag{3.18}$$

在使用向后排序方法时，A_j 的顺序在 A_i 之前，应为组合后 BDD 的新根节点，如式(3.18)中 ite 函数所示。之后，对 A_j 的右侧子节点 H_1 和编码为 G 的另一个 BDD 整体进行 ◇ 所代表的逻辑(与、或)运算；对 A_j 的左侧子节点 H_0 和 A_i 的左侧子节点 G_0 进行相同的运算。值得注意的是，PDO 的正确使用需要严格遵守以下两条关于变量排序的规则：①步骤 2 中生成单阶段 BDD 的排序对所有的任务阶段必须保持一致；②对同一部件但处于不同阶段变量的排序必须集中。可参考文献[33]了解不拘于这两条约束并允许选择任意排序策略的 PMS BDD 生成步骤。

步骤 4　PMS BDD 的评估

本步骤中，通过评估步骤 3 生成的 PMS BDD 模型来得到 PMS 的不可靠性。PMS 的 BDD 评估是递归进行的。此时又存在两种情况，必须区别对待。

考虑图 3.11 中子 PMS BDD 模型。当 0 边(左)或 1 边(右)分别连接着代表不同部件的变量时，应采用如下的传统 BDD 评估方式(2.4.3 节)：

$$\Pr(G) = \Pr(x) \cdot \Pr(G_1) + [1-\Pr(x)] \cdot \Pr(G_0)$$
$$= \Pr(G_1) + [1-\Pr(x)] \cdot [\Pr(G_0) - \Pr(G_1)] \tag{3.19}$$

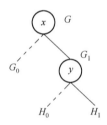

图 3.11　子 PMS BDD

当 1 边连接着代表同一部件但不同阶段的两个相关变量时(如图 3.11 所示，x 和 y 分别为 A_j 和 A_i)，应使用下式来处理其相关关系[26]：

$$\Pr(G) = \Pr(G_1) + [1-\Pr(x)] \cdot [\Pr(G_0) - \Pr(H_0)] \tag{3.20}$$

当 x 为 PMS BDD 模型的根节点时，$\Pr(G)$ 给出了 PMS 的不可靠性。递归分析有以下两种情况：若 $G=0$(系统工作)时，$\Pr(G)=0$；若 $G=1$(系统失效)时，$\Pr(G)=1$。式(3.19)和式(3.20)中的 $\Pr(x)$ 为 x 的不可靠性，此处 x 代表某 PMS 部件处于某一特定阶段，如部件 A 处于阶段 j。在应用以上 4 步骤 PMS BDD 方法评估 $UR^c(t)$ 时，$\Pr(x)$ 应为修改后的部件 A 的条件失效概率 $\Pr^c(A_j)$。

3.5.4　总结

基于 3.5.1 节~3.5.3 节的讨论，本节介绍了考虑 ELC 的不可修 PMS 可靠性分析的详细过程。

(1) 基于式(3.12),计算处于每个阶段 j 每个部件 A 的小部件事件发生概率 $u[a_j]$、$n[a_j]$、$c[a_j]$。

(2) 基于式(3.14)、式(3.15)、式(3.16)和步骤 1 中计算得到的小部件事件概率,计算处于每个阶段 j 每个部件 A 的 $u[A_j]$、$n[A_j]$、$c[A_j]$。

(3) 基于式(3.13),计算 $P_u(t)$。

(4) 基于式(3.17),计算处于每个阶段 j 每个部件 A 的条件失效概率 $\Pr^C(A_j)$。

(5) 按 3.5.3 节的生成步骤,生成 PMS BDD 模型;然后按 3.5.3 节中的评估算法和步骤 4 得到 $\Pr^C(A_j)$,对得到的 PMS BDD 模型递归计算 $UR^C(t)$。

(6) 由式(3.3): $UR^I(t) = 1 - P_u(t) + P_u(t) UR^C(t)$ 最终得到考虑 ELC 影响的 PMS 不可靠性。

3.5.5 PMS 案例分析

以 2.3.3 节的数据采集 PMS 为例,本节对系统性能为"优"时进行分析。基于图 2.1 中的高层故障树,可得到如图 3.12 所示的系统性能为非"优"时的详细故障树。其中,3 个阶段的任务中包含了 4 种类型的部件,即 (A_a, A_b)、(B_a)、(C_a, C_b) 和 (D_a, D_b, D_c)。数据采集 PMS 性能为"优"的概率为 1-顶事件发生概率(图 3.12 中)。基于故障树模型,A 类部件,即 (A_a, A_b),在全部 3 个阶段都是必要的,并且至少其中之一必须一直正常工作;B 类部件,即 (B_a),在阶段 1 和 2 都必须正常工作;C 类部件,即 (C_a, C_b),二者在阶段 1 均须正常工作,

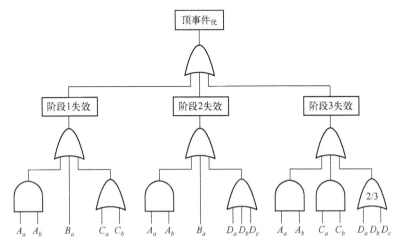

图 3.12 PMS 的故障树模型 $\Pr(优) = 1 - \Pr(顶事件_优)$

至少其中之一在阶段3必须正常工作;D 类部件,即 (D_a, D_b, D_c),三者在阶段2均须正常工作,其中至少2个在阶段3必须正常工作。3个阶段的持续时间为33h(阶段1),100h(阶段2),67h(阶段3)。读者可参考文献[24]了解案例系统的更多细节。

表3.3给出了分析所需的参数值。假设所有部件的覆盖因子 r 在所有阶段均为0,因此,覆盖因子 s 为 $1-c$。系统部件失效或为固定概率 p,或服从参数为定值 λ 的指数分布,或服从参数为 λ_w 和 α_w 的威布尔分布。

表3.3　输入参数(λ 和 λ_w 单位为 $10^{-6}/\text{h}$)

部件类型		A 类	B 类	C 类	D 类
阶段1	p/λ	0.0001	$\lambda=1.5$	0.0025	0.001
	c	0.99	0.97	0.97	0.99
阶段2	p/λ	0.0001	$\lambda=1.5$	$\lambda=1$	0.002
	c	0.99	0.97	0.99	0.99
阶段3	p/λ	0.0001	0.0001	$\lambda_w=1.6, \alpha_w=2$	0.0001
	c	0.99	0.97	1	0.97

按照3.5.4节的6步骤过程,可得 $\Pr(\text{顶事件}_\text{优})$。从步骤3可得 $P_u(t)$ 为0.999734。在步骤5,可由图3.13的PMS故障树生成PMS BDD模型,通过对

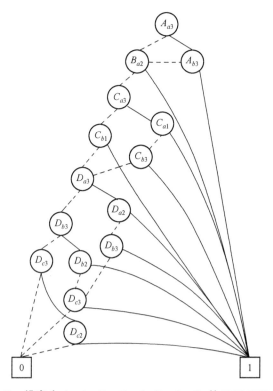

图3.13　排序为 $A_a<A_b<B_a<C_a<C_b<D_a<D_b<D_c$ 的 PMS BDD 模型

生成的 PMS BDD 模型进行递归遍历,可得 $UR^C(t)$ 为 1.387e-2。因此,$UR^I(t)=1-P_u(t)+P_u(t)UR^C(t)=0.0141326$。则数据采集 PMS 性能为"优"的概率为 $P_{优}=1-UR^I(t)=0.9858674$。

参考文献

[1] AMARI S V, PHAM H, DILL G. Optimal design of k-out-of-n:G subsystems subjected to imperfect fault-coverage [J]. IEEE transactions on reliability, 2004, 53(4): 567-575.

[2] MYERS A F. FCASE: Flight Critical Aircraft System Evaluation [R]. New Jersey: Federal Aviation Administration, 2006.

[3] JOHNSON B W. Design and analysis of fault tolerant digital systems [M]. 1st ed. Boston: Addison-Wesley Longman Publishing Co., Inc, 1988.

[4] SHOOMAN M L. Reliability of computer systems and networks: fault tolerance, analysis, and design [M]. New York: John Wiley, 2002.

[5] ARNOLD T F. The concept of coverage and its effect on the reliability model of a repairable system [J]. IEEE transactions on computers, 1973, C-22(3): 251-254.

[6] DUGAN J B. Fault trees and imperfect coverage [J]. IEEE Transactions on Reliability, 1989, 38(2): 177-185.

[7] DUGAN J B, TRIVEDI K S. Coverage modeling for dependability analysis of fault-tolerant systems [J]. IEEE transactions on computers, 1989, 38(6): 775-787.

[8] MYERS A F. k-out-of-n:G System reliability with imperfect fault coverage [J]. IEEE transactions on reliability, 2007, 56(3): 464-473.

[9] LEVITIN G, AMARI S V. Three types of fault coverage in multi-state systems [C]//Proceedings of the 8th international conference on reliability, maintainability and safety (ICRMS). New York: IEEE, 2009.

[10] MYERS A, RAUZY A. Assessment of redundant systems with imperfect coverage by means of binary decision diagrams [J]. Reliability engineering & system safety, 93(7): 1025-1035.

[11] AMARI S V, MYERS A F, RAUZY A, et al. Imperfect coverage models: status and trends [M]//Mirsa K B. Handbook of Performability Engineering. London: Springer, 2008.

[12] LEVITIN G, AMARI S V. Multi-state systems with static performance dependent fault coverage [J]. Proc. IMechE, PartO: Journal of risk and reliability, 2008, 222(2): 95-103.

[13] CHANG Y, AMARI S V, KUO S. Computing system failure frequencies and reliability importance measures using OBDD [J]. IEEE transactions on computers, 2004, 53(1): 54-68.

[14] PENG R, ZHAI Q, XING L, et al. Reliability of demand-based phased-mission systems subject to fault level coverage [J]. Reliability engineering & system safety, 2014, 121: 18-25.

[15] LEVITIN G, AMARI S V. Multi-state systems with multi-fault coverage [J]. Reliability engineering & system safety,2008,93(11):1730-1739.

[16] BOURICIUS W G,CARTER W C,SCI-ITIEIDER P R. Reliability modeling techniques for self-repairing computer systems [C]//Proceedings of the 1969 24th national conference. New York:ACM,1969.

[17] CUKIER M, POWELL D, ARLAT J. Coverage estimation methods for stratified fault-injection [J]. IEEE transactions on computers,1999,48(7):707-723.

[18] DUGAN J B,DOYLE S A. New results in Fault-Tree analysis[C]//Tutorial Notes of Annual Reliability and Maintainability Symposium. Pennsylvania:Philadelphia,1999.

[19] XING L, AMARI S V. Binary decision diagrams and extensions for system reliability analysis[M]. Massachusetts:Wiley-Scrivener,2015.

[20] AMARI S V,DUGAN J B,MISRA R B. A separable method for incorporating imperfect coverage in combinatorial model [J]. IEEE transactions on reliability,1999,48(3):267-274.

[21] XING L, DAI Y. A new decision-diagram-based method for efficient analysis on multistate systems [J]. IEEE transactions on dependable & secure computing,2009,6(3):161-174.

[22] CHANG Y-R, AMARI S V, KUO S-Y. OBDD-based evaluation of reliability and importance measures for multistate systems subject to imperfect fault coverage [J]. IEEE transactions on dependable and secure computing,2005,2(4):336-347.

[23] SHRESTHA A,XING L,AMARI S V. Reliability and sensitivity analysis of imperfect coverage multi-state systems[C]//Proceedings of the 56th annual reliability & maintainability symposium. New York:IEEE,2010.

[24] XING L, DUGAN J B. Analysis of generalized phased mission system reliability, performance and sensitivity [J]. IEEE transactions on reliability,2002,51(2):199-211.

[25] ESARY J D,ZIEHMS H. Reliability analysis of phased missions[C]//Reliability and fault tree analysis:theoretical and applied aspects of system reliability and safety assessment. Philadelphia:Society for Industrial and Applied Mathematics,1974.

[26] ZANG X,SUN H,TRIVEDI K S. A BDD-based algorithm for reliability analysis of phased-mission systems [J]. IEEE transactions on reliability,1999,48(1):50-60.

[27] XING L,LEVITIN G. BDD-based reliability evaluation of phased-mission systems with internal/external common-cause failures [J]. Reliability engineering & system safety,2013,112:145-153.

[28] WANG C,XING L,LEVITIN G. Explicit and implicit methods for probabilistic common-cause failure analysis [J]. Reliability engineering & system safety,2014,131:175-184.

[29] XING L,TANNOUS O,DUGAN J B. Reliability analysis of non-repairable cold-standby systems using sequential binary decision diagrams [J]. IEEE transactions on systems,man, and cybernetics,part a:systems and humans,2012,42(3):715-726.

[30] ZHAI Q,PENG R,XING L, et al. BDD-based reliability evaluation of k-out-of-(n+k)

warm standby systems subject to fault-level coverage [J]. Proc IMechE, Part O: Journal of risk and reliability, 2013, 227(5): 540-548.

[31] ALLEN A. Probability, statistics and queuing theory: with computer science applications [M]. 2nd ed. London: Academic Press. 1990.

[32] MODARRES M, KAMINSKIY M P, KRIVTSOV V. Reliability engineering and risk analysis [M]. 2nd ed. Oxford: Taylor & Francis Group, 2009.

[33] XING L, DUGAN J B. Comments on PMS BDD generation [J]. IEEE transactions on reliability, 2004, 53(2): 169-173.

第4章

模块化不完全覆盖

4.1 模块化不完全覆盖模型

第3章主要讲述传统的 kill-all 的单层不完全故障覆盖,在这种情况下,即使有足够的冗余存在,一个未被覆盖的部件故障可导致整个系统的失效[1,2]。然而,在一个分级系统中,系统的分级特性可能会有助于故障覆盖[3,4]:如果一个未被检测出的故障在系统的某一级未被覆盖,它可能在更高一级被容忍或覆盖,换句话说,在系统某一级的一个未被覆盖的部件故障带来的损坏程度不一定会造成整个系统的失效。另一方面,一个在系统所有层级都未被覆盖的故障将会引起系统失效。总之,在一个分级系统中未被覆盖的部件故障带来的损坏程度可能会由于分级恢复而呈现多级水平:它可能会使当前发生故障的层级失效,或者可能使当前层之上的某些层失效,或者可能使整个系统失效。文献[3]首次提出了模块化不完全覆盖模型(modular imperfect coverage model,MIPCM)对分级系统中部件的未覆盖故障的多级模式进行建模。图4.1展示了在一个共有 L 级的分级系统中位于第 i 级的一个部件的 MIPCM 的一般结构。

与第3章讨论的单级 IPCM 类似,MIPCM 的输入点表示的是在 i 级的一个部件发生故障。$(L-i+3)$ 个输出表示这个故障所导致的所有可能结果,输出 R 和 C 代表的意思和第3章中传统的 IPCM 一样,剩余的 $(L-i+1)$ 个输出对应的是不同级别的未覆盖失效模式:如果发生在第 i 级的未覆盖故障在第 $(i+1)$ 级被覆盖,那么从第 i 级单点失效输出口 S-i 输出;如果未覆盖故障在第 $(i+1)$ 级仍然未被覆盖,但在第 $i+2$ 级被覆盖,那么从第 $i+1$ 级单点失效输出口 S-$(i+1)$ 输出;如果部件故障在分级系统的所有级别均未被覆盖,并因此使整个系统崩溃,那么从第 L 级单点失效输出口 S-L 输出。在图4.1中,$p_k(k=i,\cdots,L-1)$ 表示给定在第 i 级发生一个未覆盖故障条件下,在第 k 级未被发现,而在第 $k+1$ 级被覆盖的条件概率,因此,由 S-i,S-$(i+1)$,…,S-L 输出的概率分别是 $s \cdot p_i$,$s \cdot (1-p_i) \cdot p_{i+1}$,…,$s \cdot \prod_{j=i}^{L-1}(1-p_j)$。

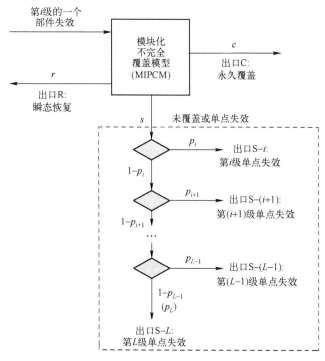

图 4.1　MIPCM 的一般结构[3]

设 $q_{Ai}(t)$ 为第 i 层部件 A 的累积失效函数,$n_{Ai}(t)$、$c_{Ai}(t)$、$u_{Ak}(t)$ 分别表示部件 A 运行,失效覆盖,以及第 $k(k=i,\cdots,L)$ 级失效未覆盖的概率。式(4.1)给出了它们的计算方法:

$$n_{Ai}(t) = 1 - q_{Ai}(t) + q_{Ai}(t) \cdot r_{Ai}$$
$$c_{Ai}(t) = q_{Ai}(t) \cdot c_{Ai}$$
$$u_{Ak}(t) = \begin{cases} q_{Ai}(t) \cdot s_{Ai} \cdot p_{Ai} & (k=i) \\ q_{Ai}(t) \cdot s_{Ai} \cdot \prod_{j=i}^{k-1}(1-p_{Aj}) \cdot p_{Ak} & (i<k<L) \\ q_{Ai}(t) \cdot s_{Ai} \cdot \prod_{j=i}^{L-1}(1-p_{Aj}) & (k=L) \end{cases} \quad (4.1)$$

4.2 节将介绍 MIPCM 在一个不可修分级系统(hierarchical system,HS)中的应用。4.3 节将介绍 MIPCM 在一个可修分级系统中的应用。值得一提的是,带有组合阶段需求的多阶段任务系统也可被当作一类特殊的分级系统,可从一个未覆盖部件故障中识别出两种未覆盖失效模式:一个阶段的未覆盖失效立即引发阶段失效,一个任务的未覆盖失效导致整个系统失效。带有组合阶段需求与模块化不完全故障覆盖的多阶段任务系统可靠性分析可参考文献[5]中的基于组合三元决策图的方法。

4.2 不可修分级系统

通常分级系统底层架构的特征是有多个层次,每一层包含不同的模块和/或部件。在分级系统中,一个高层的失效行为通常依赖于较低层次的失效行为[6]。

基于 3.3.2 节处理单级 IPC 的 SEA 算法[7-8],图 4.2 给出了一种分析带有模块化不完全故障覆盖的分级系统的一般解决方法。这个分级故障树由每一级的独立故障子树组成。层级子树通过分级的方式求解,其中,一个子树由父级子树上的单个部件来替换,其发生的概率是对应级子树的发生概率。图 4.2 中的 PFDEP 门中有一个触发输入事件(表示第 i 级中一个未覆盖部件故障的发生)和至少一个相关事件(不同级的单点失效事件),当触发事件发生时,相关事件以式(4.1)中 $u_{Ak}(t)$ 给定的概率强制发生。每一个相关事件被分配给相应级别的子树,并对该级的失效产生贡献。

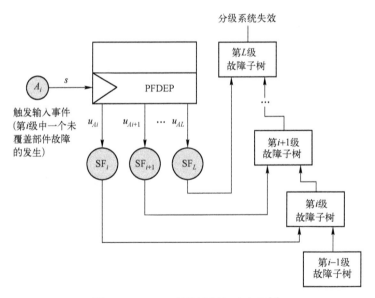

图 4.2 MIPCM 的故障树解决方案[4]

为了分析每一个层级故障子树,可以采用一种分离法[3]。对于以下与第i级失效相关的两个互斥事件:

E_1:至少一个部件(包括属于第i级和来自更低级$(1,\cdots,i-1)$的部件)发生第i级单点失效;

E_2:无部件发生第i级单点失效。

设N_i表示第i级总的部件数量,事件E表示第i级失效。根据全概率定理,可以得到第i级失效发生概率:

$$UR_{第i级} = P[E] = \sum_{i=1}^{2} P(E_i) \cdot P(E|E_i) \quad (4.2)$$

在式(4.2)中:

$$P(E_1) = 1 - \prod_{A=1}^{N_i}[1-u_{Ai}(t)] \prod_{k=1}^{i-1}\prod_{B=1}^{N_k}[1-u_{Bi}(t)] \quad (4.3)$$

式(4.3)中第一个乘积项是第i级无部件发生i级单点失效的概率,式(4.3)中第二个乘积项是所有的较低级(即第$1,2,\cdots,i-1$级)中无部件发生第i级未覆盖失效或单点失效的概率。在式(4.2)中,$P(E_2)=1-P(E_1)$,$P(E|E_1)=1$,而$P(E|E_2)$可以使用忽略MIPC概念的任何标准方法,比如BDD法来评估。但是$P(E|E_2)$必须在给定无部件经历第i级未覆盖失效条件下进行计算。因此,对第i级中的每一个部件A,$P(E|E_2)$的评估都应使用式(4.4)的修正失效函数,而不是$q_{Ai}(t)$本身。

$$\tilde{q}_{Ai}(t) = c_{Ai}(t)/[1-u_{Ai}(t)] \quad (4.4)$$

案例分析

图4.3(改编自文献[9])举了一个分级计算机系统的例子。其顶层有3个计算模块(CM_i),位于中间层的每一个计算模块由3个存储模块($MM_{i,j}$)、3个相同的CPU芯片($CPUC_i$)和2个相同接口芯片(PTC_i)组成,每一个存储模块由10个相同的存储芯片($MC_{i,j}$)和1个接口芯片($IC_{i,j}$)组成,这就构成了系统分级结构的底层。

以下为系统的运行准则:

- 底层:为了使存储模块正常工作,必须至少有8个存储芯片以及1个接口芯片正常工作。
- 中间层:为了使每个计算模块正常工作,必须至少有2个存储模块、2个CPU芯片和1个接口芯片正常工作。
- 顶层:为了使整个系统正常工作,必须至少有2个计算模块是正常工作。

图4.4~4.6给出了代表每一级故障判据的故障树。

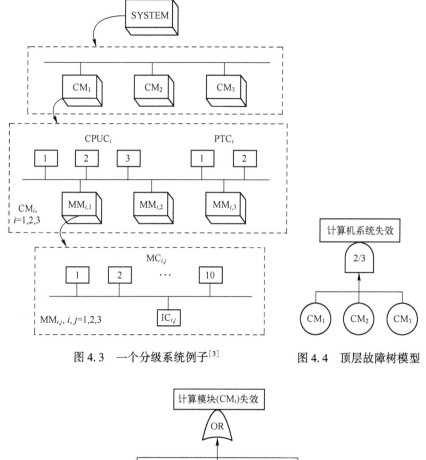

图 4.3 一个分级系统例子[3]

图 4.4 顶层故障树模型

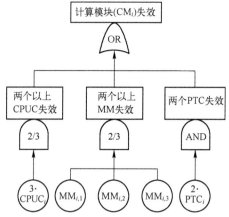

图 4.5 中间层 CM_i 的故障树模型

表 4.1 列出了用于对该存在 MIPC 的 HS 案例进行可靠性分析的输入参数值,任务时间 t 是 200h。

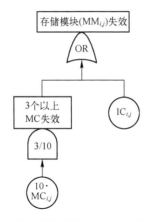

图 4.6 底层存储模块 $MM_{i,j}$ 的故障树模型

表 4.1 失效和覆盖参数

部件	失效率/(10^{-6}/h)			覆盖参数
	CM_1	CM_2	CM_3	
CPUC	0.6	1.2	1.8	$r=0, c=0.99, p_2=0.95$
PTC	0.6	1.2	1.8	$r=0, c=0.97, p_2=0.95$
MC	0.2	0.2	0.2	$r=0, c=0.99, p_1=0.95, p_2=0.99$
IC	0.2	0.4	0.6	$r=0, c=1$

分析从对图 4.6 中底层故障树模型的评估开始,使用的是本节给出的分离方法,得到每个计算模块中的每个存储模块(MM)的失效率为:$P(MM_1) = 4.3799×10^{-5}$,$P(MM_2) = 8.3796×10^{-5}$,$P(MM_3) = 1.2379×10^{-4}$。

在图 4.2 描述的分级解决方案中,每一个存储模块被一个父级子故障树中的单独部件所代替(图 4.5)。再一次使用分离方法来求解图 4.5 中的故障树模型,每一个计算模块的失效概率计算结果如下:$P(CM_1) = 1.0915×10^{-5}$,$P(CM_2) = 2.1356×10^{-5}$,$P(CM_3) = 3.1917×10^{-5}$。

最后,通过求解图 4.4 中的顶层故障树模型得到整个案例 HS 系统的不可靠性 $UR_{HS} = 3.2588×10^{-6}$。

4.3 可修分级系统

对于带有独立可修部件的 HS,用与 4.2 节相类似的分离方法联合马尔可夫法,可以对系统进行可用性分析[3]。

第 i 级每一个部件 A 的可能状态有:运行状态(A_{iO}),覆盖失效状态(A_{iC}),

第i级未覆盖失效状态(A_{iU_i}),第$i+1$级未覆盖失效状态($A_{iU_{i+1}}$),……,第L级未覆盖失效状态(A_{iU_L})。

图4.7为表示在第i级中部件A的失效和修复行为的连续时间马尔可夫链(continuous-time markov chain,CTMC)。

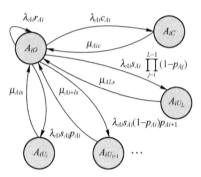

图4.7　第i级中部件A的CTMC[3]

求解图4.7中的CTMC,可得到每一个状态的状态概率,即$P(A_{iO})$,$P(A_{iC})$,$P(A_{iU_i})$,$P(A_{iU_{i+1}})$,…,$P(A_{iU_L})$。在4.2节中展示的分离法可类似地从组合解中分离出第i级未覆盖失效的部分,以此来评估某一级的不可用性。特别地,第i级不可用性可以被分解为两个不相交的部分:第i级未覆盖失效部件的概率用$UA_{未覆盖}$表示,第i级覆盖失效部件的概率用$UA_{覆盖}$表示。基于全概率定理,第i级不可用性为

$$UA_{级} = UA_{未覆盖} + (1 - UA_{未覆盖}) \times UA_{覆盖} \tag{4.5}$$

在式(4.5)中,$UA_{未覆盖} = 1 - \prod_{A=1}^{N_i}[1 - P(A_{iU_i})] \cdot \prod_{k=1}^{i-1}\prod_{B=1}^{N_k}[1 - P(B_{kU_i})]$。$UA_{覆盖}$应在给定无部件发生第$i$级未覆盖失效条件下进行评估,因此,在计算$UA_{覆盖}$之前,应利用下式将覆盖失效状态概率$P(A_{iC})$修正为在给定第$i$级未覆盖失效不发生条件下的条件概率:

$$\widetilde{P}(A_{iC}) = \frac{P(A_{iC})}{1 - P(A_{iU_i})} \tag{4.6}$$

根据这些条件覆盖失效状态概率,利用BDD算法就能够评估出$UA_{覆盖}$。

基于图4.2所描述的分级解法,可以将每一级的不可用性按级组合起来得到整个系统的不可用性。

案例分析

本节使用与4.2节相同的案例。表4.2给出了每一个部件达到不同失效状态的修复率,3个计算模块的数据完全相同。A_C代表的是覆盖失效状态,

A_{UMM}、A_{UCM}、A_{Usys} 分别表示存储模块、计算模块和整个系统的未覆盖失效状态。

表 4.2 修复参数（-表示修复参数不适用）

部件	修复率 $\mu/(10^{-4}/h)$			
	A_C	A_{UMM}	A_{UCM}	A_{Usys}
CPUC	12	—	10	8
PTC	16	—	10	8
MC	8	6	4	2
IC	30	8	6	4

根据在本节介绍的方法，如图 4.8 和图 4.9 所示，分别在底层构建内存（MC）和接口芯片（IC）的 CTMC，在中间层构建 CPU 芯片和端口芯片（PTC）的 CTMC。基于表 4.1 和表 4.2 的参数，通过求解这些 CTMC 的平衡方程可以得到每一个部件的稳态概率。注意，不同 CM 的稳态概率是不同的，这是因为在 3 个 CM 中，每一个部件的失效率都是不同的，如表 4.3~表 4.5 所列。

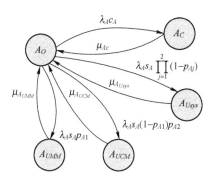

图 4.8 底层 MC/IC 的 CTMC

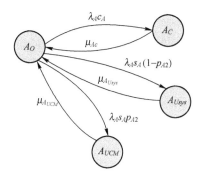

图 4.9 中间层 CPUC/PTC 的 CTMC

49

表 4.3　CM_1 中部件的状态概率

	$P(A_C)$	$P(A_{UMM})$	$P(A_{UCM})$	$P(A_{Usys})$
CPUC	4.9475×10^{-4}	—	5.6971×10^{-6}	3.7481×10^{-7}
PTC	3.6361×10^{-4}	—	1.7093×10^{-5}	1.1246×10^{-6}
MC	2.4744×10^{-4}	3.1659×10^{-6}	2.4744×10^{-7}	4.9987×10^{-9}
IC	6.5996×10^{-5}	0	0	0

表 4.4　CM_2 中部件的状态概率

	$P(A_C)$	$P(A_{UMM})$	$P(A_{UCM})$	$P(A_{Usys})$
CPUC	9.8901×10^{-4}	—	1.1389×10^{-5}	7.4925×10^{-7}
PTC	7.2694×10^{-4}	—	3.4174×10^{-5}	2.2483×10^{-6}
MC	2.4744×10^{-4}	3.1659×10^{-6}	2.4744×10^{-7}	4.9987×10^{-9}
IC	1.3198×10^{-4}	0	0	0

表 4.5　CM_3 中部件的状态概率

	$P(A_C)$	$P(A_{UMM})$	$P(A_{UCM})$	$P(A_{Usys})$
CPUC	0.0015	—	1.7074×10^{-5}	1.1233×10^{-6}
PTC	0.0011	—	5.1241×10^{-5}	3.3711×10^{-6}
MC	2.4744×10^{-4}	3.1659×10^{-6}	2.4744×10^{-7}	4.9987×10^{-9}
IC	1.9796×10^{-4}	0	0	0

利用覆盖失效状态变量 A_C，对每一级构建 BDD(2.4 节)，之后利用式(4.6)计算出的修正状态概率，再利用式(4.5)将 BDD 评估结果与这一级的未覆盖失效概率相结合，得到该级不可用性。

通过使用分离法求解底层的 FT，可以获得 CM_1、CM_2、CM_3 中位于中间层的存储模块(MM)的稳态不可用性，分别为 9.7654×10^{-5}、1.6364×10^{-4} 和 2.2961×10^{-4}。

然后通过求解包含 MM 的中间层 FT(其中 MM 的发生概率为前面步骤中得到的稳态不可用性)，可以获得 3 个计算模块中每一个模块的稳态不可用性，它们分别是 5.4645×10^{-5}、1.0853×10^{-4} 和 1.6428×10^{-4}。

最后通过求解包含 3 个计算模块的顶层 FT，可以获得整个案例 HS 的稳态不可用性：$UA_{HS}=2.0413\times10^{-5}$。

参考文献

[1] DOYLE S A, DUGAN J B, PATTERSON-HINE A. A combinatorial approach to modeling imperfect coverage [J]. IEEE transactions on reliability, 1995, 44(1): 87-94.

[2] DUGAN J B. Fault trees and imperfect coverage [J]. IEEE transactions on reliability, 1989, 38(2):177-185.

[3] XING L, DUGAN J B. Dependability analysis of hierarchical systems with modular imperfect coverage[C]//Proceedings of the 19th International System Safety Conference (ISSC' 2001), Huntsville. Huntsville:System Safety Society, 2001.

[4] XING L. Reliability modeling and analysis of complex hierarchical systems [J]. International journal of reliability, quality and safety engineering, 2005, 12(6):477-492.

[5] XING L, DUGAN J B. A separable ternary decision diagram based analysis of generalized phased-mission reliability [J]. IEEE transactions on reliability, 2004, 53(2):174-184.

[6] XING L. Dependability modeling and analysis of hierarchical computer-based systems [D]. Charlattesville:University of Virginia, 2012.

[7] AMARI S V, DUGAN J B, MISRA R B. A separable method for incorporating imperfect coverage in combinatorial model [J]. IEEE transactions on reliability, 1999, 48(3):267-274.

[8] XING L, DUGAN J B. Analysis of generalized phased-mission systems reliability, performance and sensitivity [J]. IEEE transaction on reliability, 2002, 51(2):199-211.

[9] SUNE V, CARRASCO J A. A failure-distance based method to bound the reliability of non-reparable fault-tolerant systems without the knowledge of minimal cutsets [J]. IEEE transaction on reliability, 2001, 50(1):60-74.

第 5 章

功 能 相 关

5.1 概 述

功能相关,即一个部件(称为触发部件)的失效导致同一系统中的其他部件(称为相关部件)变得不可访问或者无法使用。例如,在计算机系统中,外围设备如显示器和键盘可以通过输入输出(I/O)控制器访问,如果 I/O 控制器失效,则与之相连的外围设备也将无法使用[1],换言之,外围设备与 I/O 控制器具有功能相关关系。又例如,在计算机网络系统中,计算机能够通过路由器访问互联网或与其他计算机进行通信[2],路由器是触发部件,而与路由器相连接的计算机与路由器之间存在功能相关关系。功能相关行为可以通过动态故障树(DFT)分析中[3-4](见 2.3.2 节)的功能相关(FDEP)门进行建模。

5.2 或门替代方法

对于完全故障覆盖的系统,通过将系统 DFT 模型中的 FDEP 门替换成逻辑"或"门的方法可以很容易地处理功能相关行为[5]。在如图 5.1(a)所示的用 DFT 表示的具有功能相关的系统中,部件 A(触发部件)的失效导致部件 B、D 和 F(相关部件)无法使用或不能访问。需要注意的是,FDEP 门中没有逻辑输出,因此以虚线与故障树连接[3,6]。图 5.1(b)显示了用 3 个"或"门替换图 5.1(a)中 FDEP 门后的等效 DFT 模型,每一个"或"门对应一个相关部件。当相关部件本身失效或它相应的触发部件失效,相关部件就失效,这就是"或"门替代法的原理。"或"门替换的结果就是系统原始的 DFT 模型转化成了传统静态故障树模型,这个模型可以使用高效组合方法来分析,比如二元决策图法(BDD 法)[6-9]、基于最小割集的 IE(inclusion-exclusion)或 SDP(sum-of-disjoint product)法[3]。

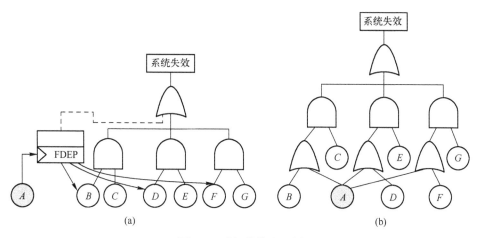

图 5.1 或门替代法示例
(a) 包含 FDEP 门的原始 DFT 模型;(b) "或"门替换之后。

但是,对于存在不完全故障覆盖(imperfect fault coverage,IPC)(见第 3 章)的系统,无法使用"或"门替代方法。IPC 是容错系统的固有行为,因为其修复机制可能失效,使得该系统不能够完全地检测、定位、修复故障[10-11]。因此,尽管存在足够的冗余,未覆盖的故障仍然可以通过系统进行传播,进而导致整个系统失效[6,12]。

进一步考虑上述存在 FDEP 的实际系统例子,为了保证高可靠性和容错性,可以使用一个可替代的 I/O 控制器对其进行备份,这个备用的 I/O 控制器在主控制器失效的情况下接管任务,使得计算机系统可以继续工作。但是在真实的系统中,可能存在主 I/O 控制器的失效未能被修复机制成功检测出来的情况,这时,即使备用 I/O 控制器仍然可以工作,系统也会崩溃。类似地,对于计算机网络的例子,为了具有容错性,路由器通常被设计为带有冗余的子系统,其中,主路由器提供正常功能,而辅助路由器作为备份,可以在主路由器失效时在线切换,在理想情况下,只要两个路由器中的一个正常运行,网络功能就能正常,但在实际情况下,使用备份路由器之前,主路由器的失效必须首先被探测并被正确处理。

对于高可靠系统,IPC 可能是导致系统不可靠的一个重要因素[13-14]。在存在 IPC 问题的系统中,相关部件在对应触发部件失效的情况下与系统断开后,仍然能发生未覆盖失效,如果采用"或"门替代法来处理功能相关性,系统未覆盖失效概率分析中仍然考虑了该失效的影响,然而,由于相关部件失效前已经是断开的状况,所以实际上并不会使系统失效,因此,"或"门替换方法实际上高估了存在 IPC 问题的系统不可靠性。

为了避免过高估计相关部件的未覆盖失效,获得准确的系统不可靠性结果,现有的方法是采用基于状态空间的方法来处理不完全覆盖系统的功能相关问题,具体地,利用连续时间马尔可夫链(CTMCs)分析整个系统[15]或者至少在模块化方法中[16-18]用 CTMCs 分析系统动态的部分。马尔可夫模型的显著缺点就在于当系统规模增加时,它的模型规模呈指数增长,这通常会造成模型的计算复杂,甚至难以处理,因此,基于马尔可夫的方法仅能为规模非常有限的系统提供精确的分析结果[18]。在分析大规模的动态系统时,可以使用近似边界方法(仅用生成马尔可夫模型的一部分状态空间)[19-20],然而,利用近似方法生成的非精确结果对一些安全性要求非常高的应用领域是不够的,例如核能和航天。此外,基于 CTMC 的方法通常不能处理功能相关中触发部件和相关部件的非指数失效时间分布。在 5.3 节中,我们将讨论一种组合方法,该方法能够克服上述使用"或"门替代法和基于马尔可夫法来分析存在 IPC 与功能相关的系统可靠性时存在的问题。在 5.3 节的讨论中我们使用在 3.2 节中描述的 IPC 模型(IPCM)[3,6]来对 IPC 行为进行建模。

5.3 组合方法

组合方法能够解决的主要挑战包括:①在不使用效率不高的马尔可夫模型情况下,能够成功地"关掉"断开的相关部件,使其不能对系统的未覆盖失效概率产生影响;②适用于分析部件服从任意失效时间分布的系统。这个方法包含4个任务:处理 FDEP 触发部件的未覆盖失效;把剩余的功能相关系统转变为不带有功能相关的子系统;在评估所生成的子系统时考虑 FDEP 相关部件的未覆盖失效;整合生成最终系统的不可靠性结果[21]。

5.3.1 任务1:处理触发部件的未覆盖失效

使用 SEA 方法(见 3.3 节)来处理功能相关的触发部件的未覆盖失效,系统的不可靠性为

$$U_{系统}(t) = 1 - P_{u\text{-TRIG}}(t) + P_{u\text{-TRIG}}(t) \cdot Q(t) \quad (5.1)$$

上式 $P_{u\text{-TRIG}}(t)$ 表示无触发部件存在未覆盖失效的概率,可由下式计算:

$$P_{u\text{-TRIG}}(t) = \prod_{\forall 触发-i}(1 - s_i \times q_i(t)) \quad (5.2)$$

式(5.1)中的 $Q(t)$ 表示给定无触发部件存在未覆盖失效条件下的系统不可靠性。正如 3.3 节所讨论的,每一个触发部件在给定不存在未覆盖失效条件下的条件失效概率需用式(5.3)进行计算,并用于评估 $Q(t)$。

$$\tilde{q}_{触发-i}(t) = \Pr(触发部件\ i\ 失效\ |\ 不存在未覆盖失效)$$

$$= \frac{\Pr(触发部件\ i\ 失效 \cap 不存在未覆盖失效)}{\Pr(触发部件\ i\ 不存在未覆盖失效)}$$

$$= \frac{\Pr(触发部件\ i\ 失效被覆盖)}{\Pr(触发部件\ i\ 不存在未覆盖失效)}$$

$$= \frac{c_i \times q_i(t)}{(1 - s_i \times q_i(t))} \tag{5.3}$$

5.3.2 任务2：变换以生成不考虑FDEP的简化问题

式(5.1)中$Q(t)$的评估必须考虑FDEP的影响。在此项任务中，采用文献[22]中的变换方法将考虑FDEP的可靠性问题转化为不考虑FDEP的简化问题，从而使SEA方法可以应用在相关部件仍然连接的情况下。此外，简化后的问题可以不采用基于马尔可夫的方法，实现高效求解。

变换时，首先创建一个相关触发事件(DTE)空间。假设一个系统的所有功能相关中共有m个基本触发事件，表示为$T_i(i=1,\cdots,m)$。则这个空间共有2^m个完全穷尽与互斥的组合事件，称为DTE：$DTE_1 = \overline{T_1} \cap \overline{T_2} \cap \cdots \overline{T_{m-1}} \cap \overline{T_m}$，$DTE_2 = T_1 \cap \overline{T_2} \cap \cdots \overline{T_{m-1}} \cap \overline{T_m}$，$\cdots$，$DTE_{2^m-1} = \overline{T_1} \cap T_2 \cap \cdots T_{m-1} \cap T_m$，$DTE_{2^m} = T_1 \cap T_2 \cap \cdots \cap T_m$。每一个DTE均为由基本触发事件组成的不相交且不同的组合。

基于DTE空间和全概率定理，式(5.1)中的$Q(t)$可计算为

$$Q(t) = \sum_{i=1}^{2^m} [\Pr(系统失效 | DTE_i) \cdot \Pr(DTE_i)] \tag{5.4}$$

式(5.4)中的$\Pr(DTE_i)$表示DET_i发生的概率，可根据它的定义和触发部件的失效概率来计算。注意在计算$\Pr(DTE_i)$时，要使用式(5.3)中触发部件的修正失效概率。

式(5.4)中对$\Pr(系统失效 | DTE_i)$的评估是一个简化的可靠性问题，受DTE_i影响的部件集合(表示为S_{DTE_i})不出现在系统结构函数中。更重要的是，在评估$\Pr(系统失效 | DTE_i)$的时候不需要考虑FDEP的影响。注意，为了找到集合S_{DTE_i}，将与同一基本触发事件功能相关的部件组定义为一个功能相关组(FDG)，比如在图5.1(a)的例子中，部件B、D和F组成部件A的FDG，即$FDG_A = \{B, D, F\}$。集合S_{DTE_i}可以通过对DTE_i发生时所有相应发生的触发事件对应的FDG求并集，例如，假设系统有两个基本触发事件T_1和T_2，对于事件$DTE_3 = T_1 \cap \overline{T_2}$，其相应的集合$S_{DTE_3}$为$FDG_{T_1}$，这是因为$DTE_3$的发生意味着$T_1$的发生；对于事件$DTE_4 = T_1 \cap T_2$，相应的集合$S_{DTE_4}$是$FDG_{T_1}$、$FDG_{T_2}$与$FDG_{T_1 \cap T_2}$的并集(适用于$T_1 \cap T_2$为某个FDEP门的触发事件)。

5.3.3 任务3：求解简化问题并处理相关部件的未覆盖失效

为了评估简化问题$\Pr(系统失效 | DTE_i)$，需要基于原系统的DFT获得每

一个简化问题的故障树模型。简化故障树模型的生成方法包括以下步骤：

(1) 忽略所有的 FDEP 门以及与之相关的触发事件。

(2) 用一个常数逻辑值"1"(真)来代替每一个被 DTE_i 影响的基本事件(在集合 S_{DTE_i} 中的事件)。

(3) 对原始系统 DFT 采用布尔约简，生成一个较为简单的故障树，在这个故障树中所有被 DTE_i 影响的部件都不出现或者"断开连接"。通过这种方式，那些断开的相关部件可以成功地被"关掉"，以便使它们的未覆盖失效(如果有的话)不会对系统的未覆盖失效概率产生影响。

基于简化故障树模型，使用 SEA 法来考虑没有被 DTE_i 影响的部件(之后称为连接部件)的无覆盖失效，即

$$\Pr(系统失效 | DTE_i) = 1 - P_{u-i}(t) + P_{u-i}(t) \cdot Q_i(t) \quad (5.5)$$

式中：$P_{u-i}(t)$ 表示没有连接部件发生未覆盖失效的概率，可通过 $\prod_{\forall 连接部件-i}(1-s_i \times q_i(t))$ 计算；$Q_i(t)$ 表示忽略系统所有部件的未覆盖失效和 FDEP 的系统不可靠性，因此可以使用任何标准的组合方法来计算。正如 5.3.2 节所讨论的，评估 $Q_i(t)$ 时，每一个连接部件的失效概率都须用式(5.6)修正为条件概率：

$$\tilde{q}_{连接部件-i}(t) = \frac{c_i \times q_i(t)}{(1-s_i \times q_i(t))} \quad (5.6)$$

需要注意的是，当原始 DFT 模型中的 FDEP 门的一些触发事件作为其他门或模型的一部分出现时，为了生成正确的简化故障树模型，必须要进行特殊的处理。这些事件有两种身份，被称为双重效应事件(或简称为双重事件)，参考 5.4.3 节中关于双重事件的系统例子，在这种情况下，为了正确构建简化故障树模型，在步骤(1)中忽略双重事件的触发事件身份，而保留基本事件身份。在步骤(2)中，如果事件本身(比如 T_1)出现在 DTE_i 中，用常数逻辑值"1"(真)代替双重事件的基本事件身份；如果事件的补集(比如 $\overline{T_1}$)出现在 DTE_i 中，用一个常数逻辑值"0"(假)代替。

5.3.4 任务4：整合得到最终系统的不可靠性

在计算出式(5.5)中的 Q_i 后，通过连续应用式(5.5)、式(5.4)和式(5.1)，可以获得考虑既有 IPC 又有 FDEP 的系统最终不可靠性。

5.3.5 组合算法总结

在先前章节讨论的基础上，组合方法可以被总结为下面的系统算法。

(1) 找出在系统中所有 FDEP 的基本触发事件，接下来：

① 计算 $P_{u\text{-TRIG}} = \prod_{\forall 触发-i}(1 - s_i \times q_i(t))$。

② 对每一个触发部件 i，用式(5.3)计算它的条件失效概率，即 $\tilde{q}_{触发-i}(t) = \dfrac{c_i \times q_i(t)}{(1 - s_i \times q_i(t))}$。

③ 构建 DTE 空间。假定有 m 个触发事件，DTE 空间由 2^m 个不相交的 DTE 组成，定义如下：$\text{DTE}_1 = \overline{T_1} \cap \overline{T_2} \cap \cdots \overline{T_{m-1}} \cap \overline{T_m}$，$\text{DTE}_2 = T_1 \cap \overline{T_2} \cap \cdots \overline{T_{m-1}} \cap \overline{T_m}$，…，$\text{DTE}_{2^m-1} = \overline{T_1} \cap T_2 \cap \cdots T_{m-1} \cap T_m$，$\text{DTE}_{2^m} = T_1 \cap T_2 \cap \cdots \cap T_m$。

④ 利用步骤(1)中②得到的触发部件条件失效概率计算 $\Pr(\text{DTE}_i)$。

(2) 对每一个 DTE_i：

① 找到集合 S_{DTE_i}，然后采用 5.3.3 节中的生成方法构建简化的故障树模型来计算 $\Pr(系统失效 \mid \text{DTE}_i)$。

② 计算 $P_{u\text{-}i} = \prod_{\forall 连接部件-i}(1 - s_i \times q_i(t))$。

③ 对在步骤(2)中①构建的简化故障树中出现的每一个部件，即连接部件，利用式(5.6)来计算其条件失效概率，即 $\tilde{q}_{连接部件-i}(t) = \dfrac{c_i \times q_i(t)}{(1 - s_i \times q_i(t))}$。

④ 采用组合 BDD 法来评估(2)中①构建的简化故障树模型，从而获得 Q_i。注意，需要利用步骤(2)中③得到的部件条件失效概率来评估 Q_i。

⑤ 利用式(5.5) 来整合 $P_{u\text{-}i}$ 和 Q_i，以此获得 $\Pr(系统失效 \mid \text{DTE}_i) = 1 - P_{u\text{-}i} + P_{u\text{-}i} \cdot Q_i$。

(3) 利用式(5.4)来整合步骤(1)中④计算得到的 $\Pr(\text{DTE}_i)$ 以及在步骤(2)中⑤计算得到的 $\Pr(系统失效 \mid \text{DTE}_i)$ 来获得 $Q = \sum_{i=1}^{2^m}[\Pr(系统失效 \mid \text{DTE}_i) \cdot \Pr(\text{DTE}_i)]$。

(4) 使用式(5.1)来整合步骤(1)中①计算出的 $P_{u\text{-TRIG}}$ 以及步骤(3)中计算出的 Q_i，以此得到系统的不可靠性 $U_{系统} = 1 - P_{u\text{-TRIG}} + P_{u\text{-TRIG}} \cdot Q$。

显然，步骤(2)是算法的主要步骤。它需要利用传统的故障树可靠性分析方法，例如 BDD 或者基于最小割集的 IE 或 SDP 方法[3]来求解 2^m 个简化可靠性问题，这里的 m 表示触发事件的个数。现有研究表明，在大多数情况下，BDD 法需要的内存相对更小，在可靠性评估中相比于传统的故障树可靠性分析法[3,8,9,23,24]效率更高。使用记忆化的动态编程[25]概念，BDD 评估方法的复杂程度为 $O(\text{BDD 中的节点数目})$。一种 BDD 方法的有效实现，其详细计算复杂度及存储复杂度分析可参考文献[26]。通过 5.4 节示例说明，在所介绍的算法步骤(2)中生成的简化问题十分简洁且彼此独立。在可用计算资源允许下，本节介绍的方法使得并行求解简化问题成为可能。因此，总体来说，与马尔可夫方法相比,组合方法的计算效率更高,马尔可夫方法的状态(或状态方程)数与系统部件数 n(比触发部件数目 m 大很多)成指数关系,求解 w 个状态的马尔可夫模型的计算时间是 $O(w^3)$,此处 $w=O(2^n)$ [27]。相比马尔可夫方法,本节介绍的算法的另外一个优势是对系统部件没有失效时间分布类型的限制。

5.4 案例分析

5.4.1 具有组合触发事件的存储系统

图 5.2 是文献[17,28]中一个计算机系统的存储子系统的 DFT 模型。该存储子系统由 5 个存储单元(M_1,M_2,M_3,M_4,M_5)组成,通过两个存储接口单元(MIU_1 和 MIU_2)访问。存储单元和接口单元功能相关:M_1 和 M_2 通过 MIU_1 连接到总线上;M_4 和 M_5 通过 MIU_2 连接到总线上;M_3 与两个接口都相连;只要两个接口单元中的任意一个工作,M_3 就可用。在图 5.2 中 3 个 FDEP 门触发事件的 FDG:$FDG_{MIU_1}=\{M_1,M_2\}$,$FDG_{MIU_2}=\{M_4,M_5\}$,$FDG_{MIU_1\cap MIU_2}=\{M_3\}$。其中,只有 MIU_1 和 MIU_2 为基本触发事件,中间的 FDEP 门是 $MIU_1\cap MIU_2$ 的组合触发事件。

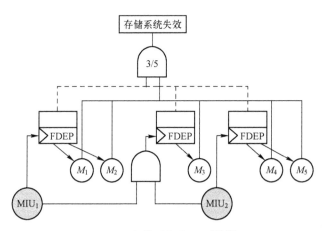

图 5.2 存储系统的 DFT[17,28]

表 5.1 给出了 5 组不同的系统部件的失效率和不完全覆盖因子。对所有的部件,r 出口概率都假设为零。根据 5.3 节的步骤,当任务时间为 $t=10000h$,案例的分析结果如表 5.2 所列。

表5.1 失效与覆盖输入参数

	第1组	第2组	第3组	第4组	第5组
$\lambda_{MIU_1},\lambda_{MIU_2}$	1e-6	1e-6	1e-6	1e-6	1e-6
$\lambda_{M_i}(i=1,2,3,4,5)$	1e-4	1e-4	1e-4	1e-4	1e-4
c_{MIU_1}	1	0.9	1	1	1
c_{MIU_2}	1	0.9	1	1	1
c_{M_1}	0.9	0.9	0.5	1	1
c_{M_2}	0.9	0.9	0.9	1	1
c_{M_3}	0.9	0.9	0.5	0.5	1
c_{M_4}	0.9	0.9	1	0.5	1
c_{M_5}	0.9	0.9	1	0.5	1

由于本案例中有两个基本触发事件(MIU_1 和 MIU_2),DTE 空间由 4 个 DTE 组成:$DTE_1 = \overline{MIU_1} \cap \overline{MIU_2}$,$DTE_2 = \overline{MIU_1} \cap MIU_2$,$DTE_3 = MIU_1 \cap \overline{MIU_2}$,$DTE_4 = MIU_1 \cap MIU_2$;这 4 个 DTE 的发生概率:$\Pr(DTE_1) = (1-\tilde{q}_{MIU_1}) \cdot (1-\tilde{q}_{MIU_2})$,$\Pr(DTE_2) = (1-\tilde{q}_{MIU_1}) \cdot \tilde{q}_{MIU_2}$,$\Pr(DTE_3) = \tilde{q}_{MIU_1} \cdot (1-\tilde{q}_{MIU_2})$,$\Pr(DTE_4) = \tilde{q}_{MIU_1} \cdot \tilde{q}_{MIU_2}$。这里的 $\tilde{q}_{MIU_i}$ 是 MIU_i 的修正失效概率,可以由 $\tilde{q}_{MIU_i} = (c_{MIU_i} q_{MIU_i})/(1-s_{MIU_i} q_{MIU_i})$ 算出,此处,$q_{MIU_i} = 1-\exp(-\lambda_{MIU_i} \cdot t)$ $(i=1,2)$。这 5 组输入参数得到 DTE 的发生概率在表 5.2 中第 2~5 行中给出。

表5.2 中间和最终结果

		第1组	第2组	第3组	第4组	第5组
$\Pr(DTE_1)$		0.980199	0.982152	0.980199	0.980199	0.980199
$\Pr(DTE_2)$		9.85116e-3	8.883714e-3	9.85116e-3	9.85116e-3	9.85116e-3
$\Pr(DTE_3)$		9.85116e-3	8.883714e-3	9.85116e-3	9.85116e-3	9.85116e-3
$\Pr(DTE_4)$		9.90058e-5	8.035453e-5	9.90058e-5	9.90058e-5	9.90058e-5
$\Pr(系统失效\|DTE_1)$		0.780023	0.780023	0.858244	0.858244	0.736436
$\Pr(系统失效\|DTE_2)$		0.950212	0.950212	0.950212	0.950212	0.950212
$\Pr(系统失效\|DTE_3)$		0.950212	0.950212	0.950212	0.950212	0.950212
$\Pr(系统失效\|DTE_4)$		1	1	1	1	1
Q		0.783398	0.783064	0.860070	0.860070	0.740674
$U_{系统}$	本章的方法	0.783398	0.783496	0.860070	0.860070	0.740674
	或门替代法	0.783518	0.783604	0.860331	0.860331	0.740674

被 4 个 DTE 影响的部件集合:$S_{DTE_1} = \varnothing$,$S_{DTE_2} = FDG_{MIU_2} = \{M_4, M_5\}$,$S_{DTE_3} =$

$FDG_{MIU_1} = \{M_1, M_2\}$,$S_{DTE_4} = FDG_{MIU_1} \cup FDG_{MIU_2} \cup FDG_{MIU_1 \cap MIU_2} = \{M_1, M_2, M_3, M_4, M_5\}$。显然,简化问题 Pr(系统失效|$DTE_4$)=1。对前3个简化问题,通过对图5.2中的原始DFT模型进行替换和简化(见5.3.3节),图5.3给出了它们对应的故障树模型。基于这些简化故障树模型和式(5.5),我们可以计算出4个简化问题的结果,在表5.2的第6~9行中给出。根据式(5.4),通过整合 Pr(DTE_i)和Pr(系统失效|DTE_i)得到 Q,在表5.2的第10行中给出。最后,使用式(5.1),我们得到最终系统的不可靠性,在表5.2的第11行中给出。

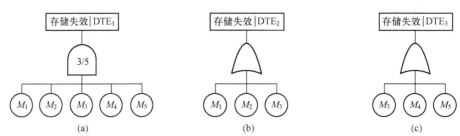

图 5.3 存储系统的简化故障树模型
(a)简化问题1;(b)简化问题2;(c)简化问题3。

表5.2的最后一行给出了用或门替代法得到的分析结果。对于第1~4组参数,或门替代法得到了高估的系统不可靠性结果;对于第5组参数(相关存储单元不存在未覆盖失效),两种方法结果相同。如果我们用传统的马尔可夫法分析存储系统,那就必须求解一个共计87个状态和190个转移的马尔可夫链(在合并所有的失效模式和相关转移后)[17]。相比之下,本节介绍的组合方法只需要依次对包含5个、3个和3个部件(图5.3)的3个静态系统进行分析。

5.4.2 存在级联效应的系统

当系统中一个部件的失效导致连锁反应或多米诺效应,就是发生了级联行为[29]。比如在一个分层的集线网络中,节点和集线器被安排成多层[30],通过多个集线器可以访问处于较低层的节点。如果顶层集线器失效,那么它所有的下级或次下级集线器以及较低级别的节点都会以级联的方式变得不能访问。在DFT可靠性分析中,级联效应可以利用级联FDEP门来建模。

图5.4为一个存在级联效应的系统的DFT模型,当事件 A 发生,事件 B 和事件 E 都会强制发生,由于事件 B 的发生,事件 C 也会发生。这种两级多米诺链的级联行为可以用两个FDEP门来建模。下面使用表5.3给出的5组不同的输入数据,采用本节介绍的方法来分析这个案例系统。

在应用5.3节推荐的四步组合法时,由于在例子中有两个基本触发事件(A 和 B),因此DTE空间由4个DTE组成:$DTE_1 = \bar{A} \cap \bar{B}$,$DTE_2 = \bar{A} \cap B$,$DTE_3 = A \cap \bar{B}$,$DTE_4 = A \cap B$;这4个DTE的发生概率:$Pr(DTE_1) = (1-\tilde{q}_A) \cdot (1-\tilde{q}_B)$,$Pr(DTE_2) = (1-\tilde{q}_A) \cdot \tilde{q}_B$,$Pr(DTE_3) = \tilde{q}_A \cdot (1-\tilde{q}_B)$,$Pr(DTE_4) = \tilde{q}_A \cdot \tilde{q}_B$。由5组输入数据得出的值在表5.4的第2~5行中给出。

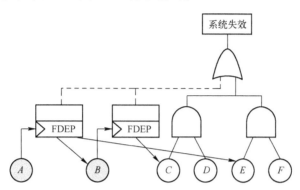

图5.4 存在二级级联 FDEP 的系统

表5.3 失效与覆盖输入参数

	第1组	第2组	第3组	第4组	第5组
$\lambda_i (i=A,B,C,D,E,F)$	1×10^{-5}	1×10^{-5}	1×10^{-5}	1×10^{-5}	1×10^{-5}
c_A	0.9	0.9	0.9	1	1
c_B	0.9	0.9	0.9	0.8	1
c_C	0.9	0.9	1	1	1
c_D	1	0.9	1	1	1
c_E	0.9	0.9	1	1	1
c_F	1	0.9	1	1	1

表5.4 中间和最终结果

	第1组	第2组	第3组	第4组	第5组
$Pr(DTE_1)$	0.834538	0.834538	0.834538	0.834615	0.818730
$Pr(DTE_2)$	0.078992	0.078992	0.078992	0.070221	0.086106
$Pr(DTE_3)$	0.078992	0.078992	0.078992	0.087777	0.086106
$Pr(DTE_4)$	7.47692×10^{-3}	7.47692×10^{-3}	7.47692×10^{-3}	7.385294×10^{-3}	9.055917×10^{-3}
$Pr(系统失效 \mid DTE_1)$	0.035021	0.051864	0.018029	0.018029	0.018029
$Pr(系统失效 \mid DTE_2)$	0.111147	0.118939	0.103356	0.103356	0.103356

（续）

		第1组	第2组	第3组	第4组	第5组
Pr(系统失效|DTE_3)		0.181269	0.181269	0.181269	0.181269	0.181269
Pr(系统失效|DTE_4)		0.181269	0.181269	0.181269	0.181269	0.181269
Q		0.053680	0.068352	0.038884	0.039555	0.040910
$U_{系统}$	本章的方法	0.071605	0.085999	0.057090	0.057835	0.040910
	或门替代法	0.073576	0.087964	0.057090	0.057835	0.040910

使用5.3节介绍的方法，被4个DTE影响的部件集合可计算如下：$S_{DTE_1}=\varnothing$，$S_{DTE_2}=FDG_B=\{C\}$，$S_{DTE_3}=FDG_A=\{B,E\}$，$S_{DTE_4}=FDG_A\cup FDG_B\cup FDG_{A\cap B}=\{B,C,E\}$。很容易发现在$S_{DTE_3}$中遗漏了事件$C$，因为$S_{DTE_3}$不应该仅仅只包含直接相关事件$B$和$E$，还需要被扩展到包含多米诺相关事件$C$。因此，被$DTE_3$影响的正确部件集是$S_{DTE_3}=FDG_A^+=\{B,C,E\}$。图5.5所示为去掉$S_{DTE_i}$中相应部件后得到的4个简化问题的故障树模型，基于这些简化故障树模型和式(5.5)，可以计算出4个简化问题的结果，其结果见表5.4中第6~9行。根据式(5.4)，整合$Pr(DTE_i)$和$Pr(系统失效\|DTE_i)$得到Q，结果见表5.4的第10行。最后，利用式(5.1)得到最终系统的不可靠性，结果见表5.4中第11行。

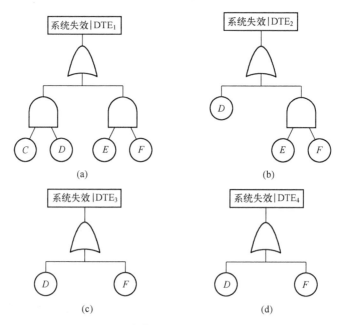

图 5.5 组合求解中的简化故障树模型
(a) 简化问题#1；(b) 简化问题#2；(c) 简化问题#3；(d) 简化问题#4。

同样地，我们把用或门替代法得到的结果列入表 5.4 的最后一行。对于第 1~2 组的数据，或门替代法得到的不可靠性过高；对于第 3~5 组的数据（所有的相关部件都不存在未覆盖失效），两种方法得到的结果相同。

注意，和 5.4.1 节的例子不同，必须在 5.3 节介绍的四步组合法中加入相关触发事件集合 S_{DTE_i} 的扩展用于处理级联 FDEP，具体是加到步骤（2）的①中：扩展集合 S_{DTE_i}，使其包含多米诺链中强制发生的相关事件/失效的所有基本事件。注意该扩展过程是迭代的，每一次迭代后，检查已经在集合 S_{DTE_i} 中的任意部件组合是否满足系统 DFT 中某个 FDEP 门的输入触发事件的条件，如果满足，那么相应 FDEP 门的所有相关基本事件必须被加在扩展的集合中，若最后一次迭代后，没有新的部件加入集合，扩展过程停止。

5.4.3 存在级联 FDEP 和双重效应事件的系统

图 5.6 是一个既包含级联 FDEP 又包含双重效应事件的复杂案例的 DFT 模型。因为该系统有两个基本触发事件（T_1 和 T_2），所以 DTE 空间有 4 个 DTE：$\text{DTE}_1 = \overline{T_1} \cap \overline{T_2}$，$\text{DTE}_2 = \overline{T_1} \cap T_2$，$\text{DTE}_3 = T_1 \cap \overline{T_2}$，$\text{DTE}_4 = T_1 \cap T_2$；被这 4 个 DTE 影响的部件集合：$S_{\text{DTE}_1} = \varnothing$，$S_{\text{DTE}_2} = \{A\}$，$S_{\text{DTE}_3} = \{T_2, A\}$，$S_{\text{DTE}_4} = \{T_2, A\}$。因为事件 T_1 和 T_2 都是双重效应事件（它们既是功能相关的触发事件，又是影响图 5.6 DFT 中的两个与门的基本事件），利用 5.3.3 节中介绍的特殊替代和简化方法来生成简化故障树。图 5.7 给出了对每一个简化问题进行替代的具体过程和相应的简化故障树。替代和简化的结果中，有 3 个简化模型仅是常数"0"或"1"，第二个简化问题的 Pr（系统失效 | DTE_2）为 $\text{Pr}(B)$。

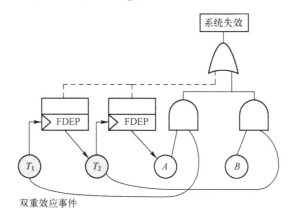

图 5.6 存在级联 FDEP 和双重效应事件的案例系统

与之前的案例相似，表 5.6 中给出了 5 组不同的输入参数（表 5.5）下的中间和最终结果。对于第 1~3 组的参数，或门替代法得到了过高的系统不可靠性;对于第4~5组(所有的相关部件均不存在未覆盖失效),两种方法得到的结果相同。如果要用传统的马尔可夫法来分析系统,我们必须处理带有6种状态和11个转移的紧凑型马尔可夫链(图5.8),相比之下,本节介绍的组合法只需要分析一个带有单个部件的系统(图5.7(b))。

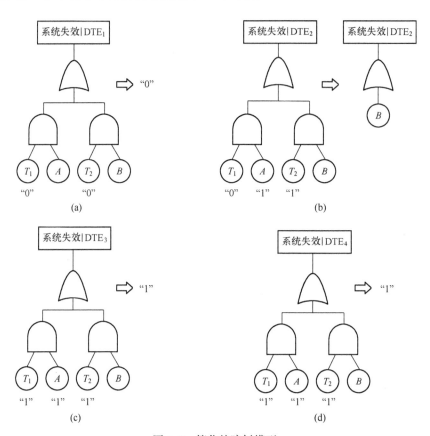

图 5.7 简化故障树模型
(a) 简化故障树#1;(b) 简化故障树#2;(c) 简化故障树#3;(d) 简化故障树#4。

表 5.5 失效以及覆盖输入参数

	第1组	第2组	第3组	第4组	第5组
λ_A	2×10^{-5}	2×10^{-5}	2×10^{-5}	2×10^{-5}	2×10^{-5}
λ_B	1×10^{-5}	1×10^{-5}	1×10^{-5}	1×10^{-5}	1×10^{-5}
λ_{T1}	1×10^{-4}	1×10^{-4}	1×10^{-4}	1×10^{-4}	1×10^{-4}
λ_{T2}	1×10^{-5}	1×10^{-5}	1×10^{-5}	1×10^{-5}	1×10^{-5}
c_A	0.9	0.9	0.9	1	1

(续)

	第1组	第2组	第3组	第4组	第5组
c_B	0.9	1	1	1	1
c_{T1}	0.9	1	1	1	1
c_{T2}	0.9	1	0.9	0.9	1

表 5.6 中间和最终结果

		第1组	第2组	第3组	第4组	第5组
$\Pr(\mathrm{DTE}_1)$		0.358746	0.332871	0.336069	0.336069	0.332871
$\Pr(\mathrm{DTE}_2)$		0.033956	0.035008	0.031810	0.031810	0.035008
$\Pr(\mathrm{DTE}_3)$		0.554784	0.571966	0.577461	0.577461	0.571966
$\Pr(\mathrm{DTE}_4)$		0.052512	0.060154	0.054658	0.054658	0.060154
$\Pr(系统失效 \mid \mathrm{DTE}_1)$		0	0	0	0	0
$\Pr(系统失效 \mid \mathrm{DTE}_2)$		0.095162	0.095162	0.095162	0.095162	0.095162
$\Pr(系统失效 \mid \mathrm{DTE}_3)$		1	1	1	1	1
$\Pr(系统失效 \mid \mathrm{DTE}_4)$		1	1	1	1	1
Q		0.610527	0.635451	0.635146	0.635146	0.635451
$U_{系统}$	本章的方法	0.638619	0.635451	0.638618	0.638618	0.635451
	或门替代法	0.648280	0.642060	0.645170	0.638618	0.635451

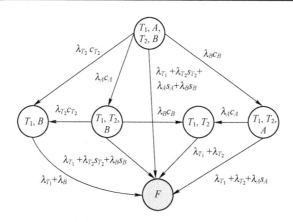

图 5.8 案例系统的 CTMC(F 为系统失效状态)

5.4.4 存在 FDEP 共享相关事件的系统

图 5.9 是一个事件 C 属于两个 FDEP 门的案例。采用 5.3 节介绍的四步组

合法分析时,首先构建由 4 个 DTE 组成的 DTE 空间:$DTE_1 = \bar{A} \cap \bar{E}$,$DTE_2 = \bar{A} \cap E$,$DTE_3 = A \cap \bar{E}$,$DTE_4 = A \cap E$;这 4 个 DTE 发生的概率:$Pr(DTE_1) = (1-\tilde{q}_A) \cdot (1-\tilde{q}_E)$,$Pr(DTE_2) = (1-\tilde{q}_A) \cdot \tilde{q}_E$,$Pr(DTE_3) = \tilde{q}_A \cdot (1-\tilde{q}_E)$;被这 4 个 DTE 影响的部件集合:$S_{DTE_1} = \varnothing$,$S_{DTE_2} = \{C,D\}$,$S_{DTE_3} = \{B,C\}$,$S_{DTE_4} = \{B,C,D\}$。采用 5.3 节中简化故障树的生成算法,得到如图 5.10 所示的求解 $Pr(系统失效 | DTE_1)$ 的简化故障树模型,$Pr(系统失效 | DTE_i) = 1 (i = 2,3,4)$。

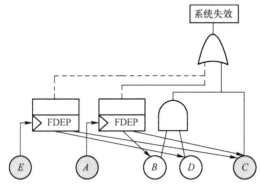

图 5.9　存在共享相关事件的案例系统　　　图 5.10　简化的故障树模型

用表 5.7 中的 5 组参数值,得到表 5.8 的中间和最终分析结果。对于此案例,由于两个触发事件(A 或 E)中任意一个发生,整个系统都失效,因此不管断开的相关部件能被关掉(本章介绍的方法)或不能被关掉(或门替代法),用 5 组数据得到的最终系统不可靠性和使用或门替代法得到的结果相同。

表 5.7　失效和覆盖输入参数

	第 1 组	第 2 组	第 3 组	第 4 组	第 5 组
λ_A	1×10^{-5}	1×10^{-5}	1×10^{-5}	1×10^{-5}	1×10^{-5}
λ_B	1×10^{-5}	1×10^{-4}	1×10^{-4}	1×10^{-4}	1×10^{-4}
λ_C	1×10^{-5}	1×10^{-4}	1×10^{-4}	1×10^{-4}	1×10^{-4}
λ_D	1×10^{-5}	1×10^{-4}	1×10^{-4}	1×10^{-4}	1×10^{-4}
λ_E	1×10^{-5}	1×10^{-4}	1×10^{-4}	1×10^{-4}	1×10^{-4}
c_A	0.9	0.9	0.9	0.9	1
c_B	0.9	0.9	0.5	0.9	1
c_C	0.9	0.9	0.5	0.9	1
c_D	1	1	1	1	1
c_E	1	1	1	0.9	1

表 5.8　中间和最终结果

	第 1 组	第 2 组	第 3 组	第 4 组	第 5 组
$\Pr(DTE_1)$	0.826597	0.336069	0.336069	0.358746	0.332871
$\Pr(DTE_2)$	0.086934	0.577462	0.577462	0.554785	0.571966
$\Pr(DTE_3)$	0.078241	0.031810	0.031810	0.033957	0.035008
$\Pr(DTE_4)$	0.008229	0.054659	0.054659	0.052512	0.060154
$\Pr(系统失效 \mid DTE_1)$	0.111148	0.787671	0.821891	0.796226	0.779117
$\Pr(系统失效 \mid DTE_2)$	1	1	1	1	1
$\Pr(系统失效 \mid DTE_3)$	1	1	1	1	1
$\Pr(系统失效 \mid DTE_4)$	1	1	1	1	1
Q	0.265278	0.928643	0.940143	0.926897	0.926474
$U_{系统}$ 本章的方法	0.272270	0.929322	0.940713	0.932170	0.926474
$U_{系统}$ 或门替代法	0.272270	0.929322	0.940713	0.932170	0.926474

参考文献

[1] STALLINGS W. Computer Organization and Architecture[M]. 8th ed. New York:Prentice Hall,2009.

[2] XING L,LEVITIN G,WANG C,et al. Reliability of systems subject to failures with dependent propagation effect[J]. IEEE transactions on systems, man, and cybernetics: systems, 2013,43(2):277-290.

[3] DUGAN J B, DOYLE S A. New results in Fault-Tree analysis[C]//Tutorial Notes of Annual Reliability and Maintainability Symposium. Pennsylvania:Philadelphia,1999.

[4] DUGAN J B,BAVUSO S J,BOYD M A. Dynamic fault-tree models for fault-tolerant computer systems[J]. IEEE transactions on reliability,1992,41(3):363-377.

[5] MERLE G,ROUSSEL J M,LESAGE J J. Improving the efficiency of dynamic Fault Tree analysis by considering gates FDEP as static[C]//European Safety and Reliability Conference (ESREL 2010). Balkema:Taylor and Francis,2010.

[6] MISRA K B. Handbook of Performability Engineering[M]. London:Springer-Verlag,2008.

[7] BRYANT R E. Graph-based algorithms for Boolean function manipulation[J]. IEEE transactions on computers,1986,C-35(8):677-691.

[8] RAUZY A. New algorithms for fault tree analysis[J]. Reliability engineering & system safety,1993,40(3):203-211.

[9] ZANG X,SUN H,TRIVEDI K S. A BDD-based algorithm for reliability analysis of phased-mission systems[J]. IEEE transactions on reliability,1999,48(1):50-60.

[10] BOURICIUS W G, CARTER W C, SCHNEIDER P R. Reliability modeling techniques for self-repairing computer systems[C]//Proceedings of the 1969 24th national conference. New York: ACM, 1969.

[11] ARNOLD T F. The concept of coverage and its effect on the reliability model of a repairable system[J]. IEEE transactions on computers, 1973, C-22(3): 251-254.

[12] LEVITIN G, AMARI S V. Reliability analysis of fault tolerant systems with multi-fault coverage[J]. International journal of performability engineering, 2007, 3(4): 441-451.

[13] MYERS A F. k-out-of-n: G System reliability with imperfect fault coverage[J]. IEEE transactions on reliability, 2007, 56(3): 464-473.

[14] MYERS A F. Achievable limits on the reliability of k-out-of-n: G systems subject to imperfect fault coverage[J]. IEEE transactions on reliability, 2008, 57(2): 349-354.

[15] DUGAN J B. Automated analysis of phased-mission reliability[J]. IEEE transactions on reliability, 1991, 40(1): 45-52, 55.

[16] GULATI R, DUGAN J B. A modular approach for analyzing static and dynamic fault trees [C]//Proceedings of the Annual Reliability and Maintainability Symposium. New York: IEEE, 2002.

[17] MANIAN R, DUGAN J B, COPPIT D, et al. Combining various solution techniques for dynamic fault tree analysis of computer systems[C]//Proceedings of the 3rd IEEE international high-assurance systems engineering symposium. New York: IEEE, 1999.

[18] MESHKAT L, RING L, DONOHUE S K, et al. An overview of the phase-modular fault tree approach to phased-mission system analysis[C]//Proceedings of the international conference on space mission challenges for information technology. Washington, D C: NASA, 2003.

[19] SUNE V, CARRASCO J A. A method for the computation of reliability bounds for non-repairable fault-tolerant systems[C]//Proceedings of the 5th IEEE international symposium on modeling, analysis, and simulation of computers and telecommunication system. New York: IEEE, 1997.

[20] SUNE V, CARRASCO J A. A failure-distance based method to bound the reliability of non-repairable fault-tolerant systems without the knowledge of minimal cutsets[J]. IEEE transactions on reliability, 2001, 50(1): 60-74.

[21] XING L, MORRISSETTE B A, DUGAN J B. Combinatorial reliability analysis of imperfect coverage systems subject to functional dependence[J]. IEEE transaction on reliability, 2014, 63(1): 367-382.

[22] XING L. Handling functional dependence without using markov models[J]. International journal of performability engineering, short communications, 2008, 4(1): 95-97.

[23] XING L, DUGAN J B. Analysis of generalized phased mission system reliability, performance and sensitivity[J]. IEEE transactions on reliability, 2002, 51(2): 199-211.

[24] CHANG Y, AMARI S V, KUO S. Computing system failure frequencies and reliability im-

portance measures using OBDD[J]. IEEE transactions on computers, 2004, 53(1): 54-68.

[25] CORMEN T H, LEISERSON C E, RIVEST R L, et al. Introduction to algorithms[M]. 2nd ed. Boston: MIT Press, 2001.

[26] BRACE K S, RUDELL R L, BRYANT R E. Efficient implementation of a BDD package [C]//Proceedings of the 27th ACM/IEEE design automation conference. New York: IEEE, 1990.

[27] REIBMAN A, SMITH R, TRIVEDI K S. Markov and Markov reward model transient analysis: an overview of numerical approaches[J]. European journal of operational research, 1989, 40(2): 257-267.

[28] DUGAN J B, VENKATARAMAN B, GULATI R. DIFtree: a software package for the analysis of dynamic fault tree models[C]//Proceedings of the annual reliability and maintainability symposium. New York: IEEE, 1997.

[29] RAUSAND M, HOYLAND A. System reliability theory: models, statistical methods, and applications[M]. 2nd ed. Hoboken: John Wiley & Sons, Inc, 2004.

[30] DAVARI S, ZARANDI M H F, The single-allocation hierarchical hub-median problem with fuzzy flows[C]//Proceedings of the 5th international workshop soft computing applications. Berlin: Springer, 2013.

第6章

确定性共因失效

6.1 概述

根据文献[1],共因失效(CCF)是"相关事件的一个子集,因为某种共同原因造成两个或者多个部件在同一时间或很短的时间间隔内发生故障。"共享根原因或共同原因(CC)有两种类型:外部原因(洪水、雷击、地震、环境突变、设计错误、电源干扰、人为错误、辐射等)和内部原因(某些系统内部部件故障的传播)。共因失效通常出现在使用了统计上完全相同的部件的冗余系统中[2]。大量研究表明,共因失效倾向于增大联合失效概率,对整个系统的不可靠性有很大的贡献[3-14]。例如,根据Fleming等的研究[14],有共因失效的系统的不可靠度可以提高10倍以上,在不同的共因失效贡献中,最高可达1%。换句话说,不考虑共因失效会高估系统的可靠性指标[12-13]。因此,要想准确分析受共因失效影响的系统可靠性,考虑共因失效的影响非常关键。

6.2节讨论了一个高效的分解聚合(EDA)方法将共因失效融合到系统可靠性分析中;6.3节讨论了基于决策图的方法;6.4节针对具有随机故障传播时间的多状态串并联系统探讨了一种递归的方法。

6.2 分解聚合法

EDA方法的基本思想就是根据全概率法则[15-16]将原始带有共因失效的可靠性问题分解成一系列简化的不含共因失效的可靠性问题。如6.2.1节所述,该方法可以分为3个步骤。

6.2.1 三步求解法

步骤1 构建共因事件空间。假设要进行可靠性分析的系统中存在 m 个共同原因,这 m 个共同原因构成 2^m 个不相交子集,如式(6.1)所列,每一个子集称为一个共因事件(CCE)。

$$\begin{cases} CCE_1 = \overline{CC_1} \cap \overline{CC_2} \cap \cdots \cap \overline{CC_m} \\ CCE_2 = CC_1 \cap \overline{CC_2} \cap \cdots \cap \overline{CC_m} \\ \cdots \\ CCE_{2^m} = CC_1 \cap CC_2 \cap \cdots \cap CC_m \end{cases} \quad (6.1)$$

这些完全穷尽和互斥的共同事件组成了一个"共因事件空间"(用 Ω_{CCE} 表示):$\Omega_{CCE} = \{CCE_1, CCE_2, \cdots, CCE_{2^m}\}$。令 $\Pr(CCE_j)$ 为 CCE_j 的发生概率,则对于任意的 $i \neq j$, $\sum_{j=1}^{2^m} \Pr(CCE_j) = 1$ 和 $\Pr\{CCE_i \cap CCE_j\} = \Pr\{\varnothing\} = 0$。

将由于同一基本共同原因而失效的部件集合定义为共因组(CCG),S_{CCE_i} 为受 CCE_i 影响的部件集合,则 S_{CCE_i} 为相关的 CCG 的联合。例如,对应 $CCE_i = \overline{CC_1} \cap \overline{CC_2} \cap CC_3$ 的 S_{CCE_i} 仅为 CCG_3,因为当例子中的 CCE_i 发生时,CC_3 是唯一激活的 CC。考虑另外一个例子,对应 $CCE_j = \overline{CC_1} \cap CC_2 \cap CC_3$ 的 S_{CCE_j} 为 $CCG_2 \cup CCG_3$,因为当例子中的 CCE_j 发生时,CC_2 和 CC_3 两者都是激活的 CC。注意,对于存在功能相关(FDEP)的系统或多阶段任务系统来说,需要进行特殊的扩展[17]:在 FDEP 系统中,必须进行迭代扩展,如果一个触发部件在 CCE_i 中表现为激活的共同原因,S_{CCE_i} 将与触发部件(非直接)相关的所有部件包括进来;在不可修复多阶段任务系统中,一旦一个部件在某个阶段失效,在后续的所有阶段它仍然是失效的,因此集合 S_{CCE_i} 必须在各阶段进行扩展,将所有后续任务阶段中受到影响的部件包括进来。更多细节和说明性的例子可参考文献[17]。

步骤 2 生成并求解简化的可靠性问题。基于共因事件空间和全概率定理,系统的不可靠度为

$$UR_{sys} = \sum_{i=1}^{2^m} [\Pr(系统失效 \mid CCE_i) \cdot \Pr(CCE_i)]$$
$$= \sum_{i=1}^{2^m} [UR_i \cdot \Pr(CCE_i)] \quad (6.2)$$

UR_i 是当 CCE_i 发生时系统失效的条件概率。对 UR_i 进行评估是一个简化的问题,在这个简化问题中,S_{CCE_i} 中的部件不会出现在可靠性模型中;在原系统故障树中,将每个与 S_{CCE_i} 中的部件失效对应的基本事件用一个常数逻辑值"1"(真)来代替,然后利用布尔约简来生成简化故障树,从而评估 UR_i。注意,在 UR_i 的评估中不用考虑 CCF 的影响,基于 BDD 的评估方法(见 2.4 节)可以用来求解每一个简化故障树的评估问题。文献[16-17]中的研究表明,大部分简化后的故障树都非常容易求解。此外,EDA 方法中涉及的 2^m 个简化问题是相互独立的,如果有足够的计算资源的话可以并行评估。

步骤3 整合形成最终的系统可靠性结果。在评估了式(6.2)中所有的简化问题后,将它们的结果与 CCE 的发生概率 $\Pr(\text{CCE}_i)$ 整合在一起获得考虑 CCF 影响的最终系统不可靠性。

此处所介绍的 EDA 方法适用于受到多个 CC 影响的系统,这些共因能影响系统部件的不同子集,并且共因之间可以存在多种统计关系(独立、依赖、互斥)。基于分而治之的思想,EDA 方法允许分析人员用喜欢的软件包在不考虑 CCF 影响的情况下计算可靠性,然后通过调整程序的输入和输出求解系统在考虑 CCF 影响下的可靠性。

6.2.2 案例分析

考虑如图 6.1 所示的故障树例子。每个部件的失效概率是:$q_A = 0.05$,$q_B = 0.10$,$q_C = 0.15$,$q_D = 0.20$,$q_E = 0.25$。系统受到来自两个相互独立的 CCF 的影响:CC_1 会导致 B 和 C 同时失效,发生概率 $P_{\text{CC}_1} = 0.001$;CC_2 会导致 A 和 E 同时失效,发生概率 $P_{\text{CC}_2} = 0.002$,因此,$\text{CCG}_1 = \{B, C\}$,$\text{CCG}_2 = \{A, E\}$。

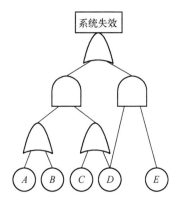

图 6.1 示例系统故障树

采用以下 3 步 EDA 方法对该案例进行分析:

步骤1 构建共因事件(CCE)空间。案例系统中存在两个 CC,因此表 6.1 的第一列给出了 $\Omega_{\text{CCE}} = \{\text{CCE}_1, \text{CCE}_2, \text{CCE}_3, \text{CCE}_4\}$,表 6.1 还给出了每个 CCE 的发生概率以及被每个 CCE 影响的部件集合。

表 6.1 示例系统的 CCE 空间

CCE_i	$\Pr(\text{CCE}_i)$	S_{CCE_i}
$1: \overline{\text{CC}_1} \cap \overline{\text{CC}_2}$	$(1-0.001) \times (1-0.002)$	$\varnothing$
$2: \text{CC}_1 \cap \overline{\text{CC}_2}$	$0.001 \times (1-0.002)$	$\{B, C\}$

(续)

CCE_i	$\Pr(CCE_i)$	S_{CCE_i}
3：$\overline{CC_1} \cap CC_2$	$(1-0.001) \times 0.002$	$\{A,E\}$
4：$CC_1 \cap CC_2$	0.001×0.002	$\{A,B,C,E\}$

步骤2 生成并求解简化的可靠性问题。基于表6.1和式(6.2)构建的CCE空间，案例系统的不可靠度计算如下：

$$UR_{sys} = \sum_{i=1}^{4} [\Pr(系统失效 | CCE_i) \cdot \Pr(CCE_i)]$$
$$= \sum_{i=1}^{4} [UR_i \cdot \Pr(CCE_i)] \tag{6.3}$$

由于CCE_1没有影响任何部件，可以用BDD的方法，通过评估图6.1所示的原系统故障树模型来评估UR_1。图6.2为利用2.4节所述的BDD生成算法，由原系统故障树生成的BDD图。

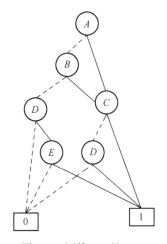

图6.2 评估UR_1的BDD

对图6.2的BDD模型进行评估，可以得到

$$\begin{aligned}UR_1 &= q_A \cdot q_C + q_A \cdot (1-q_C) \cdot q_D + (1-q_A) \cdot q_B \cdot q_C + \\ & \quad (1-q_A) \cdot q_B \cdot (1-q_C) \cdot q_D + (1-q_A) \cdot (1-q_B) \cdot q_D \cdot q_E \\ &= 0.05 \times 0.15 + 0.05 \times 0.85 \times 0.2 + 0.95 \times 0.1 \times 0.15 + \\ & \quad 0.95 \times 0.1 \times 0.85 \times 0.2 + 0.95 \times 0.9 \times 0.2 \times 0.25 \\ &= 0.08915 \end{aligned} \tag{6.4}$$

评估UR_2。用常数"1"代替图6.1故障树中的事件B和C，然后进行布尔约简，得到简化故障树模型为常数逻辑值"1"，因此UR_2为1，意味着当CCE_2发

生时，系统失效。

评估 UR_3。用常数"1"代替图 6.1 故障树中的事件 A 和 E，然后运用布尔约简，生成一个如图 6.3 所示的简化故障树模型。简化故障树模型用基于 BDD 方法评估为

$$UR_3 = 1-(1-q_C)\cdot(1-q_D) = 1-(1-0.15)\cdot(1-0.2)$$
$$= 1-0.85\times0.8 = 0.32 \tag{6.5}$$

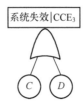

图 6.3　评估 UR_3 的简化故障树模型

类似地，评估 UR_4。用常数"1"代替图 6.1 故障树的事件 A、B、C 和 E，然后进行布尔约简，得到简化故障树模型为常数逻辑值"1"，因此 UR_4 为 1，意味着当 CCE_4 发生时，整个系统失效。

步骤 3　整合形成最终系统的可靠性结果。在步骤 2 中对式(6.3)中所有 4 个简化问题进行评估后，将其结果与表 6.1 列出的 $\Pr(CCE_i)$ 整合起来，得到考虑 CCF 影响的最终系统的不可靠度为

$$\begin{aligned}UR_{sys} &= \sum_{i=1}^{4}[UR_i\cdot\Pr(CCE_i)]\\&= 0.08915\times0.999\times0.998+0.001\times0.998+\\&\quad 0.999\times0.002\times0.32+0.001\times0.002\\&= 0.090522\end{aligned} \tag{6.6}$$

6.3　基于决策图的算法

6.2 节中讨论的基本 EDA 方法需要分别（如果有足够的计算资源也可以并行）生成和解决许多简化故障树问题，但是通常简化问题的模型有着相同的子模型，而这些子模型需要进行多次重复地存储和评估。为了提高计算效率以及减少存储需求，本节讨论一个改进的基于决策图（DD）的分析方法[18]，该方法在原来的 EDA 方法基础上实现自动聚合过程，对所有有着同构子决策图的简化问题统一建模，生成一个单一简洁的系统决策图。

给定一个系统中存在 n 个基本原因 $CC_1,\cdots,CC_n$ 的故障树模型，基于 DD 的方法可以分为 3 个步骤，这 3 个步骤将在接下来的章节中进行详细的说明。

6.3.1 CCF 建模

首先,根据共同原因 CC 间的统计关系,建立一个包含 n 个基本共同原因的 CCE 空间;然后,利用一个多值变量 CC 对 CCF 进行建模,多值变量将会和步骤 2(6.3.2 节)中系统 DD 模型的根节点联系起来。

当 CC 之间统计相关(一个 CC 的发生影响另一个 CC 发生的可能性)或是统计独立(一个 CC 的发生对另一个 CC 的发生没有任何影响),与 EDA 方法(6.2 节)类似,CCE 空间包含 2^n 个 CCE,每个 CCE 是由 n 个基本 CC 组成的彼此不同且不相交的组合。CCE 空间由与系统的 DD 模型根节点相关联的一个 2^n-值变量 CC 来建模,该根节点有 2^n 个输出边:0 边对应 CCE_0(在这个任务中所有 n 个 CC 不会发生);j 边($1 \leqslant j \leqslant 2^n-1$,$j$ 的二进制表示为 $a_n a_{n-1} \cdots a_2 a_1$)对应 CCE_j(如果 $a_i=1$,CC_{ai} 发生),图 6.4 给出了一个具有两个统计相关/独立的共同原因的系统根节点的例子。

如果各共同原因是互斥的(CC 不能同时发生),CCE 空间包含 $n+1$ 个 CCE:$CCE_0 = \overline{CC_1} \cap \overline{CC_2} \cap \cdots \cap \overline{CC_n}$(没有 CC 发生);$CCE_i = \overline{CC_1} \cap \cdots \cap \overline{CC_{i-1}} \cap CC_i \cap \overline{CC_{i+1}} \cap \cdots \cap \overline{CC_n}$(只有 CC_i 发生,$1 \leqslant i \leqslant n$),因此,CCE 空间由一个 $(n+1)$-值的变量 CC 来建模。在这种情况下,节点 CC 有 $n+1$ 个输出边:0 边对应 CCE_0(在这个任务中所有 n 个 CC 都不会发生);j 边($1 \leqslant j \leqslant n$)对应 CCE_j(在这个任务时间内仅仅 CC_j 发生)。图 6.5 给出了一个具有两个互斥的共同原因的系统根节点的例子。

 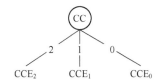

图 6.4 具有两个统计相关/独立共同原因的根节点[18]　　图 6.5 两个互斥 CC 的根节点[18]

6.3.2 系统 DD 模型的生成

生成系统 DD 模型,首先需要生成步骤 1(见 6.3.1 节)中定义的每一个 CCE 的简化故障树模型 FT_i。与 EDA 方法类似,基于原始系统 FT 和与 CCE_i 相对应的 CCG_i 生成简化故障树,然后基于 2.4 节的 BDD 生成算法生成每个简化故障树的 BDD 模型,最后将每个简化故障树的 BDD 连在 6.3.1 节中描述的根节点 CC 的相应分支上,对同构的子 DD 进行合并,生成考虑 CCF 影响的整个系统的 DD 模型。

系统 DD 模型的生成也可以不利用简化的故障树。这种方法首先要生成不考虑 CCF 的原系统故障树的 BDD,对于 CCE_0,这个 BDD 也是简化问题的 BDD,而对于存在 $CCE_i(i>0)$ 的 BDD 生成过程,应用递归删除过程移除所有代表受 CCE_i 影响的部件的节点或者所有代表 CCG_i 中部件的节点(这些节点信息都存储在一个数据结构队列中):用被移除的节点中 1 边子节点替代被移除的节点;将被移除的节点中 0 边子节点从 BDD 中移除。在移除的过程中,需要抛弃具有相同左右子节点的无用节点。利用以上移除过程生成所有 CCE_i 的 BDD 后,将它们与根共因节点的相应分支相连,得到最终系统的 DD 模型。

6.3.3 系统 DD 模型评估

与 2.4 节中传统的 BDD 评估相似,从根节点 CC 到汇聚节点"1"("0")的每条路径都表示一个导致系统失效(成功)事件的不相交组合。因此,通过对从根节点 CC 到汇聚节点"1"("0")的所有路径概率进行叠加可以得到系统的不可靠性(可靠性),其中,每条路径的概率为路径中出现的每条边概率的乘积。边概率如下:根节点 CC 的 j 边概率为 CCE_j 的概率($\Pr\{CCE_j\}$);非根节点 x 的 1 边(0 边)概率为相应部件的不可靠性(可靠性)。

6.3.4 案例分析

图 6.6 为一个受 CCF 影响的案例系统的 FT 模型,它由 3 个子系统组成:处理器、总线和存储器。当至少有两个处理器、一个总线和一个内存模块工作时,系统正常运转。

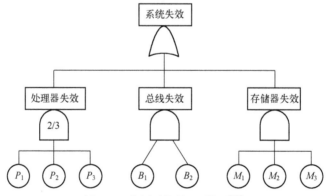

图 6.6 案例系统的 FT 模型[18]

任意一个处理器($P_1 P_2 P_3$)的不可靠性是 0.002,任意总线($B_1 B_2$)的不可靠性是 0.001,每一个存储器($M_1 M_2 M_3$)的不可靠性是 0.003。系统受到两个共因的影响:CC_1 和 CC_2,$CCG_1 = \{P_1, M_1\}$,$CCG_2 = \{P_1, B_2, M_2\}$。考虑以下 3 种 CC 间的统计关系:

情况 1:CC_1 和 CC_2 是统计独立的,$\Pr\{CC_1\} = 0.001$,$\Pr\{CC_2\} = 0.0015$。

情况 2:CC_1 和 CC_2 是统计相关的,$\Pr\{CC_1\} = 0.001$,$\Pr\{CC_2 \mid CC_1\} = 0.0025$,$\Pr\{CC_2 \mid \overline{CC_1}\} = 0.0015$,从而 $\Pr\{CC_2\} = \Pr\{CC_2 \mid CC_1\} * \Pr\{CC_1\} + \Pr\{CC_2 \mid \overline{CC_1}\} * \Pr\{\overline{CC_1}\} = 0.0015$。

情况 3:CC_1 和 CC_2 是相互排斥的,$\Pr\{CC_1\} = 0.001$,$\Pr\{CC_2\} = 0.0015$。

在以上 3 种情况下,运用 DD 方法对任务时间为 1000h 的系统可靠性进行了如下分析。

步骤 1 CCF 建模

在 CC_1 和 CC_2 是统计独立或统计相关的情况下,CCE 空间包括 4 个 CCE 事件。图 6.4 给出了这种情况下对 CCE 空间编码后的根节点 CC。

$$\begin{cases} CCE_0 = \overline{CC_1} \cap \overline{CC_2} \\ CCE_1 = CC_1 \cap \overline{CC_2} \\ CCE_2 = \overline{CC_1} \cap CC_2 \\ CCE_3 = CC_1 \cap CC_2 \end{cases} \tag{6.7}$$

在 CC_1 和 CC_2 相互排斥的情况下,CCE 空间包括 3 个 CCE 事件。图 6.5 给出了在这种不相交情况下对 CCE 空间编码后的根节点 CC。

$$\begin{cases} CCE_0 = \overline{CC_1} \cap \overline{CC_2} \\ CCE_1 = CC_1 \cap \overline{CC_2} \\ CCE_2 = \overline{CC_1} \cap CC_2 \end{cases} \tag{6.8}$$

步骤 2 生成系统 DD 模型

利用 6.3.2 节中的生成方法,图 6.7 中给出了共同原因彼此统计独立或统计相关情况下的最终决策图,图 6.8 给出了共同原因彼此不相交情况下的最终决策图。

步骤 3 系统决策图模型评估

基于步骤 2 中生成的系统决策图模型,评估这 3 种情况下的 $\Pr\{CCE_j\}$ 以及整个系统的不可靠性。

情况 1:当 CC_1 和 CC_2 统计独立时,$\Pr\{CCE_j\}$ 为

$\Pr\{CCE_0\} = \Pr\{\overline{CC_1} \cap \overline{CC_2}\} = \Pr\{\overline{CC_1}\} \cdot \Pr\{\overline{CC_2}\} = 0.997502$;

$\Pr\{CCE_1\} = \Pr\{CC_1 \cap \overline{CC_2}\} = \Pr\{CC_1\} \cdot \Pr\{\overline{CC_2}\} = 0.0009985$;

$\Pr\{CCE_2\} = \Pr\{\overline{CC_1} \cap CC_2\} = \Pr\{\overline{CC_1}\} \cdot \Pr\{CC_2\} = 0.0014985$;

$\Pr\{CCE_3\} = \Pr\{CC_1 \cap CC_2\} = \Pr\{CC_1\} \cdot \Pr\{CC_2\} = 0.0000015$。

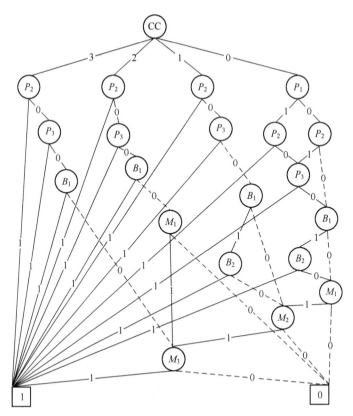

图 6.7 共同原因彼此统计独立或统计相关情况下的最终决策图[18]

用计算得到的 $\Pr\{CCE_j\}$ 和部件不可靠性,我们可以评估图 6.7 所示的决策图模型并且得到系统的不可靠性为 3.34351×10^{-5}。

情况 2:当 CC_1 和 CC_2 统计相关时,$\Pr\{CCE_j\}$ 为

$\Pr\{CCE_0\} = \Pr\{\overline{CC_1} \cap \overline{CC_2}\} = \Pr\{\overline{CC_1}\} \cdot \Pr\{\overline{CC_2} \mid \overline{CC_1}\} = 0.997502;$

$\Pr\{CCE_1\} = \Pr\{CC_1 \cap \overline{CC_2}\} = \Pr\{CC_1\} \cdot \Pr\{\overline{CC_2} \mid CC_1\} = 0.0009975;$

$\Pr\{CCE_2\} = \Pr\{\overline{CC_1} \cap CC_2\} = \Pr\{\overline{CC_1}\} \cdot \Pr\{CC_2 \mid \overline{CC_1}\} = 0.0014985;$

$\Pr\{CCE_3\} = \Pr\{CC_1 \cap CC_2\} = \Pr\{CC_1\} \cdot \Pr\{CC_2 \mid CC_1\} = 0.0000025。$

用计算得到的 $\Pr\{CCE_j\}$ 和部件不可靠性,通过评估图 6.7 所示的决策图模型可以得到系统的不可靠性为 3.34375×10^{-5}。

情况 3:当 CC_1 和 CC_2 相互排斥时,$\Pr\{CCE_j\}$ 为

$\Pr\{CCE_0\} = \Pr\{\overline{CC_1} \cap \overline{CC_2}\} = 0.9975;$

$\Pr\{CCE_1\} = \Pr\{CC_1 \cap \overline{CC_2}\} = 0.001;$

$\Pr\{CCE_2\} = \Pr\{\overline{CC_1} \cap CC_2\} = 0.0015。$

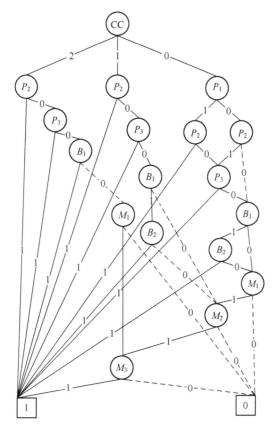

图 6.8 共同原因彼此不相交情况下的最终决策图[18]

用计算得到的 $\Pr\{CCE_j\}$ 和部件不可靠性,通过评估图 6.8 所示的决策图模型可以得到系统的不可靠性为 $3.34475×10^{-5}$。

注意本节中所述的基于 DD 的方法只适用于单阶段任务系统,参考文献[19]中提出的一种基于系统故障树扩展的 BDD 方法可以对存在 CCF 的不可修多阶段任务系统进行可靠性分析,参考文献[20]则提出了一种针对存在 CCF 的多阶段任务系统分析的递归方法。

6.4 基于通用生成函数的方法

本节描述了一种基于通用生成函数(u-函数),针对存在由系统部件故障传播引起的共因失效的不可修串并联系统可靠性分析方法,该故障的传播可能有选择效应,即不同部件的 CCF 能引起系统部件不同子集的失效[21]。不同于现有研究中对 CCF 的处理方式,即假设 CCF 可以引起受影响部件的立即失效,本节描述的方法能处理失效传播时间效应的影响,这种效应在许多应用中是实际存在的,例如,传染、火灾或腐蚀都需要时间来传播;一些由于部件失效引起的如过热或者湿度能够影响其他部件,但这种影响并不是即刻发生的[22]。对于系统有以下假设:故障传播时间为一个随机值,服从给定的分布;产生 CCF 的部件集合和受 CCF 影响的部件集合是不相交的;同时,任何系统部件最多受一个 CCF 的影响。

6.4.1 系统模型

任何系统部件或是以标称性能 g_j 工作,或是以性能 0 处于失效状态,在任何时刻部件 j 的性能率都是一个随机变量 $G_j \in \{0, g_j\}$。假定部件 j 的失效时间分布 pdf 为 $f_j(t)$,则部件 j 在任务时间 T 内保持工作状态的概率为

$$\Pr\{G_j(T) = g_j\} = p_j(T) = 1 - \int_0^T f_j(\tau) d\tau \qquad (6.9)$$

因此,$\Pr\{G_j(T) = 0\} = 1 - p_j(T)$。

$\phi(G_1, \cdots, G_n)$ 为系统的结构函数,把部件的性能率空间映射到系统的性能率空间。带有二态部件的系统通用模型为

$$g_j, p_j(T) \quad (1 \leq j \leq n); \quad V = \phi(G_1, \cdots, G_n) \qquad (6.10)$$

整个系统性能的 pmf 为

$$q_i(T) = \Pr\{V = v_i\} \quad (0 \leq i \leq K) \qquad (6.11)$$

$\pi(V, D)$ 是一个可接受性函数:对于一个预期需求 D,如果系统性能 V 是可以接受的,那么 $\pi(V, D) = 1$,否则 $\pi(V, D) = 0$,因此系统的可靠性为下式给出的预期可接受性[23]:

$$R(D, T) = E[\pi(V, D)] = \sum_{i=0}^{K} q_i(T) \pi(v_i, D) \qquad (6.12)$$

对于由生产率或生产能力表示的系统性能,D 是最低可接受的生产率,系统的可靠性为

$$R(D, T) = \sum_{i=0}^{K} q_i(T) 1(v_i > D) \qquad (6.13)$$

预期的系统性能被定义为

$$W(T) = E[V] = \sum_{i=0}^{K} q_i(T) v_i \qquad (6.14)$$

为了评估 $R(D, T)$ 和 $W(T)$,必须利用 6.4.2 节讨论的 u-函数方法[23]获得如式(6.11)所列的系统随机性能 pmf。

6.4.2 串并联系统的 u-函数方法

系统部件在时刻 T 的随机性能 pmf 的 u-函数为

$$u_j(z) = \sum_{m_j=0}^{1} a_{j,m_j} z^{b_{j,m_j}} \tag{6.15}$$

式中: $a_{j,0} = 1 - p_j(T)$; $b_{j,1} = 0$; $a_{j,1} = p_j(T)$; $b_{j,1} = g_j$。

用于获得代表系统 $V = \phi(G_1, G_2, \cdots, G_n)$ 的随机性能 pmf 的 u-函数复合算子为

$$U(z) = \otimes_\phi(u_1(z), \cdots, u_n(z)) = \otimes_\phi \Big(\sum_{m_1=0}^{1} a_{1,m_1} z^{b_{1,m_1}}, \cdots, \sum_{m_n=0}^{1} a_{n,m_n} z^{b_{n,m_n}} \Big)$$

$$= \sum_{m_1=0}^{1} \sum_{m_2=0}^{1} \cdots \sum_{m_n=0}^{1} \Big(\prod_{i=1}^{n} a_{i,m_i} z^{\phi(b_{1,m_1}, \cdots, b_{n,m_n})} \Big) \tag{6.16}$$

通过把每个组合的概率关联到函数 $\phi(G_1, \cdots, G_n)$ 的值中,式(6.16)中的多项式 $U(z)$ 代表统计独立变量 $G_1, \cdots, G_n$ 中所有不相交组合。最终,这个多项式在时刻 T 整个系统的性能分布为

$$U(z) = \sum_{i=0}^{K} q_i z^{v_i} \tag{6.17}$$

系统的可靠性可以将运算符 δ_D 应用于 $U(z)$ 得到:

$$R(D) = \delta_D(U(z)) = \delta_D\Big(\sum_{i=0}^{K} q_i z^{v_i} \Big) = \sum_{i=0}^{K} q_i \mathbf{1}(v_i \geq D) \tag{6.18}$$

预期的系统性能可以将运算符 ε 应用于 $U(z)$ 得到:

$$W = \varepsilon(U(z)) = \sum_{i=0}^{K} q_i v_i \tag{6.19}$$

综上所述,通过式(6.10),系统的可靠性可以用下面的步骤得到

(1) 用式(6.15)中的 u-函数表示每个系统部件 j 的随机性能 pmf。

(2) 用式(6.16)中的复合算子 $\otimes_\phi$ 获得整个系统的 u-函数 $U(z)$。

(3) 通过将式(6.18)和式(6.19)代入用 $U(z)$ 表示式(6.11)中的系统性能 pmf,计算系统的可靠性和性能。

步骤(1)和步骤(3)相对简单,而步骤(2)可能涉及复杂的计算。复杂串并联系统的结构函数通常可用统计独立子系统的结构函数组合而成,每个子系统只包含以纯串联或纯并联形式连接在一起的部件,因此,通过对纯串联或纯并联子系统结构的 u-函数递归使用复合算子可以得到串并联系统的 u-函数,步骤如下:

(1) 确定一对用串联或并联连接的系统部件(i 和 j)。

(2) 用相应的复合算子 $\otimes_\sigma$ 来对这两个部件的 u-函数进行运算获得这对部件的 u-函数。

$$U_{\{i,j\}}(z) = u_i(z) \otimes_\sigma u_j(z) = \sum_{m_i=0}^{1} \sum_{m_j=0}^{1} a_{i,m_i} a_{j,m_j} z^{\sigma(b_{i,m_i}, b_{j,m_j})} \quad (6.20)$$

式(6.20)中的函数 σ 是由部件性能间的相互作用所决定的。例如在一个性能被定义为它的吞吐量的生产系统中，如果两个部件 i 和 j 并联工作，那么总的吞吐量为两个部件吞吐量的总和。在这种情况下，这对部件的性能为

$$\sigma(G_i, G_j) = \text{sum}(G_i, G_j) = G_i + G_j \quad (6.21)$$

如果两个部件连续地处理一些材料，那么总的吞吐量由瓶颈决定(即，具有最小性能的部件)。在这种情况下，函数为

$$\sigma(G_i, G_j) = \min(G_i, G_j) \quad (6.22)$$

参考文献[24]可了解其他类型的函数 σ。

(3) 用单一部件代替这对部件。这个单一部件的 u-函数就是在步骤(2)中得到两个部件的 u-函数。

(4) 如果系统包含不止一个部件，返回步骤(1)。

6.4.3 考虑 CCFs 的 u-函数方法

假设如果部件 j 失效，失效传播到别的系统部件的概率为 c_j，那么在任务时间 T 内，源自部件 j 的 CCF 或传播故障 PF 的发生概率为 $c_j(1-p_j(T))$，而这个部件发生局部失效的概率为 $(1-c_j)(1-p_j(T))$。在没有源自该部件 j 的 PF 的条件下，部件 j 在时间 T 的条件性能分布的 u-函数为

$$\widetilde{u}_j(z) = \sum_{m_j=0}^{1} \widetilde{a}_{j,m_j} z^{b_{j,m_j}} \quad (6.23)$$

在式(6.23)中，$\widetilde{a}_{j,0} = \dfrac{(1-c_j)(1-p_j(T))}{1-c_j(1-p_j(T))}$，$b_{j,1}=0$，$\widetilde{a}_{j,1} = \dfrac{p_j(T)}{1-c_j(1-p_j(T))}$，$b_{j,1}=g_j$。如果 $c_j=0$(部件 j 不能引起 PF)，式(6.23)被简化成式(6.15)的形式。

假定有 $w \leq n$ 个部件的集合 $\Theta = \{j(1), j(2), \cdots, j(w)\}$ 能够引起独立的 PF，因此有 2^w 种可能的 PF 组合。对于任意一个组合 $s(0 \leq s \leq 2^w - 1)$，部件 $j(k)$ 的 PF 将会发生，前提是：

$$\alpha(k,s) = \text{mod}_2 \lfloor s/2^{k-1} \rfloor = 1 \quad (6.24)$$

式(6.24)定义了部件的子集 θ_s：如果 $\alpha(k,s)=1$，$j(k) \in \theta_s$。

从 $s=0$ 计算到 $s=2^w-1$，可以得到所有可能的 PF 组合(子集 θ_s)。系统寿命时间 T 内 PF 的组合 s 的概率：

$$Q_s = \prod_{k=1}^{w} \left[c_{j(k)}(1 - p_{j(k)}(T)) \right]^{\alpha(k,s)} \left[1 - c_{j(k)}(1 - p_{j(k)}(T)) \right]^{1-\alpha(k,s)}$$

$$= \prod_{k=1}^{w} \left(c_{j(k)} \int_0^T f_{j(k)}(\tau) d\tau \right)^{\alpha(k,s)} \left(1 - c_{j(k)} \int_0^T f_{j(k)}(\tau) d\tau \right)^{1-\alpha(k,s)} \quad (6.25)$$

设 $A_{j(k)}$ 为受源自部件 $j(k)$ 的 PF 影响的系统部件的子集。根据任何一个系统部件最多能够被一个 PF 影响的假设,不同 $j(k)$ 的子集 $A_{j(k)}$ 是不相交的,即对于任意的 $k \neq e$,$A_{j(k)} \cap A_{j(e)} = \emptyset$。如果部件 $j(k)$ 的 PF 发生,它能够在任务时间 T 之内传播到由 $A_{j(k)}$ 中部件组成的不同组合,这样的组合有 $2^{|A_{j(k)}|}$ 个。与式(6.24)类似,$\beta(x, d_k) = \mathrm{mod}_2 \lfloor d_k / 2^{x-1} \rfloor = 1$ 意味着在任务时间 T 内部件 $j(k)$ 的 PF 从集合 $A_{j(k)}$ 传播到部件 x。因此,对于任意的 $d_k (0 \leq d_k \leq 2^{|A_{j(k)}|} - 1)$,在任务时间 T 内受源自部件 $j(k)$ 的 PF 影响的部件子集 $A_{j(k),d_k}$ 被定义为 $\beta(x, d_k)$。给定源自部件 $j(k)$ 的 PF 发生的条件下,在任务时间 T 之内,该 PF 能传播到由集合 $A_{j(k)}$ 中部件组成的组合 d_k 的条件概率:

$$\varphi_{k, d_k} = \frac{\int_0^T f_{j(k)}(\tau) \left[\prod_{x \in A_{j(k)}} \left(\int_0^T h_{j(k), x}(t - \tau) dt \right)^{\beta(x, d_k)} \left(1 - \int_0^T h_{j(k), x}(t - \tau) dt \right)^{1 - \beta(x, d_k)} \right] d\tau}{\int_0^T f_{j(k)}(\tau) d\tau}$$

$$(6.26)$$

对于任意 PF 组合 s,有 $\prod_{k=1}^{w} 2^{|A_{j(k)}| \alpha(k,s)}$ 个被这些 PF 影响的部件组合。当 PF 组合 s 发生时,这些 PF 将会引起每个集合 $A_{j(k)}$ 的子集 $A_{j(k), d_k}$ 中部件的失效,由该 PF 组合导致失效的部件的整个集合为 $\Lambda_{s, d_1, \cdots, d_w} = \left(\bigcup_{j(k) \in \theta_s} A_{j(k), d_k} \right) \bigcup \theta_s$。在这种情况下,用对应部件失效的 u-函数 z^0 代替对应属于 $\Lambda_{s, d_1, \cdots, d_w}$ 的部件的所有 u-函数 $\tilde{u}_j(z)$ 后,用 6.4.2 节中所述的 u-函数方法可以得到系统的性能分布。假设所有来自 $\Lambda_{s, d_1, \cdots, d_w}$ 的部件均失效,u-函数 $U^*(\Lambda_{s, d_1, \cdots, d_w})$ 为整个系统的条件性能分布,这个事件的发生概率是 $Q_s \prod_{k=1}^{w} (\varphi_{k, d_k})^{\alpha(k,s)}$。

通过结合所有可能的 PF 结果事件,可以得到代表非条件系统性能分布的 u-函数为

$$U_{syst}(z) = \sum_{s=0}^{2^w-1} Q_s \sum_{d_1=0}^{(2^{A_{j(1)}}-1)\alpha(1,s)} \cdots \sum_{d_w=0}^{(2^{A_{j(w)}}-1)\alpha(w,s)} \cdots \prod_{k=1}^{w} (\varphi_{k, d_k})^{\alpha(k,s)} U^*(\Lambda_{s, d_1, \cdots, d_w})$$

$$(6.27)$$

基于式(6.27),可以分别通过式(6.18)和式(6.19)得到系统的可靠性和

它的条件预期性能。注意式(6.28)能够避免式(6.27)中多项式的求和。

$$\begin{aligned}
&\delta_D(U_{syst}(z)) \\
&= \delta_D\Big(\sum_{s=0}^{2^w-1} Q_s \sum_{d_1=0}^{(2^{A_{j(1)}}-1)\alpha(1,s)} \cdots \sum_{d_w=0}^{(2^{A_{j(w)}}-1)\alpha(w,s)} \cdots \prod_{k=1}^{w} (\varphi_{k,d_k})^{\alpha(k,s)} U^*(\Lambda_{s,d_1,\cdots,d_w})\Big) \\
&= \sum_{s=0}^{2^w-1} Q_s \sum_{d_1=0}^{(2^{A_{j(1)}}-1)\alpha(1,s)} \cdots \sum_{d_w=0}^{(2^{A_{j(w)}}-1)\alpha(w,s)} \cdots \prod_{k=1}^{w} (\varphi_{k,d_k})^{\alpha(k,s)} \delta_D(U^*(\Lambda_{s,d_1,\cdots,d_w}))
\end{aligned}$$
(6.28)

综上所述,可以按照以下步骤[22]进行基于 u-函数算法的系统可靠性和预期性能评估。

(1) 分别用式(6.15)和式(6.23)找到所有系统部件的 u-函数 $u_j(z)$ 和 $\widetilde{u}_j(z)$。

(2) 令 $U_{syst}(z) = z^0$。

(3) 对于 PF 的任一组合 $s(s=0,\cdots,2^w-1)$:

① 用式(6.25)得到 Q_s,并且定义能够引起 PFs 的部件集合 θ_s。

② 对于任意符合 $j(k) \in \theta_s$ 的 k,生成所有组合 $d_k = 0,\cdots,2^{|A_{j(k)}|}-1$。

③ 对于任意一个组合 d_k,定义被 PF 影响的部件集合 $A_{j(k),d_k}$,并且用式(6.26)得到概率 φ_{k,d_k}。

④ 对于组合 $d_1,\cdots,d_w$ 中的任意一组,有

 a. 计算 $\rho = Q_s \prod_{k=1}^{w} (\varphi_{k,d_k})^{\alpha(k,s)}$。

 b. 定义集合 $\Lambda_{s,d_1,\cdots,d_w}$。

 c. 用 u-函数 z^0 代替属于集合 $\Lambda_{s,d_1,\cdots,d_w}$ 的所有部件的 u-函数 $\widetilde{u}_j(z)$。

 d. 用 6.4.2 节中描述的方法得到 u-函数 $U^*(\Lambda_{s,d_1,\cdots,d_w})$。

 e. 更新 u-函数 $U_{syst}(z) = U_{syst}(z) + \rho\, U^*(\Lambda_{s,d_1,\cdots,d_w})$。

(4) 对 $U_{syst}(z)$ 使用算子式(6.18)和式(6.19)分别得到系统的可靠性和预期性能。

6.4.4 案例分析

图 6.9 给出了一个电子装置,它包含两个统计上相同的处理器单元(部件 1 和 2)和接口单元(部件 3~5),它们组成一个串并联结构,部件 1 和 2 的标称性能为 4,失效时间 pdf 为 $f(t)$,失效传播概率为 c。部件 3、4 和 5 有相同的失效时间为 pdf $g(t)$,标称性能分别为 2、1 和 2。由于特定的单元布置方式,源自部件 1 的失效(例如,过热)能够独立地传播到部件 3 和 4,源自部件 2 的失效能够传播到部件 5,在图中用带箭头的虚线表示。部件 3、4 和 5 没有 PF。因此,

$\Theta=\{1,2\}$, $A_1=\{3,4\}$, $A_2=\{5\}$。如果系统的性能至少为 $D=4$，那么整个装置是可靠的。

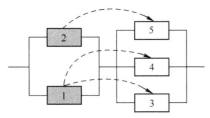

图 6.9 案例中的串并联系统结构图

定义 $p=\left(1-\int_0^T f(\tau)\mathrm{d}\tau\right)$ 和 $y=\left(1-\int_0^T g(\tau)\mathrm{d}\tau\right)$，部件性能 *pmf* 的 u-函数为

$$u_1(z)=u_2(z)=pz^4+(1-p)(1-c)z^0+c(1-p)z^0$$
$$u_3(z)=u_5(z)=yz^2+(1-y)z^0$$
$$u_4(z)=yz^1+(1-y)z^0$$

系统部件的条件性能 *pmf* 的 u-函数为

$$\widetilde{u}_1(z)=\widetilde{u}_2(z)=xz^4+(1-x)z^0, \quad \text{其中 } x=\frac{p}{1-c(1-p)}$$
$$\widetilde{u}_3(z)=u_3(z)$$
$$\widetilde{u}_4(z)=u_4(z)$$
$$\widetilde{u}_5(z)=u_5(z)$$

在这个案例中，并联系统中一组部件的性能是各个部件性能的总和，串联系统中一组部件的性能是各个部件中的最小值，因此，利用式（6.21）和式（6.22），可得系统性能的 u-函数如下：

s 从 $0\sim3$：$\theta_0=\varnothing$；$\theta_1=\{1\}$；$\theta_2=\{2\}$；$\theta_3=\{1,2\}$。

d_1 从 $0\sim3$：$A_{1,0}=\varnothing$；$A_{1,1}=\{3\}$；$A_{1,2}=\{4\}$；$A_{1,3}=\{3,4\}$。

d_2 从 $0\sim1$：$A_{2,0}=\varnothing$；$A_{2,1}=\{5\}$。

$R=Q_0\delta_4(U^*(\varnothing))+Q_1[\varphi_{1,0}\delta_4(U^*(\{1\}))+\varphi_{1,1}\delta_4(U^*(\{1,3\}))+$
$\varphi_{1,2}\delta_4(U^*(\{1,4\}))+\varphi_{1,3}\delta_4(U^*(\{1,3,4\}))]+Q_2[\varphi_{2,0}\delta_4(U^*(\{2\}))+$
$\varphi_{2,1}\delta_4(U^*(\{2,5\}))]+Q_3[\varphi_{1,0}\varphi_{2,0}\delta_4(U^*(\{1,2\}))+$
$\varphi_{1,1}\varphi_{2,0}\delta_4(U^*(\{1,2,3\}))+\varphi_{1,2}\varphi_{2,0}\delta_4(U^*(\{1,2,4\}))+$
$\varphi_{1,3}\varphi_{2,0}\delta_4(U^*(\{1,2,3,4\}))+\varphi_{1,0}\varphi_{2,1}\delta_4(U^*(\{1,2,5\}))+$
$\varphi_{1,1}\varphi_{2,1}\delta_4(U^*(\{1,2,3,5\}))+\varphi_{1,2}\varphi_{2,1}\delta_4(U^*(\{1,2,4,5\}))+$
$\varphi_{1,3}\varphi_{2,1}\delta_4(U^*(\{1,2,3,4,5\}))]$。

其中：$Q_0=(1-c(1-p))^2$，$Q_1=Q_2=c(1-p)(1-c(1-p))$，$Q_3=(c(1-p))^2$，

$$\varphi_{1,0} = \int_0^T f(\tau) \left(1 - \int_\tau^T h_{1,3}(t-\tau)\,\mathrm{d}t\right)\left(1 - \int_\tau^T h_{1,4}(t-\tau)\,\mathrm{d}t\right)\mathrm{d}\tau / (1-p),$$

$$\varphi_{1,1} = \int_0^T f(\tau) \left(\int_\tau^T h_{1,3}(t-\tau)\,\mathrm{d}t\right)\left(1 - \int_\tau^T h_{1,4}(t-\tau)\,\mathrm{d}t\right)\mathrm{d}\tau / (1-p),$$

$$\varphi_{1,2} = \int_0^T f(\tau) \left(1 - \int_\tau^T h_{1,3}(t-\tau)\,\mathrm{d}t\right)\left(\int_\tau^T h_{1,4}(t-\tau)\,\mathrm{d}t\right)\mathrm{d}\tau / (1-p),$$

$$\varphi_{1,3} = \int_0^T f(\tau) \left(\int_\tau^T h_{1,3}(t-\tau)\,\mathrm{d}t\right)\left(\int_\tau^T h_{1,4}(t-\tau)\,\mathrm{d}t\right)\mathrm{d}\tau / (1-p),$$

$$\varphi_{2,0} = \int_0^T f(\tau) \left(1 - \int_\tau^T h_{1,5}(t-\tau)\,\mathrm{d}t\right)\mathrm{d}\tau / (1-p),$$

$$\varphi_{2,1} = \int_0^T f(\tau) \left(\int_\tau^T h_{1,5}(t-\tau)\,\mathrm{d}t\right)\mathrm{d}\tau / (1-p),$$

$$U^*(\varnothing) = (\widetilde{u}_1(z) \otimes_+ \widetilde{u}_2(z)) \otimes_{\min} (u_3(z) \otimes_+ u_4(z) \otimes_+ u_5(z))$$
$$= ((xz^4 + (1-x)z^0) \otimes_+ (xz^4 + (1-x)z^0)) \otimes_{\min}$$
$$((yz^2 + (1-y)z^0) \otimes_+ (yz^1 + (1-y)z^0) \otimes_+ (yz^2 + (1-y)z^0))$$
$$= (x^2 z^8 + 2x(1-x)z^4 + (1-x)^2 z^0) \otimes_{\min}$$
$$(y^3 z^5 + y^2(1-y)z^4 + 2y^2(1-y)z^3 + 2y(1-y)^2 z^2 + y(1-y)^2 z^1 + (1-y)^3 z^0)$$
$$= x^2 y^3 z^5 + x^2 y^2(1-y)z^4 + x^2 2y^2(1-y)z^3 + x^2 2y(1-y)^2 z^2 + x^2 y(1-y)^2 z^1 +$$
$$x^2(1-y)^3 z^0 + 2x(1-x)y^2 z^4 + 4x(1-x)y^2(1-y)z^3 + 4x(1-x)y(1-y)^2 z^2 +$$
$$2x(1-x)y(1-y)^2 z^1 + 2x(1-x)(1-y)^3 z^0 + (1-x)^2 z^0$$
$$\delta_4(U^*(\varnothing)) = x^2 y^3 + x^2 y^2(1-y) + 2x(1-x)y^2 = 2xy^2 - x^2 y^2$$

对于 $U^*(\{1\})$,用 z^0 代替 $\widetilde{u}_1(z)$,可以得到

$$U^*(\{1\}) = (z^0 \otimes_+ (xz^4 + (1-x)z^0)) \otimes_{\min} ((yz^2 + (1-y)z^0) \otimes_+$$
$$(yz^1 + (1-y)z^0) \otimes_+ (yz^2 + (1-y)z^0))$$
$$= (xz^4 + (1-x)z^0) \otimes_{\min}$$
$$(y^3 z^5 + y^2(1-y)z^4 + 2y^2(1-y)z^3 + 2y(1-y)^2 z^2 + y(1-y)^2 z^1 + (1-y)^3 z^0)$$
$$= xy^3 z^4 + xy^2(1-y)z^4 + 2xy^2(1-y)z^3 + 2xy(1-y)^2 z^2 + xy(1-y)^2 z^1 +$$
$$x(1-y)^3 z^0 + (1-x)z^0$$
$$\delta_4(U^*(\{1\})) = xy^3 + xy^2(1-y) = xy^2$$

对于 $U^*(\{1,3\})$,用 z^0 代替 $\widetilde{u}_1(z)$ 和 $\widetilde{u}_3(z)$,可以得到

$$U^*(\{1,3\}) = (z^0 \otimes_+ (xz^4 + (1-x)z^0)) \otimes_{\min} (z^0 \otimes_+ (yz^1 + (1-y)z^0) \otimes_+ (yz^2 + (1-y)z^0))$$
$$= (xz^4 + (1-x)z^0) \otimes_{\min} (y^2 z^3 + y(1-y)z^2 + y(1-y)z^1 + (1-y)^2 z^0)$$

$$= xy z^2 z^3 + xy(1-y)z^2 + xy(1-y)z^1 + x(1-y)^2 z^0 + (1-x)z^0$$
$$\delta_4(U^*(\{1,3\})) = 0$$

对于 $U^*(\{1,4\})$，用 z^0 代替 $\tilde{u}_1(z)$ 和 $\tilde{u}_4(z)$，可以得到
$$U^*(\{1,4\}) = (z^0 \otimes_+ (xz^4+(1-x)z^0)) \otimes_{\min}(z^0 \otimes_+ (yz^2+(1-y)z^0)) \otimes_+ (yz^2+(1-y)z^0))$$
$$= (xz^4+(1-x)z^0) \otimes_{\min}(y^2 z^2 + 2y(1-y)z^2 + (1-y)^2 z^0)$$
$$= xy^2 z^4 + 2xy(1-y)z^2 + x(1-y)^2 z^0 + (1-x)z^0$$
$$\delta_4(U^*(\{1,4\})) = xy^2$$

对于 $U^*(\{1,3,4\})$，用 z^0 代替 $\tilde{u}_1(z), \tilde{u}_3(z)$ 和 $\tilde{u}_4(z)$，可以得到
$$U^*(1,3,4) = (z^0 \otimes_+ (xz^4 + (1-x)z^0)) \otimes_{\min}(z^0 \otimes_+ z^0 \otimes_+ (yz^2 + (1-y)z^0))$$
$$= (xz^4+(1-x)z^0) \otimes_{\min}(yz^2 + (1-y)z^0) = xyz^2 + (1-xy)z^0$$
$$\delta_4(U^*(\{1,3,4\})) = 0$$

对于 $U^*(\{2\})$，用 z^0 代替 $\tilde{u}_2(z)$，可以得到
$$U^*(\{2\}) = ((xz^4+(1-x)z^0) \otimes_+ z^0) \otimes_{\min}((yz^2+(1-y)z^0) \otimes_+$$
$$(yz^1+(1-y)z^0) \otimes_+(yz^2+(1-y)z^0))$$
$$= (xz^4+(1-x)z^0) \otimes_{\min}$$
$$(y^3 z^5 + y^2(1-y)z^4 + 2y^2(1-y)z^3 + 2y(1-y)^2 z^2 + y(1-y)^2 z^1 + (1-y)^3 z^0)$$
$$= xy^3 z^4 + xy^2(1-y)z^4 + 2xy^2(1-y)z^3 + 2xy(1-y)^2 z^2 + xy(1-y)^2 z^1 +$$
$$x(1-y)^3 z^0 + (1-x)z^0$$
$$\delta_4(U^*(\{2\})) = xy^3 + xy^2(1-y) = xy^2$$

对于 $U^*(\{2,5\})$，用 z^0 代替 $\tilde{u}_2(z)$ 和 $\tilde{u}_5(z)$，可以得到
$$U^*(\{2,5\}) = (xz^4+(1-x)z^0) \otimes_{\min}(y^2 z^3 + y(1-y)z^2 + y(1-y)z^1 + (1-y)^2 z^0)$$
$$= xy^2 z^3 + xy(1-y)z^2 + xy(1-y)z^1 + x(1-y)^2 z^0 + (1-x)z^0$$
$$\delta_4(U^*(\{2,5\})) = 0$$

$\tilde{u}_1(z)$ 和 $\tilde{u}_2(z)$ 都用 z^0 代替后，最终系统的 u-函数为以下形式：
$$U^*(\{1,2\}) = U^*(\{1,2,3\}) = U^*(\{1,2,4\}) = U^*(\{1,2,5\}) = U^*(\{1,2,3,4\})$$
$$= U^*(\{1,2,3,5\}) = U^*(\{1,2,4,5\}) = U^*(\{1,2,3,4,5\}) = z^0$$

最后，
$$R = Q_0(2xy^2 - x^2 y^2) + Q_1[\varphi_{1,0} xy^2 + \varphi_{1,3}\, xy^2] + Q_2 \varphi_{2,0} xy^2$$
$$= [(2-x)Q_0 + Q_1(\varphi_{1,0} + \varphi_{1,2}) + Q_2 \varphi_{2,0}] xy^2$$
$$= \left\{ \left(1 + (1-2c)\int_0^T f(\tau)\mathrm{d}\tau\right) + \right.$$
$$c\left[\int_0^T f(\tau)\left(1 - \int_\tau^T h_{1,3}(t-\tau)\mathrm{d}t\right)\left(1 - \int_\tau^T h_{1,4}(t-\tau)\mathrm{d}t\right)\mathrm{d}\tau + \right.$$

$$\int_0^T f(\tau)\left(1-\int_\tau^T h_{1,3}(t-\tau)\,\mathrm{d}t\right)\left(\int_\tau^T h_{1,4}(t-\tau)\,\mathrm{d}t\right)\mathrm{d}\tau\ +$$

$$\left.\int_0^T f(\tau)\left(1-\int_\tau^T h_{1,5}(t-\tau)\,\mathrm{d}t\right)\mathrm{d}\tau\right]\right\}$$

$$\left(1-\int_0^T f(\tau)\,\mathrm{d}\tau\right)\left(1-\int_0^T g(\tau)\,\mathrm{d}\tau\right)^2$$

考虑当 $c=0$ 的特殊情况下(没有 PF 发生),上面的方程变成

$$R = \left(1+\int_0^T f(\tau)\,\mathrm{d}\tau\right)\left(1-\int_0^T f(\tau)\,\mathrm{d}\tau\right)\left(1-\int_0^T g(\tau)\,\mathrm{d}\tau\right)^2$$

$$= \left(1-\left(\int_0^T f(\tau)\,\mathrm{d}\tau\right)^2\right)\left(1-\int_0^T g(\tau)\,\mathrm{d}\tau\right)^2$$

$$= (1-(1-p)^2)y^2$$

上式很容易证明,当两个处理器单元至少有一个工作($1-(1-p)^2$),并且部件 3 和 5 也工作(y^2),系统可以满足期望的要求 $D=4$。

对于 PF 传播时间为 0 这个特殊情况,即 $h_{k,j}(t)=1$ 并且 $\int_\tau^T h_{k,j}(t-\tau)\,\mathrm{d}t=1$,那么系统的可靠性为

$$R = \left(1+(1-2c)\int_0^T f(\tau)\,\mathrm{d}\tau\right)\left(1-\int_0^T f(\tau)\,\mathrm{d}\tau\right)\left(1-\int_0^T g(\tau)\,\mathrm{d}\tau\right)^2$$

$$= (1+(1-2c)(1-p))py^2$$

在本案例中,至少一个 PF 发生就可以引起部件 3 或 5 或者两者均失效,则系统就无法满足期望的需求,换句话说,当至少有一个处理器工作并且没有源自它们的 PF 发生($p^2+2p(1-p)(1-c)=(1+(1-2c)(1-p))p$),同时部件 3 和 5 都工作($y^2$),那么系统就是可靠的。

参考文献

[1] NUREG/CR-4780. Procedure for treating common-cause failures in safety and reliability studies[Z]. Washington DC: US. Nuclear Regulatory Commission, safely and reliability, 1988.

[2] TANG Z, DUGAN J B. An integrated method for incorporating common cause failures in system analysis[C]. Los Angeles: IEEE, 2004.

[3] BAI U S, YUN W Y, CHUNG S W. Redundancy optimization of k-out-of-n systems with common-cause failures[J]. IEEE transactions on reliability, 1991, 40(1): 56-59.

[4] PHAM H. Optimal cost-effective design of triple-modular-redundancy-with-spares systems[J]. IEEE transactions on reliability, 1993, 42(3): 369-374.

[5] ANDERSON P M, AGARWAL S K. An improved model for protective-system reliability [J]. IEEE transactions on reliability,1992,41(3):422-426.

[6] CHAE K C,CLARK G M. System reliability in the presence of common-cause failures[J]. IEEE transactions on reliability. 1986,35(1):32-35.

[7] FLEMING K N,MOSLEH N,DEKFMER R K. A systematic procedure for incorporation of common cause events into risk and reliability models[J]. Nuclear engineering and design, 1986,93,245-273.

[8] DAI Y S,XIE M,POH K L,et al. A model for correlated failures in n-version programming [J]. IIE transactions,2004,36(12):1183-1192.

[9] FLEEMING K N, MOSLEH A. Common-cause data analysis and implications in system modeling,California USA,February 24 to March 1,1985[C]. New York:IEEE,1985.

[10] AMARI S V. DUGAN J B,MISRA R B. Optimal reliability of systems subject to imperfect fault-coverage[J]. IEEE transactions on reliability,1999,48(3):275-284.

[11] VAURIO J K. Common cause failure probabilities in standby safety system fault tree analysis with testing-scheme and timing dependencies[J]. Reliability engineering & system safety,2003,79(1):43-57.

[12] MITRA S,SAXENA N R,MCCI. USKEY E J. Common-mode failures in redundant VLSI systems:a survey[J]. ICEE transactions on reliability,2000,49(3):285-295.

[13] VAURIO J K. An implicit method for incorporating common-cause failures in system analysis[J]. IEEE transactions on reliability,1998,47(2):173-180.

[14] FLEMING K N,MOSLEM A,KELLY A P. On the analysis of dependent failures in risk assessment and reliability evaluation[J]. Nuclear safety,1983,15(24):637-657.

[15] XING L. Fault-tolerant network reliability and importance analysis using binary diagrams [C]. New York:IEEE,2004.

[16] XING L. Reliability modeling and analysis of complex hierarchical systems[J]. International journal of reliability,quality and safety engineering. 2005,12(6):477-492.

[17] XING L,SHRESTHA A,MESHKAT L,et al. Incorporating common-cause failures into the modular hierarchical systems analysis[J]. IEEE transactions on reliability,2009,58(1): 10-19.

[18] MO Y, XING L. An Enhanced Decision Diagram-Based Method for Common-Cause Failure Analysis[J]. Proc IMechE,Part O,Journal of risk and reliability,2013. 227(5): 557-566.

[19] XING L,LEVITIN G. BDD-based reliability evaluation of pleased-mission systems with internal/external common-cause failures[J]. Reliability engineering & systems safe,2013, 112:145-153.

[20] LEVITIN G,XING L,AMARI S V,et al. Reliability of non-repairable phased-mission systems with common-cause failures[J]. IEEE transactions on systems,man,and cybernetics: systems,2013,43(4):967-978.

[21] LEVITIN G, XING L. Reliability and performance of mufti-state systems with propagated failures having selective effect[J]. Reliability engineering & system safety, 2010, 95(6): 655-661.

[22] LEVITIN G, XING L. BEN-HAIM H, et al. Reliability of series-parallel systems with random failure propagation time[J]. IEEE transactions on reliability, 2013, 62(3): 637-647.

[23] LISNIANSKI A, LEVITIN G. Multi-state system reliability: assessment, optimization and applications, Series on quality, reliability and engineering statistics[M]. 1st ed. Singapore: World Scientific, 2005.

[24] LEVITIN G. Universal generating function in reliability analysis optimization [M]. London: Springer-Verlag, 2005.

第7章

概率性共因失效

系统发生概率性共因失效(PCCF)会导致多个系统部件以不同概率失效[1-2]。下面举一个关于 PCCF 的实际例子:由安装在生产车间的多个气体探测器组成的系统[3]。这些气体探测器可能在不同的时间从不同的公司购买,因此具有不同的耐湿性。潜在的 PCCF 事件的一个共同根源是生产车间不断增加的湿度,这个原因可能会使安装在生产车间不同位置的各个探测器以不同的概率失效。PCCF 可以由外部的冲击引起,或由系统内一些部件失效传播引起。本章展示了用隐性和显性两种方法来分析受到外部和内部 PCCF 影响的系统可靠性,单阶段任务和多阶段任务系统都进行了分析。

7.1 单阶段任务系统

系统由许多单元组成,这些单元具有不同的独立失效概率,除此之外,某些单元还有可能由各种共因导致失效,这些共因可能与外部因素有关,也可能与其他系统部件的失效有关。假定由共因事件引起的元件失效概率是已知的,系统结构函数给定,该函数决定了各个单元状态组合下整个系统的状态。

本章利用故障树来描述系统的结构函数[4]。PCCF 行为可以用 PCCF 门来建模,如图 7.1 所示这个 PCCF 门是基于功能相关门[2](FDEP)构建的。PCCF 门的输入为某个共因发生引起的触发事件,该共因可以是外部的冲击也可以是内部系统部件的失效,PCCF 门还有一个或者

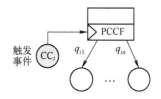

图 7.1　PCCF 门[5]

多个相关事件,为由该共因导致的部件(即出现在概率性共因失效组 PCCG 中的部件)的失效,当触发事件发生时,它们被强制以一定的(也许不同的)概率发生。

我们做出如下假设:

- 由共因引起的部件失效事件和独立失效事件是相互统计独立的;
- 不考虑级联失效和失效环,即一个 PCCF 门中相关部件的失效不会触发另外一个 PCCF 门。

7.1.1 显式算法

显式算法包括以下两个步骤:①建立一个包括 PCCF 效应的扩展故障树;②评估扩展故障树来计算系统的可靠性。这两步的详细阐述如下:

第一步:建立扩展故障树。在不包括 PCCF 门的原系统故障树模型中增加独立的伪节点,代表由共因触发的部件失效事件:如果一个部件 X 出现在 n 个 PCCG 中,也就是说,该部件被 n 个共因影响($CC_1, CC_2, \cdots, CC_n$),则需要加入 n 个伪节点($X_1, X_2, \cdots, X_n$),其中 X_i 表示由第 i 个共因所引起部件 X 的失效事件。由于部件的失效要么是独立失效要么是由共因引起的,其失效行为可以通过逻辑表达式(7.1)来表示:

$$X_{TF} = (CC_1 \cdot X_1 + CC_2 \cdot X_2 + \cdots + CC_n \cdot X_n) + X \tag{7.1}$$

图 7.2 为式(7.1)所表示的故障树模型。X_i 的发生概率(用 q_{iX} 表示)是给定 CC_i 发生的条件下 X 的条件失效概率。因为一个 PCCG 可能包括不止一个部件,在扩展故障树模型中,一个共因事件 CC_i 可能会不止一次出现。对于内部 CC,CC_i 仅仅是触发部件的独立失效事件。

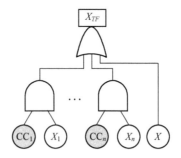

图 7.2 部件总体失效事件的故障树模型[5]

对在 PCCG 中出现的所有相关部件构建如图 7.2 所示的子故障树模型,然后用这些子故障树代替原故障树模型中相应部件独立失效的事件,从而建立整个系统的扩展故障树模型。

第二步:评估扩展故障树。可以通过任何传统的故障树可靠性分析方法来评估扩展故障树,例如基于最小割集/路集的容斥原理法或者不交积和法[6],基于二元决策图的方法[7]。本章中,用基于 BDD 的方法(2.4 节)来评估系统可靠性。基于 BDD 方法的更多详情请参考文献[7]。

7.1.2 案例分析

图 7.3 给出了由两个处理器(P_1 和 P_2),两条总线(B_1 和 B_2),输入/输出(I/O)和 3 个存储单元(M_1,M_2 和 M_3)组成的一个计算机系统。系统正常工作要求两个处理器中的至少一个,两条总线中的至少一个,3 个存储单元中的至少两个,以及 I/O 都能够正常工作。图 7.4 为系统故障树模型。

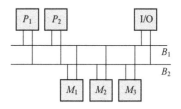

图 7.3 计算机系统例子[5]

如图 7.4 所示,系统经受两个外部的统计独立的 CC 的作用,分别为 CC_1 和 CC_2。CC_1 的发生影响处理器 P_1 和存储单元 M_1,CC_2 的发生影响处理器 P_1、总线 B_1 和存储单元 M_2,因此,相应的两个 PCCG 分别为:$PCCG_1 = \{P_1, M_1\}$ 和 $PCCG_2 = \{P_1, B_1, M_2\}$。

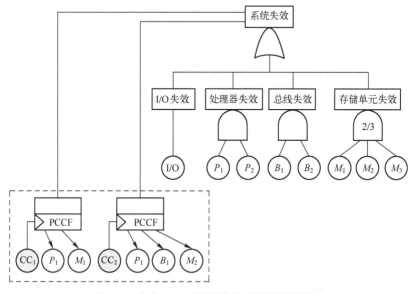

图 7.4 存在 PCCF 的计算机系统故障树模型

上述案例系统使用以下的参数进行分析:
- 部件的独立失效概率: $q_{P_1}=q_{P_2}=q_{B_1}=q_{B_2}=q_{I/O}=q_{M_1}=q_{M_2}=q_{M_3}=0.01$。
- 共因失效的发生概率: $p_{CC_1}=p_{CC_2}=0.001$。
- 在相关共因发生的条件下部件的条件失效概率: $q_{1P_1}=0.2, q_{1M_1}=0.5, q_{2P_1}=0.3, q_{2B_1}=0.4, q_{2M_2}=0.6$。例如, q_{1P_1} 表示在 CC_1 发生的条件下处理器 P_1 的条件失效概率,在这个例子中,处理器 P_1 受两个共因的影响,但条件失效概率不同。

接下来,我们用显式方法来分析示例中的计算机系统。

步骤 1 用图 7.2 所示的子故障树模型替代图 7.4(去掉两个 PCCF 门) 原故障树中受到 PCCF 影响的 P_1、B_1、M_1 和 M_2 的本地失效事件,从而得到如图 7.5 所示的扩展故障树。

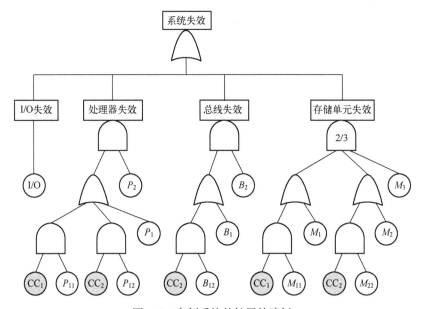

图 7.5　案例系统的扩展故障树

步骤 2 用基于 BDD 的方法评估图 7.5 所示的扩展故障树。图 7.6 给出了以 $I/O, CC_1, P_{11}, CC_2, P_{12}, P_1, P_2, B_{12}, B_1, B_2, M_{11}, M_1, M_{22}, M_2, M_3$ 的排序生成的 BDD 模型。为了避免在 BDD 中有许多交叉线,根节点为阴影节点的同构子 BDD 仅会出现一次,其他地方出现时仅显示根节点。此 BDD 模型包含 35 个非终节点。通过评估 BDD 模型,最终得到带有 PCCF 的示例计算机系统的不可靠性为 0.010523。

第 7 章 概率性共因失效

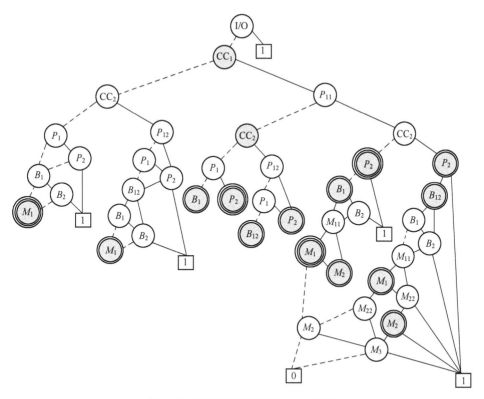

图 7.6 扩展故障树模型的 BDD 模型

7.1.3 隐式算法

隐式算法由以下 5 个步骤组成：

步骤 1 构造一个事件空间，然后评估每种组合的出现概率。假定在这个系统中有 m 个共因发生，则需要构造一个包含 2^m 个不相交事件的事件空间，每个事件称为概率性共因事件（PCCE），是 m 个共因发生和不发生的组合，即

$$PCCE_1 = \overline{CC_1} \cap \overline{CC_2} \cap \cdots \cap \overline{CC_m}$$
$$PCCE_2 = CC_1 \cap \overline{CC_2} \cap \cdots \cap \overline{CC_m}$$
$$\vdots$$
$$PCCE_{2^m} = CC_1 \cap CC_2 \cap \cdots \cap CC_m \quad (7.2)$$

例如，$PCCE_1$ 为所有的共因都不发生的事件，$PCCE_2$ 为 CC_1 发生而其他共因都不发生的事件。一般来说，$PCCE_s(0 \leqslant s \leqslant 2^m - 1)$ 表示如果 $\mathrm{mod}_2 \lfloor s/2^{k-1} \rfloor = 1$，那么事件 CC_k 发生，否则不发生。用 $\Pr(PCCE_i)$ 表示 $PCCE_i$ 的发生概率，则有

$$\sum_{i=1}^{2^m} \Pr(PCCE_i) = 1 \quad (7.3)$$

请注意在 7.1.1 节中提到的显式方法仅仅只能处理统计独立的共因,而隐式算法只需要知道所有可能的共因的概率,就能够处理互斥、统计独立、统计相关的共因。

步骤 2 在每个 PCCE 下,评估每个受到 PCCF 影响的部件的总失效概率。

设 q_X 为部件 X 的独立局部失效概率,q_{iX} 为在 CC_i 发生条件下部件 X 的条件失效概率。如果部件 X 在 $PCCE_j$ 下被 k 个共因($CC_1, CC_2, \cdots, CC_k$)影响,那么部件 X 在 $PCCE_j$ 下的总失效概率表示为

$$Q_{jX} = 1 - (1 - q_X) \prod_{i=1}^{k} (1 - q_{iX}) \tag{7.4}$$

步骤 3 不考虑 PCCF 的影响,构建系统的可靠性模型。与显式方法类似,仍然使用基于 BDD 的方法。对于外部共因,仅仅需要基于原故障树建立一个 BDD 模型;但是对于内部共因,应首先在每个 PCCE 下建立简化故障树,其原因是 PCCE 下的内部共因的发生(或者不发生)意味着相应系统部件的失效发生(或者不发生),因此,在 PCCE 下构建简化的故障树时,原故障树中部件的独立失效事件应该用逻辑"1"(或"0")来代替。

步骤 4 在每个 PCCE 下用部件的总失效概率来评价 BDD 模型。

设 $\Pr(\text{系统失效} | PCCE_i)$ 为给定 $PCCE_i$ 发生的条件下的系统条件失效概率,可通过使用步骤 2 获得的部件总失效概率对步骤 3 中建立的 BDD 模型进行评估来获得。对于不受 $PCCE_i$ 影响的部件,BDD 评估时仅仅需要使用它们的独立失效概率。

步骤 5 用基于全概率法则的下式来评估考虑 PCCF 的系统不可靠性:

$$UR = \sum_{i=1}^{2^m} [\Pr(\text{系统失效} | PCCE_i) \cdot \Pr(PCCE_i)] \tag{7.5}$$

7.1.4 案例分析

用隐式方法来分析与 7.1.1 节相同的计算机系统。

步骤 1 由于在这个示例计算机系统中有两个外部共因,因此要建立一个包含 $2^2 = 4$ 个 PCCE 的事件空间,这 4 个 PCCE 为:$PCCE_1 = \overline{CC_1} \cap \overline{CC_2}$;$PCCE_2 = CC_1 \cap \overline{CC_2}$;$PCCE_3 = \overline{CC_1} \cap CC_2$;$PCCE_4 = CC_1 \cap CC_2$。

由于这两个共因是统计独立的,因此这 4 个 PCCE 的发生概率为

$$\Pr(PCCE_1) = (1-p_{CC_1})(1-p_{CC_2}) = 0.998001$$

$$\Pr(PCCE_2) = p_{CC_1}(1-p_{CC_2}) = 0.000999$$

$$\Pr(PCCE_3) = (1-p_{CC_1})p_{CC_2} = 0.000999$$

$$\Pr(PCCE_4) = p_{CC_1} p_{CC_2} = 0.000001$$

步骤2 在每个 PCCE 下,评估受每个 PCCF 影响的部件(例如 P_1、M_1、B_1、M_2)的总失效概率。

$PCCE_1$ 是没有共因发生的事件。因此在 $PCCE_1$ 下,没有部件受 PCCF 影响。

$PCCE_2$ 是仅有 CC_1 发生的事件。在这一事件下,部件 P_1 和 M_1 会因为 CC_1 的发生而失效。根据式(7.4),部件 P_1 的总失效概率是:

$$Q_{2P_1} = 1-(1-q_{P_1})(1-q_{1P_1}) = 0.208$$

类似地,我们可以得到在每个 PCCE 下所有受 PCCF 影响的部件的总失效概率,如表 7.1 所列。在表 7.1 中,"-"表示部件在相应的 PCCE 下,不受任何共因的影响,此时部件的总失效概率仅为独立失效概率。

表 7.1 每个 PCCE 下部件总失效概率

参 数	$PCCE_1$	$PCCE_2$	$PCCE_3$	$PCCE_4$
P_1	-	0.208	0.307	0.4456
B_1	-	-	0.406	0.406
M_1	-	0.505	-	0.505
M_2	-	-	0.604	0.604

步骤3 在不考虑 PCCF 的影响下,建立系统的 BDD 模型。

基于原故障树模型(图 7.4,不包括 PCCF 门),生成不考虑 PCCF 影响的计算机系统的 BDD 模型,如图 7.7 所示。

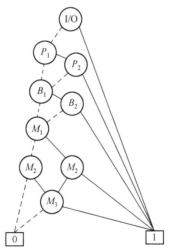

图 7.7 不考虑 PCCF 的计算机系统的 BDD 模型

步骤4 在每个 PCCE 下,评估图 7.7 的 BDD 模型。

用表 7.1 中的总失效概率以及 7.1.1 节给出的部件独立失效概率评估

图 7.7 的 BDD 模型,计算每个 PCCE 发生的条件下系统的条件失效概率:

$$\Pr(系统失效 | \text{PCCE}_1) = 0.010493$$
$$\Pr(系统失效 | \text{PCCE}_2) = 0.022134$$
$$\Pr(系统失效 | \text{PCCE}_3) = 0.028900$$
$$\Pr(系统失效 | \text{PCCE}_4) = 0.322714$$

步骤 5 根据式(7.5),用全概率法则来评估考虑 PCCF 影响的系统不可靠性:

$$UR = \sum_{i=1}^{4} [\Pr(系统失效 | \text{PCCE}_i) \cdot \Pr(\text{PCCE}_i)] = 0.010523$$

这个结果与在 7.1.1 节中用显式方法得到的系统不可靠性的结果相同。

7.1.5 比较和讨论

这两种在单阶段任务系统中考虑 PCCF 的方法都是组合的并且适用于任意类型的失效事件分布。显式算法直截了当、易于实现,仅包括两个步骤,外部和内部共因都可以在显式方法中用相同的过程来处理,然而,因为显式算法需要引入大量的伪节点来扩展故障树,在评估中不得不处理子树之间由于共同的节点而产生的相关性,在处理大规模系统时计算效率低;显式算法的另外一个局限性是它仅仅适用于受统计独立的共因影响的系统。隐式方法包括 5 个步骤,不像显式方法那样直接,对于内部共因,在 BDD 模型构建前,必须首先构建每个 PCCE 下的简化故障树,这一点与外部共因处理过程不同,但是,隐式方法不需要扩展系统的可靠性模型,因此构建的 BDD 模型的规模比显式方法要小很多(图 7.7 中包含 9 个非终节点,而图 7.6 中包含 35 个非终节点);另外,隐式方法在处理共因之间的统计关系时更为灵活,这些关系包括统计独立、互斥或统计相关。

7.2 多阶段任务系统

本节主要考虑受 PCCF 影响的多阶段任务系统(PMS)的可靠性评估问题。由于在一个阶段或者多个不同的阶段可能发生多个基本共因,因此,我们所考虑的 PMS 可能受到不只一个 PCCF 的影响。这里仅考虑外部共因,换句话说,PCCF 只能由外部冲击引起。不论来自相同的任务阶段还是不同的任务阶段,不同的基本共因彼此统计独立;每个任务阶段同一部件由共因引起的失效事件与本地失效事件也是统计独立的。

被相同基本共因影响的部件构成了一个概率性共因组(PCCG)。一个部件可以属于多个不同的 PCCG,即一个部件可以被多个共因影响。设 m 为所考虑的 PMS 中总的阶段数，L_i 为在阶段 i 发生的基本共因的个数，则 $L = \sum_{i=1}^{m} L_i$ 是发生在 PMS 中共因的总数。发生在阶段 i 中的基本共因事件用 $CC_{i1},\cdots,CC_{iL_i}$ 表示。由 CC_{ij} 引起失效的部件组成了 $PCCG_{ij}(i \leq m, j \leq L_i)$。

7.2.1 显式方法

显式方法的基本思想是评估一个扩展系统模型，其中每个共因为一个基本事件，被所有受此共因影响的部件所共用。显式算法可以被描述为以下两个步骤：

步骤 1 建立一个考虑 PCCF 影响的扩展 PMS 故障树模型。

基于部件在一个阶段由共因引起的失效事件和独立失效事件是统计独立的假设，创建独立的伪节点来代表在一个阶段中由于共因引起的部件失效事件，并且将其增加到这个阶段的原始故障树中，从而生成一个扩展 PMS 故障树模型。如果部件 X 在阶段 i 出现在共 h 个 PCCG 中，即这个部件能够被 h 个共因（$CC_{iX(1)},CC_{iX(2)},\cdots,CC_{iX(h)}$）所影响，其中 $CC_{iX(j)} \in \{CC_{i1},\cdots,CC_{iL_i}\}$，$1 \leq j \leq h$，则在第 i 个阶段的原始故障树中增加 h 个伪节点（$X_{i1},X_{i2},\cdots,X_{ih}$）用于代表部件 X 由 h 个共因引起的 h 个条件失效事件。因为一个部件失效，不是独立失效就是受到共因的影响。因此，在阶段 i 中，部件的总失效行为可以用下面这个逻辑表达式表示：

$$X_{iTF} = (CC_{iX(1)} \cap X_{i1}) \cup (CC_{iX(2)} \cap X_{i2}) \cup \cdots \cup (CC_{iX(h)} \cap X_{ih}) \cup X_i \quad (7.6)$$

式中：X_i 为部件 X 的独立失效事件。图 7.8 为与式(7.6)对应的故障树模型，表示在阶段 i 被 h 个共因影响的部件 X 的失效行为。

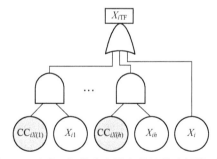

图 7.8 阶段 i 部件总失效事件的故障树模型[8]

X_{ij} 的发生概率是在 $CC_{iX(j)}$ 发生条件下部件 X 的失效条件概率，由于一个 PCCG 通常一个阶段不只包括一个部件，因此，一个共因事件在扩展故障树模型中可能会多次出现。

注意，一个部件 X 在阶段 i 不会为系统失效做出贡献，但是它仍可能属于 $PCCG_{iX(j)}$，即代表部件独立失效的事件不会出现在阶段 i 相应的故障树中。但是,该部件仍然可能会因为 $CC_{iX(j)}$ 的发生而失效。在这种情况下,需要构建连接伪节点 X_{ij} 和 $CC_{iX(j)}$ 的逻辑"AND"门,用以代表 $CC_{iX(j)}$ 对 X_{ij} 影响,并被加到之后第一次出现该部件的独立失效事件的阶段故障树中。如果在阶段 i 之后,部件独立失效事件没有出现在 PMS 故障树中,那么对于阶段 i 之后的所有阶段,共因对 X 的影响可以被忽略,原因是在阶段 i 之后的所有阶段,该部件的失效对 PMS 的失效没有任何贡献。

在对所有出现于 PCCG 中的部件建立如图 7.8 所示的故障树模型后,用新的部件总失效事件(图 7.8)代替原始故障树中部件失效基本事件,从而建立整个 PMS 的扩展故障树。

步骤 2 评估扩展 PMS 故障树。

本章中,基于 BDD 的 PMS 可靠性分析方法[9]用于评估扩展故障树,从而获得受 PCCF 影响的 PMS 的可靠性。采用的 BDD 方法主要步骤总结如下:

(1) 将输入部件状态变量排序。对代表不同部件的变量,可以利用启发式排序算法[10]排序;对代表同一部件不同阶段的变量,可以利用向前(变量顺序和阶段顺序相同)和向后(变量顺序和阶段顺序相反)的方法。本章采取向后的方法,因为它生成的 BDD 的规模与向前方法相比更小[9]。

(2) 生成单阶段的 BDD 模型。对于传统的 PMS 分析来说,只需要利用式(2.23)的运算规则来生成单阶段 BDD,因为每个阶段只有代表不同部件的变量。然而,就像显式方法的步骤(1)中讨论的那样,在扩展故障树的某些阶段,代表同一部件但是不同阶段的变量也可能会出现在同一阶段中。在这种情况下,必须应用阶段相关运算规则(phase dependent operation,PDO)来处理属于相同部件的变量之间的相关性。

PDO 规则:考虑代表同一部件不同阶段 i 和 $j(i<j)$ 的变量的两个子 BDD 模型:$G=ite(x_i, G_{x_i=1}, G_{x_i=0})=ite(x_i, G_1, G_2)$,$H=ite(x_j, H_{x_j=1}, H_{x_j=0})=ite(x_j, H_1, H_2)$,向后排序方法的 PDO 规则为[9]

$$G \diamond H = ite(x_i, G_1, G_2) \diamond ite(x_j, H_1, H_2) = ite(x_j, G \diamond H_1, G_2 \diamond H_2) \quad (7.7)$$

(3) 通过组合步骤(2)中获得的 BDD 生成整个 PMS 的 BDD。对于表示不同部件的两个变量,应用式(2.23)给出的运算规则;对于表示相同部件不同阶段的两个变量,应用式(7.7)给出的 PDO 规则。

(4) 通过评估步骤(3)中生成的 PMS BDD 来计算系统的不可靠性。在 PMS BDD 中,每一条从根节点到终节点"1"的路径代表在不同阶段部件失效和不失效的一个不相交组合,这些组合可以导致整个任务失效。因此,PMS 的不可靠性为所有从根节点到终节点"1"的路径的概率之和。注意,对于涉及相同部件不同阶段的变量的路径,需要用特殊的评估方法(文献[9]中式(11))来处理这些变量之间的统计相关性。

7.2.2 案例分析

在本节中,我们分析如图 7.9 所示的无线传感器网络系统 WSN 的通信可靠性,以此作为说明显式方法的案例。

在 WSN 中,有两个典型的通信范式:应用通信和基础设施通信[11]。基础设施通信涉及从基站到传感器配置和维护信息的传送(例如,网络的构建、查询、路径的发现和策略);应用通信涉及从传感器节点向基站传输感知数据。在这个案例研究中,考虑两阶段通信:第一个阶段是从基站(节点 s)向

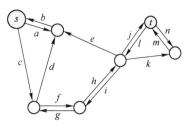

图 7.9　WSN 案例[8]

目标传感器(节点 t)发送信息的基础设施通信阶段(ICP);第二个阶段是目标传感器节点向基站发送数据的应用通信阶段(ACP)。仅仅当 ICP 和 ACP 两个阶段都成功时,这个两阶段通信任务才算成功。

在 ICP 中,从基站到目标传感器节点有两条路径:①$\text{path}_{11}:c \to f \to h \to j$;②$\text{path}_{12}:c \to f \to h \to k \to m$。在 ACP 中,从目标传感器节点到基站也有两条路径:①$\text{path}_{21}:l \to e \to b$;②$\text{path}_{22}:l \to i \to g \to d \to b$。

假定所有的节点都是完美的,在执行任务时仅仅链接可以失效。有两个统计独立的外部共因:阶段 1 中的 CC_{11} 和阶段 2 中的 CC_{21},相应的 PCCG 是:$\text{PCCG}_{11} = \{e, h, i\}$ 和 $\text{PCCG}_{21} = \{e, j, l\}$。

在分析中会用到以下参数值:

(1) 链接的独立失效概率:$q_{1X} = 0.01, q_{2X} = 0.02, X \in (a, b, \cdots, n)$;

(2) 共因的发生概率:$p_{\text{CC}11} = p_{\text{CC}21} = 0.001$;

(3) 共因发生条件下,链接失效的条件概率:$q_{11e} = 0.2, q_{11h} = 0.5, q_{11i} = 0.3, q_{21e} = 0.3, q_{21j} = 0.5, q_{21l} = 0.7$。

图 7.10 所示为此 PMS 案例的故障树模型。

使用显式方法分析 WSN 示例的详细步骤如下:

步骤 1　基于图 7.10 中的故障树建立一个包括 PCCF 影响的扩展故障树。

阶段 1 中表示独立失效事件的 e_1、h_1、i_1 和阶段 2 中的 e_2、j_2、l_2 可以用图 7.8 所示的子故障树模型来代替,这些子故障树代表了考虑 PCCF 影响的部件的总失效事件。尽管 e_1 和 i_1 在阶段 1 中不会出现,即在 ICP 子故障树中不会出现,在阶段 1 中 e 和 i 链接的失效仍然会对阶段 2 有影响,即对 ACP 失效有影响,因此,仍然需要在 ACP 失效下的子故障树上增加一个"AND"门,用于处理 CC_{11} 对

e_1 和 i_1 的影响;由于链接 j 的失效对最后一个阶段,即 ACP 阶段的失效没有影响。因此,不需要考虑 CC_{21} 对 j 的影响。扩展故障树如图 7.11 所示。

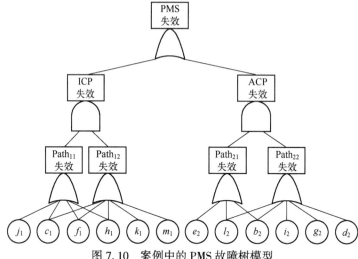

图 7.10 案例中的 PMS 故障树模型

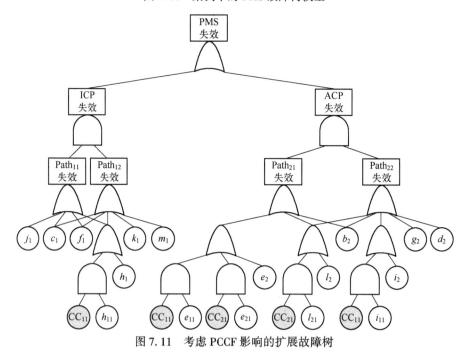

图 7.11 考虑 PCCF 影响的扩展故障树

步骤 2 评估图 7.11 中的扩展故障树。

本例用 PMS BDD 的方法来评估扩展故障树。图 7.11 中故障树的 PMS BDD 模型如图 7.12 所示。

第 7 章 概率性共因失效

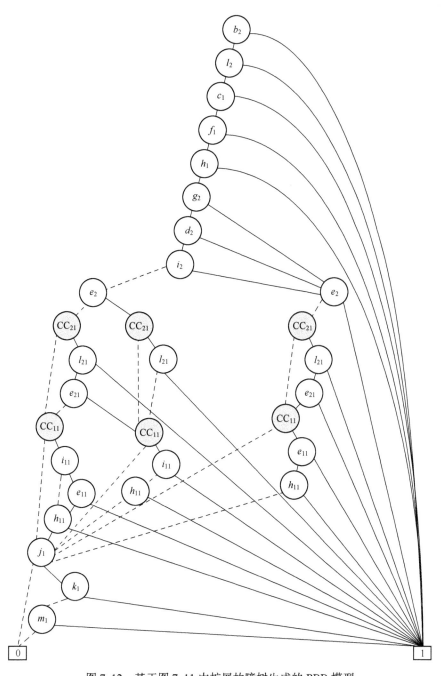

图 7.12 基于图 7.11 中扩展故障树生成的 BDD 模型

通过评估图 7.12 中的 BDD 模型，可以得到案例 WSN 的通信不可靠性为 0.09034708。

7.2.3 隐式方法

隐式方法的基本思想是建立一个不考虑 PCCF 影响的系统模型，然后在系统模型评估中考虑 PCCF 的影响。隐式方法可以被描述为如下 5 个步骤：

步骤 1 构建一个包括了基本共因发生和不发生的所有组合的事件空间，然后评估每个事件的发生概率。

假定在一个包含 m 个阶段的 PMS 中会发生 L 个基本共因，那么首先生成一个包含 2^L 个不相交事件的事件空间，每一个事件称为概率性共因事件（PCCE），是这 L 个共因发生或不发生的一个组合。这 2^L 个 PCCE 为

$$\text{PCCE}_1 = \overline{\text{CC}_{11}} \cap \cdots \cap \overline{\text{CC}_{1L_1}} \cap \cdots \cap \overline{\text{CC}_{m1}} \cap \cdots \cap \overline{\text{CC}_{mL_m}}$$

$$\text{PCCE}_2 = \text{CC}_{11} \cap \cdots \cap \overline{\text{CC}_{1L_1}} \cap \cdots \cap \overline{\text{CC}_{m1}} \cap \cdots \cap \overline{\text{CC}_{mL_m}}$$

$$\cdots$$

$$\text{PCCE}_{2^L} = \text{CC}_{11} \cap \cdots \cap \text{CC}_{1L_1} \cap \cdots \cap \text{CC}_{m1} \cap \cdots \cap \text{CC}_{mL_m} \quad (7.8)$$

设 $\Pr(\text{PCCE}_k)$ 表示 PCCE_k 的发生概率，那么，$\sum_{k=1}^{2^L} \Pr(\text{PCCE}_k) = 1$。

步骤 2 在每个阶段的每个 PCCE 下，评估受 PCCF 影响的所有部件的总条件失效概率。

设 q_{iX} 是部件 X 在阶段 i 之前未失效条件下的独立条件失效概率，q_{ijX} 是 $\text{CC}_{iX(j)}$ 发生的条件下部件 X 的条件失效概率。如果在 PCCE_k 下，阶段 i 中部件 X 被 h_k 个共因（$\text{CC}_{iX(1)}, \text{CC}_{iX(2)}, \cdots, \text{CC}_{iX(h_k)}$）影响，那么部件 X 在阶段 i 之前未失效的条件下，在阶段 i 的总条件失效概率为

$$Q_{ikX} = 1 - (1 - q_{iX}) \prod_{j=1}^{h_k} (1 - q_{ijX}) \quad (7.9)$$

步骤 3 建立不考虑 PCCF 影响的 PMS 可靠性模型。在这一步骤中，将会基于原故障树，建立一个不考虑 PCCF 影响的 PMS BDD 模型。

步骤 4 在每个 PCCE 下，用总条件失效概率来评估 PMS BDD 模型。设 $\Pr(\text{PMS 失效} \mid \text{PCCE}_k)$ 表示在 PCCE_k 发生的条件下系统失效的条件概率，可以使用步骤 2 获得的部件总条件失效概率评估步骤 3 建立的 PMS BDD 模型来得到 $\Pr(\text{PMS 失效} \mid \text{PCCE}_k)$。

步骤 5 用全概率定理评估 PMS 的可靠性。考虑 PCCF 影响的最终系统的失效概率为

$$UR = \Pr(\text{PMS 失效}) = \sum_{k=1}^{2^L}[\Pr(\text{PMS 失效} \mid \text{PCCE}_k) \cdot \Pr(\text{PCCE}_k)]$$
(7.10)

7.2.4 案例分析

用隐式方法对 WSN 系统(和 7.2.2 中相同的例子)的详细分析如下:

步骤 1 构建一个事件空间,该事件空间包含两个共因发生或不发生的所有组合,然后评估每个组合的发生概率。

由于有两个共因,事件空间包括 $2^2 = 4$ 个 PCCE,它们是:$\text{PCCE}_1 = \overline{\text{CC}_{11}} \cap \overline{\text{CC}_{21}}$;$\text{PCCE}_2 = \text{CC}_{11} \cap \overline{\text{CC}_{21}}$;$\text{PCCE}_3 = \overline{\text{CC}_{11}} \cap \text{CC}_{21}$;$\text{PCCE}_4 = \text{CC}_{11} \cap \text{CC}_{21}$。

由于这些共因是统计独立的,因此这 4 个事件的发生概率为

$$\Pr(\text{PCCE}_1) = (1-p_{\text{CC}_{11}})(1-p_{\text{CC}_{21}}) = 0.998001$$
$$\Pr(\text{PCCE}_2) = p_{\text{CC}_{11}}(1-p_{\text{CC}_{21}}) = 0.000999$$
$$\Pr(\text{PCCE}_3) = (1-p_{\text{CC}_{11}})p_{\text{CC}_{21}} = 0.000999$$
$$\Pr(\text{PCCE}_4) = p_{\text{CC}_{11}}p_{\text{CC}_{21}} = 0.000001$$

步骤 2 在每个阶段每个 PCCE 下,评估受 PCCF 影响的部件总条件失效概率。

PCCE_1 是无共因发生的事件。因此,在 PCCE_1 下,没有部件受 PCCF 影响。

PCCE_2 是仅有 CC_{11} 发生的事件。在这个事件下,部件 e,h 和 i 在阶段 1 可能会由于 CC_{11} 的发生而失效。例如,基于式(7.9),部件 e 的总条件失效概率为

$$Q_{12e} = 1-(1-q_{1e})(1-q_{11e}) = 0.208$$

类似地,在每个阶段每个 PCCE 下,我们能够得到受 PCCF 影响的所有其他部件的总条件失效概率,如表 7.2 所列。

表 7.2 每个 PCCE 下总条件失效概率

参　　数	PCCE$_1$	PCCE$_2$	PCCE$_3$	PCCE$_4$
e_1	-	0.208	-	0.208
h_1	-	0.505	-	0.505
i_1	-	0.307	-	0.307
e_2	-	-	0.314	0.314
l_2	-	-	0.706	0.706

步骤 3 建立一个不考虑 PCCF 影响的 PMS BDD 模型。不考虑 PCCF 影响的案例 PMS 的故障树模型如图 7.10 所示,相应的 PMS BDD 模型如图 7.13 所示。

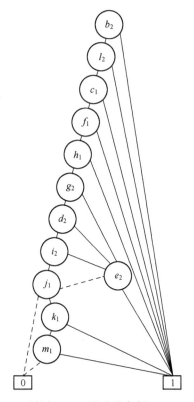

图 7.13 不考虑 PCCF 影响的案例 PMS BDD 模型

步骤 4 评估图 7.13 所示的 BDD 模型。

通过使用表 7.2 所列的总条件失效概率,评估图 7.13 所示的 BDD 模型来计算每个 PCCE 下的 PMS 条件失效概率为

$$\Pr(\text{PMS 失效} \mid \text{PCCE}_1) = 0.08921187$$
$$\Pr(\text{PMS 失效} \mid \text{PCCE}_2) = 0.5802923$$
$$\Pr(\text{PMS 失效} \mid \text{PCCE}_3) = 0.7336815$$
$$\Pr(\text{PMS 失效} \mid \text{PCCE}_4) = 0.88559284$$

步骤 5 用全概率定理评估最终的 PMS 失效概率为

$$UR = \sum_{i=1}^{4} \left[\Pr(\text{PMS 失效} \mid \text{PCCE}_i) \cdot \Pr(\text{PCCE}_i) \right] = 0.09034708$$

通过隐式方法获得的结果与采用显式方法得到的结果完全相同。

7.2.5 比较和讨论

在本节中,我们对受 PCCF 影响的 PMS 的两种可靠性分析方法的空间复杂

度和计算复杂度进行了分析和比较。

1. 空间复杂度

考虑一个具有 m 个阶段和 n 个部件的任务系统,在最坏的情况下,所有 n 个部件对每个阶段任务的失效都有影响。

对于显式方法,如果有 x 个共因,在最坏的情况下,每个共因会影响所有 n 个部件。那么,在生成 BDD 模型中,需要增加 $n·x$ 个伪变量用于代表由 PCCF 导致的部件失效,以及增加 x 个节点用于代表共因的发生。因此,在最坏的情况下,有 $m·n+(n+1)·x$ 个输入变量来生成最终的 BDD。由于 BDD 在最坏情况下的规模复杂度为 $O(2^N/N)$,其中,N 为变量数[12],因此用显式方法生成的 BDD 在最坏情况下的规模复杂度是 $O(2^{m·n+(n+1)·x}/(m·n+(n+1)·x))$。

对于隐式方法,PMS BDD 模型中不包含 PCCF 的影响,在最坏情况下,输入变量的个数是 $m·n$。因此,用隐式方法得到的 BDD 在最坏情况下的规模复杂度是 $O(2^{m·n}/(m·n))$。

根据以上的讨论,我们可以得出这样的结论:显式方法的空间复杂度高于隐式方法。

2. 计算复杂度

通过基于记忆化技术的自下而上评估方法,BDD 评估算法的计算复杂度为 $O(M)$,其中 M 是 BDD 模型中节点的数量[13]。

对于显式方法,由于扩展故障树生成的 BDD 模型只需要评估一次,显式方法的计算复杂度与基于最坏情况下 BDD 规模得到的空间复杂度相同,即为 $O(2^{m·n+(n+1)·x}/(m·n+(n+1)·x))$。

对于隐式方法,假设存在 x 个共因,则 BDD 模型需要以不同的参数评估 2^x 次,所以隐式方法的计算复杂度是 $2^x · O(2^{m·n}/(m·n)) = O(2^{m·n+x}/(m·n))$。

根据以上的讨论,可以得到如下结论:显式方法的计算效率低于隐式方法。

参考文献

[1] XING L,WANG W. Probabilistic common-cause failures analysis[C]. New York:IEEE,2008.

[2] XING L,BODDU P,SUN Y,et al. Reliability analysis of static and dynamic fault-tolerant system subject to probabilistic common-cause failures[J]. Proc. IMechE,Part O:Journal of risk and reliability,2010,224(1):43-53.

[3] RAUSAND M. Risk Assessment:Theory, Methods, and Applications, Hoboken[M]. New York:Wiley,2011.

[4] CHAEE K C. System reliability using binomial failure rate[C]. New York:IEEE,2002.

[5] WANG C,XING L,LEVITIN G. Explicit and Implicit Methods for Probabilistic Common-Cause Failure Analysis[N]. Dartmouth:Elsevier Ltd,2014.

[6] DUGAN J B, DOYLE S A. New results in Fault-Tree analysis[C]//Tutorial Notes of Annual Reliability and Maintainability Symposium. Pennsylvania:Philadelphia,1999.

[7] XING L,AMARI S V. Binary decision diagrams and extension for system reliability analysis[M]. Beverley:Wiley-Scrivener,2015.

[8] WANG C,XING L,LEVIYIN G,Probabilistic common cause failures in phased-mission systems[J]. Reliability engineering & system safety,2005,144:53-60.

[9] ZANG X,SUN H,TRIVEDI K S. A BDD-based algorithm for reliability analysis of phased-mission systems[J]. IEEE transactions on reliability,1999,48(1):50-60.

[10] BOUISSOU M,BRUYERE F,RAUZY A B. BDD based fault-tree processing:A comparison of variable ordering heuristics safety and reliability[C]. Lisbon Portugal:safety reliability ESREL,1997.

[11] WANG C,XING L,VOKKARANE V M,et al. A phased-mission framework for communication reliability in WSN[C]. Reliability and Maintainability Symposium:IEEE,2014.

[12] LIAW H,LIN C. On the OBDD-representation of general Boolean functions[J]. IEEE Transactions on Computers,1992,41(6):661-664.

[13] SHRESTHA A,XING L,DAI Y. Decision diagram based methods and complexity analysis for multi-state systems[J]. IEEE transactions on reliability,2010,59(1):145-161.

第8章

确定性竞争失效

8.1 概　　述

作为共因失效的一种,子系统或系统内某一部件发生的全局性传播失效(PFGE)能够引起整个系统的失效[1]。现已有许多针对 PFGE 的研究工作,如参考文献[2-6]。已有研究发现 PFGE 的发生主要有两类原因:①不完全故障覆盖(见第3章)。尽管存在足够的冗余和容错机制,但假如某一个部件的故障没有被成功地检测或定位,就会传播至整个系统,导致整个系统失效。②由某些系统部件失效引起的对其他部件的破坏性效应。有些类型的失效会导致着火、过热、短路、断电、爆炸等,从而损坏系统内所有其他部件或者使它们无法工作。

但是 PFGE 并不总会导致整个系统失效。具体地,在存在功能相关行为(见第5章)的系统中,触发事件的发生会导致其他部件(称为相关部件)变得不可访问或与系统隔离(即失效隔离效应)。因此,如果触发事件在相关部件失效传播之前发生,该相关部件的失效传播就会被阻止,不会影响系统的其他部分。例如,这种功能相关关系和失效隔离效应可以在分层集群传感器网络中发现。在这类网络中,一簇内的传感器节点可以通过簇头来进行访问,如果簇头失效,该簇中所有的传感器节点将会与网络的其他部分隔离。当触发部件(也就是例子中的簇头)失效发生在相关部件(簇内的传感器节点)的 PFGE 发生之前,失效隔离效应发生。但如果某个传感器节点的传播失效(如干扰攻击)发生在簇头失效之前,干扰攻击的效应就会遍布网络,造成整个网络崩溃。

总之,触发部件的失效与相关部件的传播失效(换句话说,失效隔离效应和失效传播效应)在时域上的竞争使得 PFGE 有两种不同的后果,在接下来的章节中,我们将介绍一些在进行不同类型系统的可靠性分析过程中如何考虑失效隔离效应和传播效应之间的竞争关系的方法。

8.2 单功能相关组单阶段任务系统

在 8.2.2 节介绍考虑竞争失效效应的单阶段二态系统可靠性分析方法之前,我们首先在 8.2.1 节中介绍一种分离的方法来处理一般系统可靠性分析中存在的 PFGE 问题。

8.2.1 PFGE 方法

部件的失效可能会是本地的或传播的。本地失效只会导致失效发生的那些部件损坏,而 PFGE 会导致整个系统失效。我们分别用随机变量 T_{il} 和 T_{ip} 来对本地失效时间和 PFGE 时间的统计过程建模。令 $f_{il}(t)$ 和 $f_{ip}(t)$ 分别代表系统部件 i 的 T_{il} 和 T_{ip} 的概率密度函数,$q_{il}(t)$ 表示在 t 时刻部件 i 的无条件本地失效概率,$q_{ip}(t)$ 表示在 t 时刻部件 i 的无条件传播失效概率,则 $q_{il}(t) = \int_0^t f_{il}(\tau)\mathrm{d}\tau$ 和 $q_{ip}(t) = \int_0^t f_{ip}(\tau)\mathrm{d}\tau$。

如果本地失效和传播失效是统计相关的过程,则需要定义下面的两个条件概率:

(1) $q_{ip|l}(t) = \Pr($部件 i 发生传播失效 | 部件 i 发生本地失效$)$;

(2) $q_{ip|\bar{l}}(t) = \Pr($部件 i 发生传播失效 | 部件 i 没有发生本地失效$)$。

根据文献[2]和文献[4]中简单有效的算法(SEA),可以通过全概率定理得到存在传播失效的系统不可靠性 $U_{sys}(t)$ 为

$$U_{sys}(t) = 1 - P_u(t) + Q(t) \times P_u(t) \tag{8.1}$$

式中:$P_u(t)$ 为

$$P_u(t) = \Pr(没有发生传播失效) = \prod_{\forall i}[1 - q_{ip}(t)] \tag{8.2}$$

如果本地失效和传播失效是统计相关的,$q_{ip}(t)$ 使用全概率定理计算为

$$\begin{aligned}q_{ip}(t) &= \Pr(部件\ i\ 发生传播失效) \\ &= \Pr(部件\ i\ 发生传播失效 \cap 部件\ i\ 发生本地失效) + \\ &\quad \Pr(部件\ i\ 发生传播失效 \cap 部件\ i\ 没有发生本地失效) \\ &= q_{ip \cap l}(t) + q_{ip \cap \bar{l}}(t) = q_{il}q_{ip|l} + (1 - q_{il})q_{ip|\bar{l}}\end{aligned} \tag{8.3}$$

式(8.1)中的 $Q(t)$ 是给定传播失效没有发生条件下的系统条件失效概率,可以采用忽略传播失效的任何方法评估,如二元决策图法[4,7]。但在计算 $Q(t)$ 时,必须使用部件没有发生 PFGE 条件下的条件失效概率 $q_i(t)$。

当本地失效和传播失效统计独立时,可使用下式计算部件的条件失效

概率：

$$q_i(t) = \Pr(\text{发生本地失效} \mid \text{没有发生传播失效})$$

$$= \frac{\Pr(\text{发生本地失效} \cap \text{没有发生传播失效})}{\Pr(\text{没有发生传播失效})}$$

$$= \frac{\Pr(\text{发生本地失效}) \times \Pr(\text{没有发生传播失效})}{\Pr(\text{没有发生传播失效})} \quad (8.4)$$

$$= \Pr(\text{发生本地失效}) = q_{il}(t) = \int_0^t f_{il}(\tau)\,\mathrm{d}\tau$$

当本地失效和传播失效统计相关时，此部件条件失效概率可以这样计算：

$$q_i(t) = \Pr(\text{发生本地失效} \mid \text{没有发生传播失效})$$

$$= \frac{\Pr(\text{发生本地失效} \cap \text{没有发生传播失效})}{\Pr(\text{没有发生传播失效})}$$

$$= \frac{\Pr(\text{发生本地失效}) \times \Pr(\text{没有发生传播失效} \mid \text{发生本地失效})}{\Pr(\text{没有发生传播失效})} \quad (8.5)$$

$$= \frac{q_{il} \cdot q_{\bar{ip}\mid l}}{1 - q_{ip}} = \frac{q_{il}(1 - q_{ip\mid l})}{1 - q_{ip}}$$

当本地失效和传播失效是互斥的（或不相交的），部件条件失效概率用下式计算：

$$q_i(t) = \Pr(\text{发生本地失效} \mid \text{没有发生传播失效})$$

$$= \frac{\Pr(\text{发生本地失效} \cap \text{没有发生传播失效})}{\Pr(\text{没有发生传播失效})}$$

$$= \frac{\Pr(\text{发生本地失效}) \times \Pr(\text{没有发生传播失效} \mid \text{发生本地失效})}{\Pr(\text{没有发生传播失效})} \quad (8.6)$$

$$= \frac{q_{il} \cdot 1}{1 - q_{ip}} = \frac{q_{il}}{1 - q_{ip}}$$

8.2.2 组合算法

本节介绍一种通用方法，其通过3个步骤来对受竞争失效影响的不可修二态系统进行可靠性分析。注意这个方法只对有一个功能相关组（即触发—相关部件传播失效组），或有多个相互独立且不重叠的功能相关组的系统具有通用性和适用性。这种方法适用于服从任何寿命分布的系统部件。

步骤1 定义3个不同的事件（R_i）来代表触发部件和它相应的相关部件的不同失效顺序，并计算这些事件发生的概率。

R_1 = "触发部件没有发生本地失效"。设触发部件 A 的无条件本地失效事

件为 Y_{Al}，$\Pr(R_1)$ 计算如下：

$$\Pr(R_1) = \Pr(\overline{Y_{Al}}) = 1 - \int_0^t f_{Al}(\tau_1)\mathrm{d}\tau_1 = 1 - q_{Al}(t) \quad (8.7)$$

注意，如果触发部件除了会发生本地失效外还会发生传播失效，则要在进行第一步之前，用8.2.1节中提到的PFGE方法将触发部件的传播失效效应隔离。当触发部件的本地失效和传播失效相互独立、相关或互斥时，式(8.7)中的 $q_{Al}(t)$ 需要分别用式(8.5)、式(8.6)或式(8.7)计算得出的 $q_A(t)$ 代替。此外，式(8.11)中触发部件 A 的本地失效时间 pdf，即 $f_{Al}(\tau_2)$，可由 $\mathrm{d}q_A(t)/\mathrm{d}t$ 计算得到。

R_2 = "至少有一个相关部件的全局失效发生在触发部件的本地失效之前"。假定对应触发部件 A 有 n 个相关部件 $D_1, D_2, \cdots, D_n$，这些相关部件发生传播失效的事件分别为 $Y_{D1p}, Y_{D2p}, \cdots,$ 和 Y_{Dnp}，则 $\Pr(R_2)$ 计算如下：

$$\Pr(R_2) = \Pr\{(Y_{D1p} \cup Y_{D2p} \cup \cdots \cup Y_{Dnp}) \to Y_{Al}\} \quad (8.8)$$

这里 $\Pr\{(Y_{D1p} \cup Y_{D2p} \cup \cdots \cup Y_{Dnp})\}$ 可以这样计算为

$$\Pr\{(Y_{D1p} \cup Y_{D2p} \cup \cdots \cup Y_{Dnp})\} = \Pr\{\overline{(\overline{Y_{D1p}} \cap \overline{Y_{D2p}} \cap \cdots \cap \overline{Y_{Dnp}})}\}$$
$$= 1 - \Pr\{\overline{Y_{D1p}} \cap \overline{Y_{D2p}} \cap \cdots \cap \overline{Y_{Dnp}}\} = 1 - \Pr(\overline{Y_{D1p}}) \times \Pr(\overline{Y_{D2p}}) \times \cdots \times \Pr(\overline{Y_{Dnp}}) \quad (8.9)$$

一般来说，n 个部件顺序失效概率可通过式(8.10)[8]得到：

$$\Pr(X_1 \to X_2 \to \cdots \to X_n) = \int_0^t \int_{\tau_1}^t \cdots \int_{\tau_{n-1}}^t \prod_{j=1}^n f_{X_j}(\tau_j)\mathrm{d}\tau_n \cdots \mathrm{d}\tau_2 \mathrm{d}\tau_1 \quad (8.10)$$

式中：$X_1, \cdots, X_n$ 为代表这 n 个部件失效时间的随机变量。

应用式(8.10)，式(8.8)可经过计算得到：

$$\Pr(R_2) = \Pr\{(Y_{D1p} \cup Y_{D2p} \cup \cdots \cup Y_{Dnp}) \to Y_{Al}\}$$
$$= \int_0^t \int_{\tau_1}^t f_{(Y_{D1p} \cup \cdots \cup Y_{Dnp})}(\tau_1) f_{Al}(\tau_2) \mathrm{d}\tau_2 \mathrm{d}\tau_1 \quad (8.11)$$

式中

$$f_{(Y_{D1p} \cup Y_{D2p} \cup \cdots \cup Y_{Dnp})}(t) = \frac{\mathrm{d}\{\Pr(Y_{D1p} \cup Y_{D2p} \cup \cdots \cup Y_{Dnp})\}}{\mathrm{d}t} \quad (8.12)$$

注意，如果相关部件无传播失效时，$\Pr(R_2) = 0$。

R_3 = "在任何一个相关部件发生传播失效之前，触发部件发生本地失效"。由于这3个事件构成了一个完整的事件空间，则 $\Pr(R_3)$ 可以简单地计算为

$$\Pr(R_3) = 1 - \Pr(R_1) - \Pr(R_2)$$

步骤2 计算在发生事件 R_i 的前提下系统失效的条件概率，即 $\Pr(系统失效 | R_i)$，这里 $i \in \{1, 2, 3\}$。

移除触发失效事件后，将8.2.1节介绍的PFGE方法应用到系统可靠性建

模中,计算 Pr(系统失效 | R_1)。

Pr(系统失效 | R_2)总是等于 1,原因是当"至少有一个相关部件引发 PFGE"以及"没有失效隔离效应"时,系统总是会失效。

在简化故障树的基础上计算 Pr(系统失效 | R_3)。当 R_3 发生,失效隔离效应必然会发生。因此,系统故障树模型中代表触发部件和相应的相关部件失效的事件可以用常数"1"(真)代替,接下来利用布尔化简(使用准则 $1+x=1$ 和 $1 \cdot x = x$,这里的 x 代表布尔变量)得到简化故障树模型,进而计算出 Pr(系统失效 | R_3)。

步骤3 基于全概率定理[9],计算整个系统的不可靠性:

$$U_{sys} = \sum_{i=1}^{3} [\text{Pr}(系统失效 | R_i) \times \text{Pr}(R_i)] \tag{8.13}$$

8.2.3 案例分析

在这个部分,用一个案例分析来说明 8.2.2 介绍的方法的应用。

8.2.3.1 案例系统

图 8.1 是一个带有存储子系统的计算机系统,它受竞争性 PFGE 和失效隔离效应的影响。这个存储子系统由一个独立的存储模块(MM)和两个存储芯片(MC_1 和 MC_2)组成,CPU 通过一个存储接口单元(MIU)对存储芯片进行访问,换句话说,这两个存储芯片与 MIU 功能相关。当两个存储芯片都工作或独立的存储模块工作时,存储子系统工作。为了简化这个案例中的符号,在后面的论述中分别用 A、B、C、D 来代表 MIU、MC_1、MC_2 和 MM。

图 8.2 给出了案例系统的故障树模型,在这里 FDEP 门被用来对部件 {B, C} 和 A 之间的功能相关关系建模;A 是一个触发部件,而 B 和 C 都是和 A 功能相关的相关部件。4 个部件都会发生本地失效,只有部件 B 和 C 会发生 PFGE。

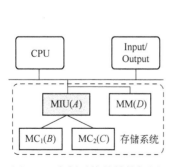

图 8.1 案例系统的结构框图

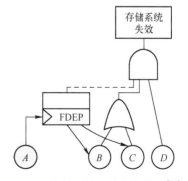

图 8.2 案例系统的故障树模型[10]

8.2.2节介绍的组合方法适用于部件失效时间服从任意分布的系统可靠性分析。在这个案例分析中,假设所有部件的本地失效时间和传播失效时间都服从指数分布。令λ_{Al}、λ_{Bl}、λ_{Cl}和λ_{Dl}分别代表部件A、B、C和D的本地失效概率;令λ_{Bp}和λ_{Cp}分别代表部件B和C的无条件传播失效概率。当本地失效和传播失效相关的情况下,给定条件失效概率来描述这种相关性:$\lambda_{Bp|l}$和$\lambda_{Bp|\bar{l}}$分别代表在本地失效发生和不发生的条件下,部件B的条件传播失效概率。有两种类型的相关关系:正相关和负相关,如果一个部件的本地失效导致其传播失效发生的可能性有上升的趋势,则发生正相关,即$\lambda_{Bp|l} > \lambda_{Bp|\bar{l}}$;如果一个部件的本地失效导致其传播失效发生的可能性有下降的趋势,则发生负相关,即$\lambda_{Bp|l} < \lambda_{Bp|\bar{l}}$。类似地,$\lambda_{Cp|l}$和$\lambda_{Cp|\bar{l}}$是部件$C$的条件失效概率。

对于每一个部件i,本地失效时间和传播失效时间的概率密度函数分别为

$$f_{il}(t) = \lambda_{il} e^{-\lambda_{il} t}, \quad f_{ip}(t) = \lambda_{ip} e^{-\lambda_{ip} t} \tag{8.14}$$

因此,每个部件的本地失效概率和传播失效概率分别为

$$q_{il}(t) = \int_0^t f_{il}(\tau) d\tau = 1 - e^{-\lambda_{il} t}, \quad q_{ip}(t) = \int_0^t f_{ip}(\tau) d\tau = 1 - e^{-\lambda_{ip} t} \tag{8.15}$$

式中:$i \in \{A, B, C, D\}$。

8.2.3.2 具体分析

我们选择同一个部件的本地失效和传播失效是统计独立的例子来一步一步解释这个方法。8.2.3.1案例存储系统的分析步骤如下:

步骤1 定义3个不同的事件(R_i)并计算出它们发生的概率。

R_1:触发部件A没有发生本地失效。由于部件A的本地失效服从指数分布,根据式(8.7)可知

$$\Pr(R_1) = \Pr(\overline{Y_{Al}}) = 1 - (1 - e^{-\lambda_{Al} t}) = e^{-\lambda_{Al} t} \tag{8.16}$$

R_2:在触发部件A发生本地失效之前,至少有一个部件(B_p或C_p)发生全局失效。R_2的发生概率为

$$\Pr(R_2) = \Pr[(Y_{Bp} \cup Y_{Cp}) \to Y_{Al}] \tag{8.17}$$

根据式(8.9),$\Pr(Y_{Bp} \cup Y_{Cp})$可以计算如下:

$$\Pr(Y_{Bp} \cup Y_{Cp}) = \Pr(\overline{\overline{Y_{Bp}} \cap \overline{Y_{Cp}}}) = 1 - \Pr(\overline{Y_{Bp}} \cap \overline{Y_{Cp}})$$
$$= 1 - \Pr(\overline{Y_{Bp}}) \cdot \Pr(\overline{Y_{Cp}}) = 1 - e^{-(\lambda_{Bp} + \lambda_{Cp}) t} \tag{8.18}$$

运用式(8.11),

$$\Pr(R_2) = \Pr[(Y_{Bp} \cup Y_{Cp}) \to Y_{Al}] = \int_0^t \int_{\tau_1}^t f_{Y_{Bp} \cup Y_{Cp}}(\tau_1) f_{Al}(\tau_2) d\tau_2 d\tau_1 \tag{8.19}$$

基于式(8.12),

$$f_{Y_{Bp}\cup Y_{Cp}}(t)=\frac{\mathrm{d}[\Pr(Y_{Bp}\cup Y_{Cp})]}{\mathrm{d}t}=\frac{\mathrm{d}[1-\mathrm{e}^{-(\lambda_{Bp}+\lambda_{Cp})t}]}{\mathrm{d}t}=(\lambda_{Bp}+\lambda_{Cp})\mathrm{e}^{-(\lambda_{Bp}+\lambda_{Cp})t}$$
(8.20)

因此,有

$$\Pr(R_2)=\Pr[(Y_{Bp}\cup Y_{Cp})\to Y_{Al}]$$
$$=\int_0^t\int_{\tau_1}^t(\lambda_{Bp}+\lambda_{Cp})\mathrm{e}^{-(\lambda_{Bp}+\lambda_{Cp})\tau_1}\lambda_{Al}\mathrm{e}^{-\lambda_{Al}\tau_2}\mathrm{d}\tau_2\mathrm{d}\tau_1$$
(8.21)
$$=\frac{\lambda_{Al}}{\lambda_{Al}+\lambda_{Bp}+\lambda_{Cp}}\mathrm{e}^{-(\lambda_{Al}+\lambda_{Bp}+\lambda_{Cp})t}-\mathrm{e}^{-\lambda_{Al}t}+\frac{\lambda_{Bp}+\lambda_{Cp}}{\lambda_{Al}+\lambda_{Bp}+\lambda_{Cp}}$$

R_3:在任何一个相关部件发生传播失效之前,触发部件 A 发生本地失效。R_3 发生的概率为

$$\Pr(R_3)=1-\Pr(R_1)-\Pr(R_2)$$
$$=\frac{\lambda_{Al}}{\lambda_{Al}+\lambda_{Bp}+\lambda_{Cp}}-\frac{\lambda_{Al}}{\lambda_{Al}+\lambda_{Bp}+\lambda_{Cp}}\mathrm{e}^{-(\lambda_{Al}+\lambda_{Bp}+\lambda_{Cp})t}$$
(8.22)

步骤 2 计算系统在给定 R_i 发生条件下的条件失效概率。

$\Pr(系统失效\mid R_1)$:当 R_1 发生,也就是说当触发部件 A 正常工作时,不存在失效隔离效应。$\Pr(系统失效\mid R_1)$ 可以通过去掉触发事件后,将8.2.1介绍的 PFGE 方法应用到系统可靠性模型中来进行计算。对于本例,计算 $\Pr(系统失效\mid R_1)$ 的简化故障树模型如图 8.3 所示。

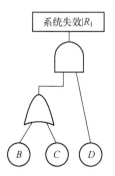

图 8.3 计算 $\Pr(系统失效\mid R_1)$ 的简化故障树模型

运用式(8.1),$\Pr(系统失效\mid R_1)$ 可计算如下:

$$\Pr(系统失效\mid R_1)=1-P_u(t)+Q(t)\times P_u(t)$$
(8.23)

根据式(8.2)、式(8.23)中的 $P_u(t)$ 可计算如下:

$$P_u(t)=\Pr(没有发生传播失效)$$
$$=[1-q_{Bp}(t)]\cdot[1-q_{Cp}(t)]=\mathrm{e}^{-(\lambda_{Bp}+\lambda_{Cp})t}$$
(8.24)

式(8.23)中的 $Q(t)$ 可以通过求解忽略所有传播失效后的简化故障树得到。为了计算 $Q(t)$，需要使用部件的条件失效概率。根据式(8.4)有

$$q_B = q_{Bl} = 1 - e^{-\lambda_{Bl} t}, \quad q_C = q_{Cl} = 1 - e^{-\lambda_{Cl} t} \tag{8.25}$$

图 8.3 中简化故障树对应的二元决策图(BDD)模型[10]如图 8.4 所示。从根节点到汇聚节点"1"有两条路径：D→B→"1" 和 D→¬B→C→"1"。

$Q(t)$ 可以通过使用部件的条件失效概率，求两条路径的概率之和而得到：

$$\begin{aligned} Q(t) &= q_D(t) q_B(t) + q_D(t)[1 - q_B(t)] q_C(t) \\ &= (1 - e^{-\lambda_{Dl} t})(1 - e^{-\lambda_{Bl} t}) + (1 - e^{-\lambda_{Dl} t}) e^{-\lambda_{Bl} t}(1 - e^{-\lambda_{Cl} t}) \\ &= 1 - e^{-\lambda_{Dl} t} - e^{-(\lambda_{Bl} + \lambda_{Cl}) t} + e^{-(\lambda_{Bl} + \lambda_{Cl} + \lambda_{Dl}) t} \end{aligned} \tag{8.26}$$

根据式(8.1)、式(8.24)、式(8.26)，在 R_1 发生的前提下系统的条件失效概率为

$$\begin{aligned} &\Pr(\text{系统失效} \mid R_1) \\ &= 1 - P_u(t) + P_u(t) Q(t) \\ &= 1 - e^{-(\lambda_{Bp} + \lambda_{Cp}) t} [e^{-\lambda_{Dl} t} + e^{-(\lambda_{Bl} + \lambda_{Cl}) t} - e^{-(\lambda_{Bl} + \lambda_{Cl} + \lambda_{Dl}) t}] \end{aligned} \tag{8.27}$$

$\Pr(\text{系统失效} \mid R_2)$：在触发部件 A 失效之前，至少有一个相关部件(B_p 或 C_p)已经发生全局失效，因此，无失效隔离，系统发生失效。在 R_2 发生前提下系统的失效概率为

$$\Pr(\text{系统失效} \mid R_2) = 1 \tag{8.28}$$

$\Pr(\text{系统失效} \mid R_3)$：在任何相关部件的传播失效发生之前，触发部件 A 失效，此时，失效隔离效应产生。因此，部件 B 和 C 两者的传播失效被触发部件 A 的失效隔离，未对整个系统产生全局性失效效应。在运用 8.2.2 介绍的简化程序后，评估 $\Pr(\text{系统失效} \mid R_3)$ 的简化故障树模型如图 8.5 所示。

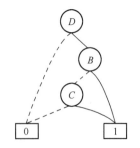

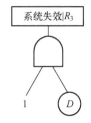

图 8.4　计算 $Q(t)$ 的 BDD 模型　　图 8.5　$\Pr(\text{系统失效} \mid R_3)$ 的简化故障树模型

根据图 8.5，在 R_3 发生的前提下，系统的条件失效概率为

$$\Pr(\text{系统失效} \mid R_3) = \Pr(Y_D) = 1 - e^{-\lambda_{Dl} t} \tag{8.29}$$

步骤3 根据式(8.13),存在统计独立的本地失效和传播失效的案例存储系统的不可靠性,可以通过整合式(8.16)、式(8.21)、式(8.22)、式(8.27)~式(8.29)得到

$$U_{sys}(t) = \sum_{i=1}^{3} \left[\Pr(\text{系统失效} \mid R_i) \times \Pr(R_i) \right]$$

$$= 1 - e^{-(\lambda_{Al} + \lambda_{Bl} + \lambda_{Bp} + \lambda_{Cl} + \lambda_{Cp})t} - \frac{\lambda_{Al}}{\lambda_{Al} + \lambda_{Bp} + \lambda_{Cp}} e^{-\lambda_{Dl} t}$$

$$- \frac{\lambda_{Bp} + \lambda_{Cp}}{\lambda_{Al} + \lambda_{Bp} + \lambda_{Cp}} e^{-(\lambda_{Al} + \lambda_{Bp} + \lambda_{Cp} + \lambda_{Dl})t} + e^{-(\lambda_{Al} + \lambda_{Bl} + \lambda_{Cp} + \lambda_{Cl} + \lambda_{Dl})t}$$

(8.30)

对于其他的两种情况,即相同部件的本地失效和传播失效是统计相关或互斥的情况,也可以类似地使用8.2.2介绍的三步法计算。

代入数值,$\lambda_{Al} = 0.0001/h$,$\lambda_{Bl} = \lambda_{Cl} = \lambda_{Dl} = 0.0002/h$,$\lambda_{Bp} = \lambda_{Cp} = 0.00001/h$(独立和互斥的情况),$\lambda_{Bp|l} = \lambda_{Cp|l} = 0.00003/h$,$\lambda_{Bp|\bar{l}} = \lambda_{Cp|\bar{l}} = 0.00001/h$(相关的情况,在此案例中假设是正相关),则对于案例系统的3种情况下的不可靠性如表8.1所列。

表8.1 案例系统的不可靠性分析结果

任务时间 t/h	1000	5000	10000
统计相关	0.0943	0.6417	0.8949
统计独立	0.0889	0.6128	0.8757
互斥[10]	0.0894	0.6207	0.8799

从表8.1中可以看出,在本地失效和传播失效互相独立的情况下,系统的不可靠性要比这两种失效是互斥的情况下低。事实上,在独立的情况下,两种类型的失效同时发生的概率不为零,不像互斥的情况下,这两种类型的失效不能同时发生。但是,对于相同的部件参数值,独立情况下部件可靠性比互斥情况下的可靠性要高。原因在于独立情况下,部件可靠性,也就是部件不发生本地失效和传播失效的概率为$[1-q_{il}(t)] \times [1-q_{ip}(t)]$;但是在互斥的情况下,部件的可靠性是$[1-q_{il}(t)-q_{ip}(t)]$,小于$[1-q_{il}(t)] \times [1-q_{ip}(t)]$。因此,在独立情况下基于部件可靠性计算的系统不可靠性要低于互斥情况下的系统不可靠性。直观上,相关情况下系统的不可靠性要高于独立或互斥的情况,原因是案例输入参数为正相关[11]情况下,部件发生本地失效会导致发生传播失效的可能性增加。

8.3 多功能相关组单阶段任务系统

本节研究存在多个相关 FDEP 组的不可修二态系统的可靠性分析问题。

8.3.1 组合算法

对于存在竞争失效的多触发部件系统可靠性分析的组合算法,可描述为以下 3 步过程[12]。

步骤 1 构建一个基于触发部件失效的事件空间。

假设有 m 个不同的触发部件,则需要构建一个由 2^m 个组合事件构成的事件空间。每一个事件是 m 个触发部件失效或不失效的组合,称为一个组合触发事件(CTE)。定义 CTE_i 为第 i 个组合触发事件($i=1,2,\cdots,2^m$)。基于全概率法则[9],系统失效概率为

$$\text{UR}(t) = \sum_{i=1}^{2^m} \left[\text{Pr}(\text{系统失效} \mid CTE_i) \times \text{Pr}(CTE_i) \right] \tag{8.31}$$

步骤 2 分离每一个 CTE_i 的传播效应。

根据相关部件传播失效的隔离状态,每一个 CTE_i 可以分解为两个互补的事件 $R_{1,i}$ 和 $R_{2,i}$,有 $\text{Pr}(CTE_i) = \text{Pr}(R_{1,i}) + \text{Pr}(R_{2,i})$,此处,$R_{1,i}$:所有传播失效都被相应触发部件的失效所隔离的事件;$R_{2,i}$:至少有一个传播失效没有被隔离的事件。

事件 $R_{2,i}$ 发生,意味着当 FDEP 组中相关部件发生传播失效时,相应的触发部件没有失效或其失效在相关部件发生传播失效之后发生。然而,事件 $R_{1,i}$ 发生,则意味着每一个相关部件的传播失效要么在相应触发部件失效之后发生,要么根本不发生。为了计算 $R_{1,i}$ 发生的概率,需要考虑当相应触发部件失效时,FDEP 组中的相关部件所有传播失效发生和不发生的组合。因此,计算 $R_{2,i}$ 发生的概率比计算 $R_{1,i}$ 发生的概率更为直接,更为简单。所以,在这一步中首先计算 $R_{2,i}$ 发生的概率,之后 $R_{1,i}$ 发生的概率可以简单地计算为

$$\text{Pr}(R_{1,i}) = \text{Pr}(CTE_i) - \text{Pr}(R_{2,i}) \tag{8.32}$$

在事件 $R_{1,i}$ 发生的情况下,所有相关部件的 PFGE 都被隔离或者根本不发生。$\text{Pr}(\text{系统失效} \mid R_{1,i})$ 可以通过构建一个简化故障树并求解得到。在简化过程中,必须要确定每一个 FDEP 门的触发事件:如果触发事件发生,那么去掉触发部件和相应的 FEDP 门,相关部件用常数"1"(真)来代替;如果触发事件不发生,同样去掉触发部件和相应的 FEDP 门,将相关部件保留在故障树中。然后,利用布尔化简对故障树进行化简。之后,通过 BDD 方法[13]求解简化故障树。

当 $R_{2,i}$ 发生,系统失效,则有 $\Pr(系统失效 \mid R_{2,i}) = 1$。

每一个式(8.31)中的子表达式可以计算如下：

$\Pr(系统失效 \mid \text{CTE}_i) \times \Pr(\text{CTE}_i)$

$= \Pr(系统失效 \mid R_{1,i}) \times \Pr(R_{1,i}) + \Pr(系统失效 \mid R_{2,i}) \times \Pr(R_{2,i})$ (8.33)

$= \Pr(系统失效 \mid R_{1,i}) \times \Pr(R_{1,i}) + \Pr(R_{2,i})$

步骤3 合并求得系统失效概率。

基于第一步和第二步的结果,系统的失效概率可以利用式(8.31)计算。

注意此方法并没有处理除了相关部件以外的非相关部件的PFGE。PFGE方法(8.2.1节)能够被运用来处理所有非相关部件的PFGE。具体地,下面这一步可以加在三步法之前：

步骤4 从解决方案组合中把所有非相关部件的传播失效影响分离出来。基于PFGE方法,系统失效概率可以这样得到：

$UR(t) = \Pr(系统失效 \mid 至少有一个非相关元件发生 PFGE) \times$

$\Pr(至少有一个非相关元件发生 PFGE) +$

$\Pr(系统失效 \mid 没有非相关元件发生 PFGE) \times$ (8.34)

$\Pr(没有非相关元件发生 PFGE)$

$= 1 - P_u(t) + Q(t) \times P_u(t)$

上式的 $P_u(t)$ 是触发部件和其他的非相关部件都不发生 PFGE 的概率。$Q(t)$ 是在非相关部件不发生 PFGE 条件下的系统条件失效概率,可以使用上面介绍的三步法计算出。

8.3.2 案例分析

在计算机内部的存储系统是由3个相同的存储芯片(MC_1, MC_2, MC_3)和两个相同的存储接口单元(MIU_1 和 MIU_2)组成。存储芯片通过存储接口单元被访问：MC_1 只能通过 MIU_1 被访问,MC_2 既可以通过 MIU_1 又可以通过 MIU_2 被访问,MC_3 只能通过 MIU_2 被访问,换句话说,存储芯片和接口单元功能相关。当3个存储芯片中的任意两个失效,则系统失效。图8.6为存储系统的故障树模型。

表8.2列出了存储系统每一个部件的本地失效概率和传播失效概率。假设本地失效和传播失效是相互独立的。案例中假设系统部件的失效时间服从指数分布。失效率为 λ 的指数分布的概率密度函数和累积分布函数分别如式(8.35)和式(8.36)所示。值得注意的是,本节介绍的方法对系统部件的失效时间分布类型没有限制。

$$f(t) = \lambda e^{-\lambda t} \quad (8.35)$$

$$F(t) = 1 - e^{-\lambda t} \quad (8.36)$$

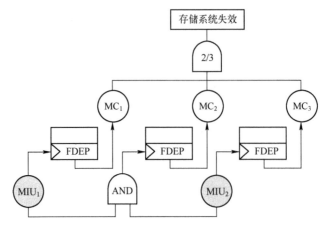

图 8.6 案例存储系统的故障树模型

表 8.2 系统部件失效率

部　件	传播失效率/h^{-1}	本地失效率/h^{-1}
MC_i	0.00005	0.0002
MIU_i	0	0.0001

以下用本节的方法来分析案例系统在任务时间为 $t=1000h$ 的可靠性。

步骤 1　建立一个基于触发部件失效的事件空间。

本例有两个触发部件,因此建立一个包括 $2^2=4$ 个组合触发事件的事件空间,如表 8.3 所列。

表 8.3　考虑触发部件失效的事件空间

事件编号	事件定义
CTE_1	$\overline{MIU_{1l}} \cap \overline{MIU_{2l}}$
CTE_2	$MIU_{1l} \cap \overline{MIU_{2l}}$
CTE_3	$\overline{MIU_{1l}} \cap MIU_{2l}$
CTE_4	$MIU_{1l} \cap MIU_{2l}$

步骤 2　对于每一个 CTE_i,分离传播效应。

CTE_1:无触发部件失效。

CTE_1 的发生概率为

$$\Pr(CTE_1)=\Pr(\overline{MIU_{1l}} \cap \overline{MIU_{2l}})=0.81873 \qquad (8.37)$$

$R_{2,1}$:至少有一个传播失效未被隔离。在这个事件中,如果任意一个相关部件发生 PFGE,$R_{2,1}$ 发生。$R_{2,1}$ 的发生概率为

$$\Pr(R_{2,1}) = \Pr[\,(\overline{\text{MIU}_{1l}} \cap \overline{\text{MIU}_{2l}}) \cap (\text{MC}_{1p} \cup \text{MC}_{2p} \cup \text{MC}_{3p})\,] = 0.11404 \tag{8.38}$$

$R_{1,1}$: $R_{1,1}$ 的发生概率为

$$\Pr(R_{1,1}) = \Pr(\text{CTE}_1) - \Pr(R_{2,1}) = 0.70469 \tag{8.39}$$

图 8.7(a)给出了计算 $\Pr($系统失效$|R_{1,1})$ 的简化故障树模型。为了对 8.7(a)的故障树做 BDD 转换,首先,将 2/3 表决门展开成一系列与门和或门,如图 8.7(b)所示,然后,利用 2.4 节中式(2.23)中的传统 BDD 操作规则自下而上构建 BDD 模型。图 8.8 是计算 $\Pr($系统失效$|R_{1,1})$ 的最终 BDD 模型。

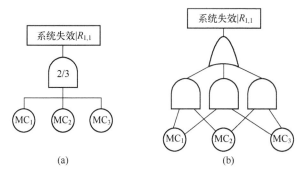

图 8.7 计算 $\Pr($系统失效$|R_{1,1})$ 的简化故障树模型

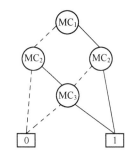

图 8.8 计算 $\Pr($系统失效$|R_{1,1})$ 的 BDD 模型

在图 8.8 中,我们只要把 BDD 模型中从根节点到汇聚节点"1"的所有路径的概率求和,就可以计算出案例存储系统的 $\Pr($系统失效$|R_{1,1})$,即

$\Pr($系统失效$|R_{1,1})$

$= \Pr(\text{MC}_{1l} \cap \text{MC}_{2l}) + \Pr(\text{MC}_{1l} \cap \overline{\text{MC}_{2l}} \cap \text{MC}_{3l}) + \Pr(\overline{\text{MC}_{1l}} \cap \text{MC}_{2l} \cap \text{MC}_{3l})$

$= 0.08666$

$$\tag{8.40}$$

CTE_2: 只有 MIU_1 失效。CTE_2 的发生概率为

$$\Pr(\mathrm{CTE}_2) = \Pr(\mathrm{MIU}_{1l} \cap \overline{\mathrm{MIU}_{2l}}) = 0.08611 \tag{8.41}$$

$R_{2,2}$:至少有一个传播失效没有被隔离。在这个子事件中,MC_2 或者 MC_3 发生传播失效,或者 MC_1 的传播失效发生在 MIU_1 失效之前。令 $A \to B$ 代表 A 先于 B 发生的事件,$R_{2,2}$ 的发生概率为

$$\Pr(R_{2,2}) = \Pr\{[(\mathrm{MC}_{2p} \cup \mathrm{MC}_{3p}) \cap \mathrm{MIU}_{1l}] \cup (\mathrm{MC}_{1p} \to \mathrm{MIU}_{1l})\} \cdot \Pr(\overline{\mathrm{MIU}_{2l}}) \tag{8.42}$$

式(8.42)可以通过对参与到顺序事件中变量的 pdf 进行多重积分,并利用包含/互斥(I/E)法[5,9]计算得到。特别地,对于 n 个统计独立事件 $Y_1, Y_2, \cdots,$ 和 Y_n,其相应的 pdf 为 $f_{Y_i}(\tau_i)(i=1,2,\cdots,n)$,则顺序事件 $Y_1 \to Y_2 \to \cdots \to Y_n$ 的发生概率可以通过下面的多重积分计算:

$$\Pr\{Y_1 \to Y_2 \to \cdots \to Y_n\} = \int_0^t \int_{\tau_1}^t \cdots \int_{\tau_{n-1}}^t \prod_{i=1}^n f_{Y_i}(\tau_i) \mathrm{d}\tau_n \cdots \mathrm{d}\tau_1 \tag{8.43}$$

利用表 8.2 中的参数,$R_{2,2}$ 的发生概率为

$$\Pr(R_{2,2}) = 0.01008 \tag{8.44}$$

$R_{1,2}$:$R_{1,2}$ 的发生概率为

$$\Pr(R_{1,2}) = \Pr(\mathrm{CTE}_2) - \Pr(R_{2,2}) = 0.07603 \tag{8.45}$$

计算 $\Pr($系统失效$|R_{1,2})$ 的简化故障树如图 8.9 所示。图 8.10 是计算 $\Pr($系统失效$|R_{1,2})$ 相应的 BDD 模型。

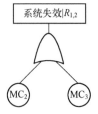

图 8.9 $\Pr($系统失效$|R_{1,2})$ 的简化故障树模型

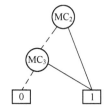

图 8.10 计算 $\Pr($系统失效$|R_{1,2})$ 的 BDD 模型

由图 8.10,可以计算出案例存储系统的 $\Pr($系统失效$|R_{1,2})$:

$$\Pr(\text{系统失效} | R_{1,2}) = 0.32968 \tag{8.46}$$

CTE_3:只有 MIU_2 失效。CTE_3 的发生概率为

$$\Pr(\mathrm{CTE}_3) = \Pr(\overline{\mathrm{MIU}_{1l}} \cap \mathrm{MIU}_{2l}) = 0.08611 \tag{8.47}$$

$R_{2,3}$:至少有一个传播失效没有被隔离。在这个子事件中,MC_1 或 MC_2 发生传播失效,或者 MC_3 在 MIU_2 失效之前发生传播失效。$R_{2,3}$ 的发生概率为

$$\Pr(R_{2,3}) = \Pr\{[(\mathrm{MC}_{1p} \cup \mathrm{MC}_{2p}) \cap \mathrm{MIU}_{2l}] \cup (\mathrm{MC}_{3p} \to \mathrm{MIU}_{2l})\} \cdot \Pr(\overline{\mathrm{MIU}_{1l}}) = 0.01008 \tag{8.48}$$

$R_{1,3}$：$R_{1,3}$的发生概率为

$$\Pr(R_{1,3}) = \Pr(\mathrm{CTE}_3) - \Pr(R_{2,3}) = 0.07603 \quad (8.49)$$

图 8.11 是计算 $\Pr($系统失效$\mid R_{1,3})$ 的简化故障树模型。图 8.12 是计算 $\Pr($系统失效$\mid R_{1,3})$ 相应的 BDD 模型。

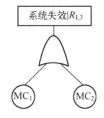 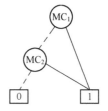

图 8.11　$\Pr($系统失效$\mid R_{1,3})$　　　图 8.12　计算 $\Pr($系统失效$\mid R_{1,3})$
的简化故障树模型　　　　　　　　　的 BDD 模型

由图 8.12，我们能计算出案例存储系统的 $\Pr($系统失效$\mid R_{1,3})$ 为

$$\Pr(\text{系统失效} \mid R_{1,3}) = 0.32968 \quad (8.50)$$

CTE$_4$：两个触发部件都失效。CTE$_4$ 的发生概率为

$$\Pr(\mathrm{CTE}_4) = \Pr(\mathrm{MIU}_{1l} \cap \mathrm{MIU}_{2l}) = 0.00906 \quad (8.51)$$

$R_{2,4}$：至少有一个传播失效没有被隔离。在这个子事件中，在相应的触发部件失效之前，3 个 MC 中至少有一个发生传播失效。$R_{2,4}$ 的发生概率为

$$\begin{aligned}
&\Pr(R_{2,4}) \\
&= \Pr\left\{ \begin{array}{l} [(\mathrm{MC}_{1p} \to \mathrm{MIU}_{1l}) \cap \mathrm{MIU}_{2l}] \cup [(\mathrm{MC}_{3p} \to \mathrm{MIU}_{2l}) \cap \mathrm{MIU}_{1l}] \\ \cup [(\mathrm{MC}_{2p} \to \mathrm{MIU}_{1l}) \cap \mathrm{MIU}_{2l}] \cup [(\mathrm{MC}_{2p} \to \mathrm{MIU}_{2l}) \cap \mathrm{MIU}_{1l}] \end{array} \right\} \\
&= 0.00071
\end{aligned} \quad (8.52)$$

$R_{1,4}$：$R_{1,4}$ 的发生概率为

$$\Pr(R_{1,4}) = \Pr(\mathrm{CTE}_4) - \Pr(R_{2,4}) = 0.00835 \quad (8.53)$$

如果两个触发部件都发生失效了，系统失效。因此 $\Pr($系统失效$\mid R_{1,4})$ 为

$$\Pr(\text{系统失效} \mid R_{1,4}) = 1 \quad (8.54)$$

步骤 3　合并得到系统的失效概率。

根据式(8.31)和式(8.33)以及前两步得到的结果，这个存在竞争失效过程的案例存储系统的不可靠性计算为

$$\begin{aligned}
\mathrm{UR}(t) &= \sum_{i=1}^{4} \left[\Pr(\text{系统失效} \mid R_{1,i}) \times \Pr(R_{1,i}) + \Pr(R_{2,i}) \right] \\
&= 0.25446
\end{aligned} \quad (8.55)$$

8.4 全局性与选择性传播失效共存的单阶段任务系统

系统部件的传播失效会导致系统其余部分的破坏。PFGE 发生是指传播失效导致整个系统失效,此外还存在具有选择效应(PFSE)的传播失效,PFSE 的发生仅能导致系统部件的某个子集的失效。本节介绍一种组合算法,可对存在同时具有全局性和选择性失效效应的竞争失效的不可修二态系统进行可靠性分析。

8.4.1 组合算法

组合算法可以按如下步骤进行[14]:

步骤 1 定义两个表示触发部件状态的互斥事件:R_1——触发部件正常工作;R_2——触发部件失效。根据全概率理论,系统的不可靠性可以用式(8.56)进行计算:

$$\Pr(\text{系统失效}) = \Pr(\text{系统失效}|R_1) \times \Pr(R_1) + \Pr(\text{系统失效}|R_2) \times \Pr(R_2)$$
(8.56)

步骤 2 计算 R_1 的发生概率,即触发部件的可靠性 $\Pr(R_1)$。

步骤 3 计算条件概率 $\Pr(\text{系统失效}|R_1)$。当 R_1 发生时,不存在失效隔离效应。文献[2,4]给出了用来处理不完全故障覆盖导致的 PFGE 的 SEA 方法,该方法可应用于条件概率 $\Pr(\text{系统失效}|R_1)$ 的计算当中,计算如式(8.57)所列:

$$\Pr(\text{系统失效}|R_1) = 1 - P_u(t) + Q(t) \times P_u(t)$$
(8.57)

其中,$P_u(t) = \Pr(\text{不发生 PFGE})$,$Q(t) = \Pr(\text{系统失效}|\text{不发生 PFGE})$。需要注意的是,尽管通过 SEA 方法将 PFGE 从组合求解中分离出来,但在计算 $Q(t)$ 的过程中,仍然需要解决 PFSE 的问题。假设在触发部件正常运行的情况下,可能发生多达 m 个独立 PFSE 事件,则需要构建一个包含有 2^m 个事件的事件空间,每一个事件是 m 个 PFSE 事件发生与不发生的组合。根据全概率理论,$Q(t)$ 的计算如式(8.58)所列:

$$Q(t) = \Pr(\text{系统失效}|\text{无 PFGE}) = \sum_{i=1}^{2^m} [\Pr(\text{事件 } i) \times \Pr(\text{系统失效}|\text{事件 } i)]$$
(8.58)

步骤 4 给定事件 R_2 发生(触发部件失效),定义两个互斥子事件:**子事件 a**——在触发部件失效前,至少有一个相关部件的 PFGE 发生;**子事件 b**——在触发部件失效前,没有 PFGE 发生。根据全概率理论,$\Pr(\text{系统失效}|R_2) \cdot$

Pr(R_2)的计算如式(8.59)所列:

Pr(系统失效 | R_2)×Pr(R_2) = Pr(系统失效 ∩ R_2)
= Pr(系统失效 | 子事件 a)×Pr(子事件 a)+Pr(系统失效 | 子事件 b)×Pr(子事件 b)
(8.59)

其中, Pr(系统失效 | 子事件 a)=1, 至少有一个全局传播失效未被触发部件的失效所隔离。

步骤 5 计算 Pr(子事件 a), 即 Pr(在触发部件失效前, 至少有一个 PFGE 发生)。

假设对于触发部件 A, 存在 n 个相关的部件 $D_1, D_2, \cdots, D_n$, 并且这些相关部件的 PFGE 事件分别表示为 $Y_{D1pg}, Y_{D2pg}, \cdots, Y_{Dnpg}$, 那么有

$$\Pr(\text{子事件 a}) = \Pr[(Y_{D1pg} \cup Y_{D2pg} \cup \cdots \cup Y_{Dnpg}) \to Y_A] \quad (8.60)$$

其中, 类似于式(8.9), $\Pr[(Y_{D1pg} \cup Y_{D2pg} \cup \cdots \cup Y_{Dnpg})]$ 可以由式(8.61)计算得到:

$$\Pr[(Y_{D1pg} \cup Y_{D2pg} \cup \cdots \cup Y_{Dnpg})] = \Pr[\overline{(\overline{Y_{D1pg}} \cap \overline{Y_{D2pg}} \cap \cdots \cap \overline{Y_{Dnpg}})}]$$
$$= 1 - \Pr[\overline{Y_{D1pg}} \cap \overline{Y_{D2pg}} \cap \cdots \cap \overline{Y_{Dnpg}}] = 1 - \Pr[\overline{Y_{D1pg}}] \times \Pr[\overline{Y_{D2pg}}] \times \cdots \times \Pr[\overline{Y_{Dnpg}}]$$
(8.61)

应用式(8.10), 式(8.60)可以进一步计算为

$$\Pr(\text{子事件 a}) = \Pr[(Y_{D1pg} \cup Y_{D2pg} \cup \cdots \cup Y_{Dnpg}) \to Y_A]$$
$$= \int_0^t \int_{\tau_1}^t f_{(Y_{D1pg} \cup Y_{D2pg} \cup \cdots \cup Y_{Dnpg})}(\tau_1) f_{Y_A}(\tau_2) d\tau_2 d\tau_1 \quad (8.62)$$

其中,

$$f_{(Y_{D1pg} \cup Y_{D2pg} \cup \cdots \cup Y_{Dnpg})}(t) = \frac{d[\Pr(Y_{D1pg} \cup Y_{D2pg} \cup \cdots \cup Y_{Dnpg})]}{dt} \quad (8.63)$$

步骤 6 计算 Pr(子事件 b)× Pr(系统失效 | 子事件 b), 该式可以进一步写作式(8.64)的形式:

Pr(子事件 b)×Pr(系统失效 | 子事件 b) = Pr(系统失效 ∩ 子事件 b)
(8.64)

在子事件 b 中, 虽然在触发部件失效前没有 PFGE 发生, 但是在触发部件失效之前或者之后, 却可以发生 PFSE。当所有的 PFSE 发生在触发失效之后时, 所有的传播效应都将会被触发部件失效所隔离; 然而, 当至少有一个 PFSE 在触发失效之前发生时, 这种隔离将不会发生。假设在触发部件失效且在触发部件失效之前没有 PFGE 发生的情况下有 n 个 PFSE 可能会发生, 为了考虑所有 PFSE 事件及触发部件失效发生的顺序组合, 我们需要构建一个包含有 2^n 个

事件的事件空间,每一个事件都是触发失效发生前,n 个 PFSE 事件发生与不发生的组合。那么,根据全概率理论,Pr(系统失效 ∩ 子事件 b)可根据式(8.65)计算得到:

$$\mathrm{Pr}(系统失效 \cap 子事件\ b) = \sum_{i'=1}^{2^n}[\mathrm{Pr}(事件\ i') \times \mathrm{Pr}(系统失效 \mid 事件\ i')]$$

(8.65)

步骤 7 计算系统不可靠性,即 Pr(系统失效)。由式(8.56)和式(8.59),Pr(系统失效)可根据式(8.66)计算得到:

Pr(系统失效) = Pr(R_1)×Pr(系统失效 $\mid R_1$) + Pr(R_2)×Pr(系统失效 $\mid R_2$)

= Pr(R_1)×Pr(系统失效 $\mid R_1$) + Pr(子事件 a) + Pr(子事件 b)×Pr(系统失效 $\mid$ 子事件 b)

= Pr(R_1)×Pr(系统失效 $\mid R_1$) + Pr(子事件 a) + Pr(系统失效 ∩ 子事件 b)

(8.66)

式中:Pr(R_1)由步骤 2 中计算得到;Pr(系统失效 $\mid R_1$)由步骤 3 中计算得到;Pr(子事件 a)由步骤 5 计算得到;Pr(系统失效 ∩ 子事件 b)由步骤 6 计算得到。

需要注意的是,上述步骤基于如下假设:包括触发部件在内的非相关部件仅发生本地失效。下面的小节将进一步阐述当考虑非相关部件存在 LF、PFGE 和 PFSE 时,该方法的扩展应用。

8.4.1.1 非相关部件发生 PFGE

如果非相关部件会发生 PFGE,在上述方法的步骤 1 前,需要添加一个步骤,通过应用 PFGE 算法(8.2.1 节),将非相关部件的 PFGE 的分析与整个系统的可靠性分析分离开来,如下所示:

Pr(系统失效) = Pr(系统失效 $\mid$ 至少有一个非相关部件发生 PFGE)×

Pr(至少有一个非相关部件发生 PFGE) +

Pr(系统失效 $\mid$ 没有非相关部件发生 PFGE)×   (8.67)

Pr(没有非相关部件发生 PFGE)

= $1 - P'_u(t) + Q'(t) \times P'_u(t)$

式中:

$P'_u(t)$ = Pr(没有非相关部件发生 PFGE);

$Q'(t)$ = Pr(系统失效 $\mid$ 没有非相关部件发生 PFGE)。   (8.68)

$Q'(t)$ 可以利用上述组合算法的步骤 1~7 计算得到。

8.4.1.2 非相关部件发生 PFSE

在这种情况下,非相关部件的 PFSE 可以利用与式(8.58)类似的方法进行处理。具体地,假定有 w 个非相关部件的 PFSE,则需要在上述方法的步骤 1 之前,构建一个包含有 2^w 个事件的事件空间,每一个事件都是这 w 个 PFSE 发生与不发生的组合。在每种组合事件发生条件下的系统条件失效概率可以利用上述方法的步骤1~7计算。

8.4.1.3 非相关部件发生 PFGE 和 PFSE

基于8.4.1.1和8.4.1.2两个小节中的一般性描述,可以利用下述的通用算法处理非相关部件的 PFGE 和 PFSE 组合问题:

(1) 利用8.4.1.1节讨论的 PFGE 方法,单独分析源于非相关部件的 PFGE 问题。

(2) 按照8.4.1.2节所述内容,建立包含有 2^w 个组合事件的事件空间。

(3) 利用8.4.1节介绍的算法,计算给定每一种组合事件发生条件下的系统条件失效概率。

(4) 根据全概率理论,利用式(8.67),计算整个系统的不可靠性。

8.4.2 案例分析

图8.13给出了一个计算机中的存储系统。该存储系统包含一个嵌入式存储模块和一个标记为 EMB 的外部存储模块。嵌入式存储模块又由一个独立的存储模块(MM)和两个存储芯片(MC_1,MC_2)组成,这两个存储芯片通过一个存储界面单元(MIU)进行访问,换言之,存储芯片与 MIU 功能相关。当嵌入式存储模块和 EMB 均失效时,整个存储系统失效。当 MM 失效或者两个存储芯片均失效时,嵌入式存储模块失效。

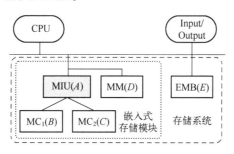

图8.13 存储系统案例

图8.14为案例存储系统的动态故障树模型,系统的部件既存在 PFGE 又存在 PFSE,部件 MIU、MC_1、MC_2、MM 以及 EMB 分别用 A、B、C、D 以及 E 来表示。图8.14中的 FDEP 门用来对触发部件 A 和相关部件 B 和 C 之间的功能相关关系进行建模[13]。在这个案例系统中,所有的这5个部件均会发生本地失效(LF),仅有部件 B 和 C 会发生 PFGE 和 PFSE。我们假设同一个部件的 PFGE,PFSE 和 LF 是统计独立的。

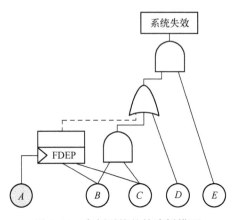

图 8.14 案例系统的故障树模型

定义事件 Wl、Wpg 和 Wps,分别为部件 W 的 LF、PFGE 和 PFSE,其中 $W \in \{A,B,C,D,E\}$。假设所有部件失效均服从具有恒定失效率的指数分布。但是应注意,8.4.1 节中介绍的方法可应用于部件失效时间服从任意分布的系统。此处假设 PFSE 仅引发其他部件的本地失效,例如,B 的 PFSE 仅导致 C 的本地失效,由于本地失效和传播失效相互独立,C 的 PFGE 仍然可以发生。表 8.4 列出了失效率和每个部件所有可能发生的事件。

表 8.4 各部件的事件和失效率

部件	事件	受传播失效影响的部件	失效率
A	Al	无	λ_{Al}
B	Bl	无	λ_{Bl}
	Bpg	所有	λ_{Bpg}
	$Bps1$	$\{C,D\}$	λ_{Bps1}
	$Bps2$	$\{C,E\}$	λ_{Bps2}
C	Cl	无	λ_{Cl}
	Cpg	所有	λ_{Cpg}
	$Cps1$	$\{B,D\}$	λ_{Cps1}
	$Cps2$	$\{B,E\}$	λ_{Cps2}
D	Dl	无	λ_{Dl}
E	El	无	λ_{El}

案例系统的具体分析步骤如下所述:

步骤1 定义两个表示触发部件 A 不同状态的互斥事件。

(1) R_1: A 不失效,即 Al 不发生。

(2) R_2: A 失效,即 Al 发生。

步骤2 计算 R_1 的发生概率 $\Pr(R_1)$。在这个例子中,$\Pr(R_1)$ 等于 Al 不发生的概率,可以按照下式进行计算:

$$\Pr(R_1) = \Pr(\overline{Al}) = e^{-\lambda_{Al}t} \tag{8.69}$$

步骤3 计算条件概率 $\Pr(\text{系统失效}\,|\,R_1) = \Pr(\text{系统失效}\,|\,A\text{ 不失效}) = 1 - P_u(t) + Q(t) \times P_u(t)$。这一步可以详述如下:

(1) 计算 $P_u(t) = \Pr(\text{不发生 PFGE})$。这个案例存在两个 PFGE:Bpg 和 Cpg,因此,$P_u(t)$ 可以按照下式计算:

$$\begin{aligned}P_u(t) &= \Pr(\text{不发生 PFGE}) = \Pr(\overline{Bpg} \cap \overline{Cpg}) = \Pr(\overline{Bpg}) \times \Pr(\overline{Cpg}) \\ &= [1 - q_{Bpg}(t)][1 - q_{Cpg}(t)] = e^{-(\lambda_{Bpg} + \lambda_{Cpg})t}\end{aligned} \tag{8.70}$$

(2) 计算 $Q(t) = \Pr(\text{系统失效}\,|\,\text{不发生 PFGE})$。

由于 $Q(t)$ 是没有 PFGE 发生时系统失效的条件概率,因此需要用部件不发生 PFGE 的条件失效概率来进行计算。由于此案例中 LF,PFGE 和 PFSE 是相互独立的,我们可以按照式(8.71)计算部件 LF 的条件概率:

$$\begin{aligned}\Pr(LF\,|\,\text{未发生 PFGE}) &= \frac{\Pr(LF \cap \text{不发生 PFGE})}{\Pr(\text{不发生 PFGE})} = \frac{\Pr(LF) \times \Pr(\text{不发生 PFGE})}{\Pr(\text{不发生 PFGE})} \\ &= \Pr(LF)\end{aligned}$$

$$\tag{8.71}$$

为了计算仍然包含 PFSE 的 $Q(t)$,我们使用 8.4.1 节介绍的分离方法。首先,构建一个如表 8.5 所列的事件空间。表 8.5 的第二栏给出每一个事件的定义,它们均是部件 PFSE 事件发生与不发生的组合,第三栏列出每一个事件发生时的有效部件,即不被对应事件影响的一系列部件。

表 8.5 考虑 PFSE 而建立的事件空间

事件	事件的定义	有效部件
事件 1	$\overline{Bps1} \cap \overline{Bps2} \cap \overline{Cps1} \cap \overline{Cps2}$	$\{B, C, D, E\}$
事件 2	$Bps1 \cap \overline{Bps2} \cap \overline{Cps1} \cap \overline{Cps2}$	$\{E\}$
事件 3	$\overline{Bps1} \cap Bps2 \cap \overline{Cps1} \cap \overline{Cps2}$	无
事件 4	$\overline{Bps1} \cap \overline{Bps2} \cap Cps1 \cap \overline{Cps2}$	$\{E\}$
事件 5	$\overline{Bps1} \cap \overline{Bps2} \cap \overline{Cps1} \cap Cps2$	无
事件 6	$Bps1 \cap Bps2 \cap \overline{Cps1} \cap \overline{Cps2}$	无
事件 7	$Bps1 \cap \overline{Bps2} \cap Cps1 \cap \overline{Cps2}$	$\{E\}$

(续)

事件	事件的定义	有效部件
事件 8	Bps1 ∩ $\overline{\text{Bps2}}$ ∩ $\overline{\text{Cps1}}$ ∩ Cps2	无
事件 9	$\overline{\text{Bps1}}$ ∩ Bps2 ∩ Cps1 ∩ $\overline{\text{Cps2}}$	无
事件 10	$\overline{\text{Bps1}}$ ∩ Bps2 ∩ $\overline{\text{Cps1}}$ ∩ Cps2	无
事件 11	$\overline{\text{Bps1}}$ ∩ $\overline{\text{Bps2}}$ ∩ Cps1 ∩ Cps2	无
事件 12	Bps1 ∩ Bps2 ∩ $\overline{\text{Cps1}}$ ∩ $\overline{\text{Cps2}}$	无
事件 13	Bps1 ∩ Bps2 ∩ $\overline{\text{Cps1}}$ ∩ Cps2	无
事件 14	Bps1 ∩ $\overline{\text{Bps2}}$ ∩ Cps1 ∩ Cps2	无
事件 15	$\overline{\text{Bps1}}$ ∩ Bps2 ∩ Cps1 ∩ Cps2	无
事件 16	Bps1 ∩ Bps2 ∩ Cps1 ∩ Cps2	无

下面阐述每一个事件发生概率的计算方法,以及在各个事件发生时系统条件失效概率的计算过程。

事件 1 的发生概率由下式给出:

$$\begin{aligned}\Pr(\text{事件 1}) &= \Pr(\overline{\text{Bps1}} \cap \overline{\text{Bps2}} \cap \overline{\text{Cps1}} \cap \overline{\text{Cps2}}) \\ &= \Pr(\overline{\text{Bps1}})\Pr(\overline{\text{Bps2}})\Pr(\overline{\text{Cps1}})\Pr(\overline{\text{Cps2}}) \\ &= e^{-(\lambda_{\text{Bps1}}+\lambda_{\text{Bps2}}+\lambda_{\text{Cps1}}+\lambda_{\text{Cps2}})t}\end{aligned} \quad (8.72)$$

Pr(系统失效|事件 1) 的简化故障树如图 8.15 所示。

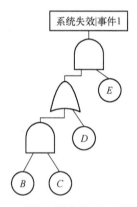

图 8.15 Pr(系统失效|事件 1) 的简化故障树

图 8.16 给出了图 8.15 中简化故障树的 BDD 模型[13]。

根据 BDD 模型,事件 1 发生时的系统条件失效概率为

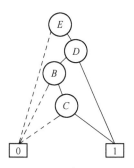

图 8.16　Pr(系统失效│事件1)的 BDD 模型

$$\Pr(\text{系统失效} \mid \text{事件1}) = q_{\text{EI}}(t)\{q_{\text{DI}}(t) + [1 - q_{\text{DI}}(t)]q_{\text{BI}}(t)q_{\text{CI}}(t)\}$$
$$= (1 - e^{-\lambda_{\text{EI}}t})[(1 - e^{-\lambda_{\text{DI}}t}) + e^{-\lambda_{\text{DI}}t}(1 - e^{-\lambda_{\text{BI}}t})(1 - e^{-\lambda_{\text{CI}}t})]$$
$$= (1 - e^{-\lambda_{\text{EI}}t})[1 - e^{-(\lambda_{\text{BI}} + \lambda_{\text{DI}})t} - e^{-(\lambda_{\text{CI}} + \lambda_{\text{DI}})t} + e^{-(\lambda_{\text{BI}} + \lambda_{\text{CI}} + \lambda_{\text{DI}})t}]$$
(8.73)

事件2 的发生概率由式(8.74)给出:

$$\Pr(\text{事件2}) = \Pr(\text{Bps1} \cap \overline{\text{Bps2}} \cap \overline{\text{Cps1}} \cap \overline{\text{Cps2}})$$
$$= \Pr(\text{Bps1})\Pr(\overline{\text{Bps2}})\Pr(\overline{\text{Cps1}})\Pr(\overline{\text{Cps2}}) \quad (8.74)$$
$$= (1 - e^{-\lambda_{\text{Bps1}}t})e^{-(\lambda_{\text{Bps2}} + \lambda_{\text{Cps1}} + \lambda_{\text{Cps2}})t}$$

Pr(系统失效│事件2)的简化故障树如图 8.17 所示。

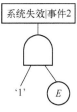

图 8.17　Pr(系统失效│事件2)的简化故障树

则事件 2 发生时,系统条件失效概率可以根据下式计算得到:

$$\Pr(\text{系统失效} \mid \text{事件2}) = q_{\text{EI}}(t) = (1 - e^{-\lambda_{\text{EI}}t}) \quad (8.75)$$

事件3 的发生概率由下式给出:

$$\Pr(\text{事件3}) = \Pr(\overline{\text{Bps1}} \cap \text{Bps2} \cap \overline{\text{Cps1}} \cap \overline{\text{Cps2}})$$
$$= \Pr(\overline{\text{Bps1}})\Pr(\text{Bps2})\Pr(\overline{\text{Cps1}})\Pr(\overline{\text{Cps2}}) \quad (8.76)$$
$$= (1 - e^{-\lambda_{\text{Bps2}}t})e^{-(\lambda_{\text{Bps1}} + \lambda_{\text{Cps1}} + \lambda_{\text{Cps2}})t}$$

Pr(系统失效 | 事件3)的简化故障树如图8.18所示。

图8.18　Pr(系统失效 | 事件3)的简化故障树

因此,事件3发生条件下的系统条件失效概率可以根据下式计算得到:

$$\Pr(\text{系统失效} \mid \text{事件3}) = 1 \tag{8.77}$$

当 $i = 4, 5, \cdots, 16$ 时,我们同样可以计算出 Pr(事件 i) 以及 Pr(系统失效 | 事件 i) 的值。现在,利用式(8.58),我们可以计算出 $Q(t)$ 的值,如下所示:

$$\begin{aligned}
Q(t) &= \Pr(\text{系统失效} \mid \text{不发生 PFGE}) \\
&= \sum_{i=1}^{16} [\Pr(\text{事件 } i) \times \Pr(\text{系统失效} \mid \text{事件 } i)] \\
&= 1 - e^{-(\lambda_{Bps2}+\lambda_{Cps2}+\lambda_{El})t} - (1-e^{-\lambda_{El}t})e^{-(\lambda_{Bps1}+\lambda_{Bps2}+\lambda_{Cps1}+\lambda_{Cps2}+\lambda_{Dl})t} \\
&\quad [e^{-\lambda_{Bl}t} + e^{-\lambda_{Cl}t} - e^{-(\lambda_{Bl}+\lambda_{Cl})t}]
\end{aligned} \tag{8.78}$$

上述步骤给出了基于 PFGE 事件空间和全概率法则计算 $Q(t)$ 的一种通用方法。在此案例中,我们也可以按如下方式简化 $Q(t)$ 的计算:

① 当 Bps2 或者 Cps2 发生时,系统失效。

$$\Pr(\text{系统失效} \mid Bps2 \cup Cps2) = 1$$
$$\Pr(Bps2 \cup Cps2) = 1 - e^{-(\lambda_{Bps2}+\lambda_{Cps2})t}$$

② Bps2 和 Cps2 均未发生,而 Bps1 或者 Cps1 发生,当 El 发生时,系统发生失效。

$$\Pr[\text{系统失效} \mid (Bps1 \cup Cps1) \cap (\overline{Bps2 \cup Cps2})] = q_{El}(t) = (1-e^{-\lambda_{El}t})$$
$$\Pr[(Bps1 \cup Cps1) \cap (\overline{Bps2 \cup Cps2})] = \Pr(Bps1 \cup Cps1) \times \Pr(\overline{Bps2 \cup Cps2})$$
$$= e^{-(\lambda_{Bps2}+\lambda_{Cps2})t} - e^{-(\lambda_{Bps1}+\lambda_{Bps2}+\lambda_{Cps1}+\lambda_{Cps2})t}$$

③ 没有 PFSE 发生。

$$\Pr(\text{系统失效} \mid \overline{Bps1} \cap \overline{Bps2} \cap \overline{Cps1} \cap \overline{Cps2})$$
$$= \Pr(\text{系统失效} \mid \text{事件1})$$
$$= (1-e^{-\lambda_{El}t})[1-e^{-(\lambda_{Bl}+\lambda_{Dl})t} - e^{-(\lambda_{Cl}+\lambda_{Dl})t} + e^{-(\lambda_{Bl}+\lambda_{Cl}+\lambda_{Dl})t}]$$
$$\Pr(\overline{Bps1} \cap \overline{Bps2} \cap \overline{Cps1} \cap \overline{Cps2}) = e^{-(\lambda_{Bps1}+\lambda_{Bps2}+\lambda_{Cps1}+\lambda_{Cps2})t}$$

应用全概率法则,$Q(t)$ 可计算如下:

$Q(t)$
$= \Pr(\text{系统失效} \mid \text{不发生 PFGE})$
$= \Pr(\text{系统失效} \mid \text{Bps2} \cup \text{Cps2}) \times \Pr(\text{Bps2} \cup \text{Cps2}) +$
$\quad \Pr[\text{系统失效} \mid \text{Bps1} \cup \text{Cps1} \cup (\overline{\text{Bps2} \cup \text{Cps2}})] \times \Pr[\text{Bps1} \cup \text{Cps1} \cup (\overline{\text{Bps2} \cup \text{Cps2}})] +$
$\quad \Pr(\text{系统失效} \mid \overline{\text{Bps1}} \cap \overline{\text{Bps2}} \cap \overline{\text{Cps1}} \cap \overline{\text{Cps2}}) \times \Pr(\overline{\text{Bps1}} \cap \overline{\text{Bps2}} \cap \overline{\text{Cps1}} \cap \overline{\text{Cps2}})$
$= 1 \times [1 - e^{-(\lambda_{Bps2} + \lambda_{Cps2})t}] + (1 - e^{-\lambda_{EI} t})[e^{-(\lambda_{Bps2} + \lambda_{Cps2})t} - e^{-(\lambda_{Bps1} + \lambda_{Bps2} + \lambda_{Cps1} + \lambda_{Cps2})t}] +$
$\quad \{(1 - e^{-\lambda_{EI} t})[1 - e^{-(\lambda_{BI} + \lambda_{DI})t} - e^{-(\lambda_{CI} + \lambda_{DI})t} + e^{-(\lambda_{BI} + \lambda_{CI} + \lambda_{DI})t}]\} \times e^{-(\lambda_{Bps1} + \lambda_{Bps2} + \lambda_{Cps1} + \lambda_{Cps2})t}$
$= 1 - e^{-(\lambda_{Bps2} + \lambda_{Cps2} + \lambda_{EI})t} - (1 - e^{-\lambda_{EI} t}) e^{-(\lambda_{Bps1} + \lambda_{Bps2} + \lambda_{Cps1} + \lambda_{Cps2} + \lambda_{DI})t} [e^{-\lambda_{BI} t} + e^{-\lambda_{CI} t} - e^{-(\lambda_{BI} + \lambda_{CI})t}]$

(8.79)

式(8.79)的计算结果与式(8.78)相一致。

(3) 基于步骤(1)中式(8.70)和步骤(2)的式(8.78)得到的计算结果,利用式(8.57)计算条件概率 $\Pr(\text{系统失效} \mid R_1)$:

$\Pr(\text{系统失效} \mid R_1)$
$= 1 - P_u(t) + Q(t) \times P_u(t)$
$= 1 - (1 - e^{-\lambda_{EI} t})[e^{-\lambda_{BI} t} + e^{-\lambda_{CI} t} - e^{-(\lambda_{BI} + \lambda_{CI})t}] e^{-(\lambda_{Bps1} + \lambda_{Bps2} + \lambda_{Cps1} + \lambda_{Cps2} + \lambda_{Bpg} + \lambda_{Cpg} + \lambda_{DI})t} -$
$\quad e^{-(\lambda_{Bps2} + \lambda_{Cps2} + \lambda_{Bpg} + \lambda_{Cpg} + \lambda_{EI})t}$

(8.80)

步骤 4 在触发部件 A 失效这一事件中,定义两个互斥子事件。

子事件 a:在 A 失效之前,至少 B 或者 C 的 PFGE 发生。

子事件 b:在 A 失效之前,B 和 C 都不发生 PFGE。

步骤 5 计算 $\Pr(\text{子事件 a})$,即,$\Pr(\text{在 } A \text{ 失效之前,至少有一个 PFGE 发生})$。

在这个案例中,存在两个 PFGE:Bpg 和 Cpg。因此,根据式(8.73),$\Pr(\text{子事件 a})$ 可以由式(8.81)计算得到:

$$\Pr(\text{子事件 a}) = \Pr[(\text{Bpg} \cup \text{Cpg}) \rightarrow \text{AI}]$$
$$= \frac{\lambda_{AI}}{\lambda_{AI} + \lambda_{Bpg} + \lambda_{Cpg}} e^{-(\lambda_{AI} + \lambda_{Bpg} + \lambda_{Cpg})t} - e^{-\lambda_{AI} t} + \frac{\lambda_{Bpg} + \lambda_{Cpg}}{\lambda_{AI} + \lambda_{Bpg} + \lambda_{Cpg}} \quad (8.81)$$

步骤 6 计算 $\Pr(\text{子事件 b}) \times \Pr(\text{系统失效} \mid \text{子事件 b}) = \Pr(\text{系统失效} \cap \text{子事件 b})$。

为了计算 $\Pr(\text{系统失效} \cap \text{子事件 b})$,我们利用前文计算 $Q(t)$ 时介绍的类似的分离方法分离 PFSE 的影响。首先需要建立一个如表 8.6 所列事件空间。

表8.6 为考虑PFSE而建立的事件空间

事 件	事 件 定 义	有 效 部 件
事件1′	在Al发生之前没有PF发生	{E}
事件2′	在Al发生之前仅有Bps1发生	{E}
事件3′	在Al发生之前仅有Bps2发生	无
事件4′	在Al发生之前仅有Cps1发生	{E}
事件5′	在Al发生之前仅有Cps2发生	无
事件6′	在Al发生之前仅有Bps1和Bps2发生	无
事件7′	在Al发生之前仅有Bps1和Cps1发生	{E}
事件8′	在Al发生之前仅有Bps1和Cps2发生	无
事件9′	在Al发生之前仅有Bps2和Cps1发生	无
事件10′	在Al发生之前仅有Bps2和Cps2发生	无
事件11′	在Al发生之前仅有Cps1和Cps2发生	无
事件12′	在Al发生之前仅有Bps1、Bps2和Cps1发生	无
事件13′	在Al发生之前仅有Bps1、Bps2和Cps2发生	无
事件14′	在Al发生之前仅有Bps1、Cps1和Cps2发生	无
事件15′	在Al发生之前仅有Bps2、Cps1和Cps2发生	无
事件16′	在Al发生之前,Bps1、Bps2、Cps1和Cps2全都发生	无

下面详述每个事件发生概率的计算方法,以及每个事件发生时系统条件失效概率的计算过程。

事件1′:在 Al 发生之前没有 PF 发生。

$$\Pr(\text{事件}1') = \Pr(\text{在}Al\text{发生之前没有PF发生})$$
$$= \Pr(Al) - \Pr(\text{至少有一个PF发生在}Al\text{之前})$$
$$= \Pr(Al) - \Pr[(Bps1 \cup Bps2 \cup Cps1 \cup Cps2 \cup Bpg \cup Cpg) \to Al]$$

(8.82)

由于

$$\Pr(Bps1 \cup Bps2 \cup Cps1 \cup Cps2 \cup Bpg \cup Cpg)$$
$$= 1 - \Pr(\overline{Bps1} \cap \overline{Bps2} \cap \overline{Cps1} \cap \overline{Cps2} \cap \overline{Bpg} \cap \overline{Cpg})$$
$$= 1 - e^{-(\lambda_{Bps1} + \lambda_{Bps2} + \lambda_{Cps1} + \lambda_{Cps2} + \lambda_{Bpg} + \lambda_{Cpg})t}$$

(8.83)

并且

$$f_{\text{Bps1}\cup\text{Bps2}\cup\text{Cps1}\cup\text{Cps2}\cup\text{Bpg}\cup\text{Cpg}} = \frac{\text{d}\left[\Pr(\text{Bps1}\cup\text{Bps2}\cup\text{Cps1}\cup\text{Cps2}\cup\text{Bpg}\cup\text{Cpg})\right]}{\text{d}t}$$

$$= (\lambda_{\text{Bps1}}+\lambda_{\text{Bps2}}+\lambda_{\text{Cps1}}+\lambda_{\text{Cps2}}+\lambda_{\text{Bpg}}+\lambda_{\text{Cpg}})\text{e}^{-(\lambda_{\text{Bps1}}+\lambda_{\text{Bps2}}+\lambda_{\text{Cps1}}+\lambda_{\text{Cps2}}+\lambda_{\text{Bpg}}+\lambda_{\text{Cpg}})t}$$

(8.84)

因此,根据式(8.62),我们得到:

$$\Pr[(\text{Bps1}\cup\text{Bps2}\cup\text{Cps1}\cup\text{Cps2}\cup\text{Bpg}\cup\text{Cpg})\to\text{Al}]$$

$$= \int_0^t\int_{\tau_1}^t\left[\begin{array}{c}(\lambda_{\text{Bps1}}+\lambda_{\text{Bps2}}+\lambda_{\text{Cps1}}+\lambda_{\text{Cps2}}+\lambda_{\text{Bpg}}+\lambda_{\text{Cpg}})\\ \text{e}^{-(\lambda_{\text{Bps1}}+\lambda_{\text{Bps2}}+\lambda_{\text{Cps1}}+\lambda_{\text{Cps2}}+\lambda_{\text{Bpg}}+\lambda_{\text{Cpg}})\tau_1}\lambda_{\text{Al}}\text{e}^{-\lambda_{\text{Al}}\tau_2}\end{array}\right]\text{d}\tau_2\text{d}\tau_1$$

$$= \frac{\lambda_{\text{Al}}}{\lambda_{\text{Al}}+\lambda_{\text{Bps1}}+\lambda_{\text{Bps2}}+\lambda_{\text{Cps1}}+\lambda_{\text{Cps2}}+\lambda_{\text{Bpg}}+\lambda_{\text{Cpg}}}\cdot\text{e}^{-(\lambda_{\text{Al}}+\lambda_{\text{Bps1}}+\lambda_{\text{Bps2}}+\lambda_{\text{Cps1}}+\lambda_{\text{Cps2}}+\lambda_{\text{Bpg}}+\lambda_{\text{Cpg}})t} -$$

$$\text{e}^{-\lambda_{\text{Al}}t} + \frac{\lambda_{\text{Bps1}}+\lambda_{\text{Bps2}}+\lambda_{\text{Cps1}}+\lambda_{\text{Cps2}}+\lambda_{\text{Bpg}}+\lambda_{\text{Cpg}}}{\lambda_{\text{Al}}+\lambda_{\text{Bps1}}+\lambda_{\text{Bps2}}+\lambda_{\text{Cps1}}+\lambda_{\text{Cps2}}+\lambda_{\text{Bpg}}+\lambda_{\text{Cpg}}}$$

(8.85)

利用式(8.86)可以计算事件 $1'$ 的发生概率:

$$\Pr(\text{事件 }1')$$
$$= \Pr(\text{Al}) - \Pr[(\text{Bps1}\cup\text{Bps2}\cup\text{Cps1}\cup\text{Cps2}\cup\text{Bpg}\cup\text{Cpg})\to\text{Al}]$$
$$= \frac{\lambda_{\text{Al}}}{\lambda_{\text{Al}}+\lambda_{\text{Bps1}}+\lambda_{\text{Bps2}}+\lambda_{\text{Cps1}}+\lambda_{\text{Cps2}}+\lambda_{\text{Bpg}}+\lambda_{\text{Cpg}}} -$$
$$\frac{\lambda_{\text{Al}}}{\lambda_{\text{Al}}+\lambda_{\text{Bps1}}+\lambda_{\text{Bps2}}+\lambda_{\text{Cps1}}+\lambda_{\text{Cps2}}+\lambda_{\text{Bpg}}+\lambda_{\text{Cpg}}}\cdot\text{e}^{-(\lambda_{\text{Al}}+\lambda_{\text{Bps1}}+\lambda_{\text{Bps2}}+\lambda_{\text{Cps1}}+\lambda_{\text{Cps2}}+\lambda_{\text{Bpg}}+\lambda_{\text{Cpg}})t}$$

(8.86)

在事件 $1'$ 发生条件下,系统的条件失效概率可以由式(8.87)计算得到:

$$\Pr(\text{系统失效}|\text{事件 }1') = q_{\text{El}}(t) = 1-\text{e}^{-\lambda_{\text{El}}t} \quad (8.87)$$

事件 $2'$:在 Al 发生之前仅有 Bps1 发生。

$$\Pr(\text{事件 }2')$$
$$= \Pr(\text{Bps1}\to\text{Al}) - \Pr[\text{Bps1}\cap(\text{Bps2}\cup\text{Cps1}\cup\text{Cps2}\cup\text{Bpg}\cup\text{Cpg})\to\text{Al}]$$
$$= \Pr\{\{\text{Bps1}-[\text{Bps1}\cap(\text{Bps2}\cup\text{Cps1}\cup\text{Cps2}\cup\text{Bpg}\cup\text{Cpg})]\}\to\text{Al}\}$$
$$= \Pr\{[\text{Bps1}\cap\overline{\text{Bps2}}\cap\overline{\text{Cps1}}\cap\overline{\text{Cps2}}\cap\overline{\text{Bpg}}\cap\overline{\text{Cpg}}]\to\text{Al}\}$$

(8.88)

$\Pr(\text{系统失效}|\text{事件 }2')$ 的简化故障树与 $\Pr(\text{系统失效}|\text{事件 }2)$ 的简化故障树相同,如图 8.17 所示。

因此,有

$$\Pr(系统失效 | 事件 2') = q_{El}(t) = 1 - e^{-\lambda_{El} t} \tag{8.89}$$

按照类似的方法,我们可以计算出当 $i' = 3, 4, \cdots, 16$ 时, $\Pr(事件\ i')$ 以及 $\Pr(系统失效 | 事件\ i')$ 的值。那么, $\Pr(系统失效 \cap 子事件\ b)$ 可以利用式 (8.65)计算得到。根据式(8.59),有

$$\Pr(系统失效 | R_2) \times \Pr(R_2) = \Pr(系统失效 \cap R_2)$$

$$= \Pr(子事件\ a) + \sum_{i=1}^{16} [\Pr(事件\ i') \times \Pr(系统失效 | 事件\ i')]$$

$$= 1 - e^{-\lambda_{Al} t} - \frac{\lambda_{Al}}{\lambda_{Al} + \lambda_{Bps2} + \lambda_{Cps2} + \lambda_{Bpg} + \lambda_{Cpg}} e^{-\lambda_{El} t} [1 - e^{-(\lambda_{Al} + \lambda_{Bps2} + \lambda_{Cps2} + \lambda_{Bpg} + \lambda_{Cpg}) t}]$$

$$\tag{8.90}$$

上述步骤(步骤4~6)可以用来分析一般系统的 $\Pr(系统失效 | R_2) \times \Pr(R_2)$。下面,我们给出针对本案例故障树的一种计算 $\Pr(系统失效 | R_2) \times \Pr(R_2)$ 的简化步骤。首先,考虑以下3种互斥且完全的事件:

(1) 在 Al 失效之前,当 Bps2 或者 Cps2 或者 Bpg 或者 Cpg 发生时,案例系统失效。

$$\Pr[系统失效 | (Bps2 \cup Cps2 \cup Bpg \cup Cpg) \to Al] = 1$$

$$\Pr[(Bps2 \cup Cps2 \cup Bpg \cup Cpg) \to Al]$$

$$= \frac{\lambda_{Al}}{\lambda_{Al} + \lambda_{Bps2} + \lambda_{Cps2} + \lambda_{Bpg} + \lambda_{Cpg}} e^{-(\lambda_{Al} + \lambda_{Bps2} + \lambda_{Cps2} + \lambda_{Bpg} + \lambda_{Cpg}) t} - e^{-\lambda_{Al} t} + \frac{\lambda_{Bps2} + \lambda_{Cps2} + \lambda_{Bpg} + \lambda_{Cpg}}{\lambda_{Al} + \lambda_{Bps2} + \lambda_{Cps2} + \lambda_{Bpg} + \lambda_{Cpg}}$$

(2) 在 Al 失效之前, Bps2, Cps2, Bpg 和 Cpg 未发生, Bps1 或 Cps1 发生,当 El 发生时,案例系统失效。

$$\Pr\{系统失效 | [(Bps1 \cup Cps1) \cap \overline{(Bps2 \cup Cps2 \cup Bpg \cup Cpg)}] \to Al\}$$

$$= q_{El}(t) = 1 - e^{-\lambda_{El} t}$$

$$\Pr[(Bps1 \cup Cps1) \cap \overline{(Bps2 \cup Cps2 \cup Bpg \cup Cpg)}]$$

$$= \Pr(Bps1 \cup Cps1) \times \Pr(\overline{Bps2 \cup Cps2 \cup Bpg \cup Cpg})$$

$$= e^{-(\lambda_{Bps2} + \lambda_{Cps2} + \lambda_{Bpg} + \lambda_{Cpg}) t} - e^{-(\lambda_{Bps1} + \lambda_{Bps2} + \lambda_{Cps1} + \lambda_{Cps2} + \lambda_{Bpg} + \lambda_{Cpg}) t}$$

$$f_{(Bps1 \cup Cps1) \cap \overline{(Bps2 \cup Cps2 \cup Bpg \cup Cpg)}} = \frac{d\{\Pr[(Bps1 \cup Cps1) \cap \overline{(Bps2 \cup Cps2 \cup Bpg \cup Cpg)}]\}}{dt}$$

$$= (\lambda_{Bps1} + \lambda_{Bps2} + \lambda_{Cps1} + \lambda_{Cps2} + \lambda_{Bpg} + \lambda_{Cpg}) e^{-(\lambda_{Bps1} + \lambda_{Bps2} + \lambda_{Cps1} + \lambda_{Cps2} + \lambda_{Bpg} + \lambda_{Cpg}) t} -$$

$$(\lambda_{Bps2} + \lambda_{Cps2} + \lambda_{Bpg} + \lambda_{Cpg}) e^{-(\lambda_{Bps2} + \lambda_{Cps2} + \lambda_{Bpg} + \lambda_{Cpg}) t}$$

因此,由式(8.62)可得

$$\Pr\{[(\text{Bps1} \cup \text{Cps1}) \cap (\overline{\text{Bps2} \cup \text{Cps2} \cup \text{Bpg} \cup \text{Cpg}})] \to \text{Al}\}$$

$$= \int_0^t \int_{\tau_1}^t \left\{ \begin{bmatrix} (\lambda_{\text{Bps1}} + \lambda_{\text{Bps2}} + \lambda_{\text{Cps1}} + \lambda_{\text{Cps2}} + \lambda_{\text{Bpg}} + \lambda_{\text{Cpg}}) \\ e^{-(\lambda_{\text{Bps1}} + \lambda_{\text{Bps2}} + \lambda_{\text{Cps1}} + \lambda_{\text{Cps2}} + \lambda_{\text{Bpg}} + \lambda_{\text{Cpg}})\tau_1} \\ - (\lambda_{\text{Bps2}} + \lambda_{\text{Cps2}} + \lambda_{\text{Bpg}} + \lambda_{\text{Cpg}}) e^{-(\lambda_{\text{Bps2}} + \lambda_{\text{Cps2}} + \lambda_{\text{Bpg}} + \lambda_{\text{Cpg}})\tau_1} \end{bmatrix} \lambda_{\text{Al}} e^{-\lambda_{\text{Al}}\tau_2} \right\} d\tau_2 d\tau_1$$

$$= \frac{\lambda_{\text{Al}}}{\lambda_{\text{Al}} + \lambda_{\text{Bps1}} + \lambda_{\text{Bps2}} + \lambda_{\text{Cps1}} + \lambda_{\text{Cps2}} + \lambda_{\text{Bpg}} + \lambda_{\text{Cpg}}} \cdot e^{-(\lambda_{\text{Al}} + \lambda_{\text{Bps1}} + \lambda_{\text{Bps2}} + \lambda_{\text{Cps1}} + \lambda_{\text{Cps2}} + \lambda_{\text{Bpg}} + \lambda_{\text{Cpg}})t} -$$

$$\frac{\lambda_{\text{Al}}}{\lambda_{\text{Al}} + \lambda_{\text{Bps2}} + \lambda_{\text{Cps2}} + \lambda_{\text{Bpg}} + \lambda_{\text{Cpg}}} \cdot e^{-(\lambda_{\text{Al}} + \lambda_{\text{Bps2}} + \lambda_{\text{Cps2}} + \lambda_{\text{Bpg}} + \lambda_{\text{Cpg}})t} +$$

$$\frac{\lambda_{\text{Bps1}} + \lambda_{\text{Bps2}} + \lambda_{\text{Cps1}} + \lambda_{\text{Cps2}} + \lambda_{\text{Bpg}} + \lambda_{\text{Cpg}}}{\lambda_{\text{Al}} + \lambda_{\text{Bps1}} + \lambda_{\text{Bps2}} + \lambda_{\text{Cps1}} + \lambda_{\text{Cps2}} + \lambda_{\text{Bpg}} + \lambda_{\text{Cpg}}} - \frac{\lambda_{\text{Bps2}} + \lambda_{\text{Cps2}} + \lambda_{\text{Bpg}} + \lambda_{\text{Cpg}}}{\lambda_{\text{Al}} + \lambda_{\text{Bps2}} + \lambda_{\text{Cps2}} + \lambda_{\text{Bpg}} + \lambda_{\text{Cpg}}}$$

(3) 在 A 失效之前,没有 PF 发生。

$\Pr[\text{系统失效} | \text{在 Al 发生之前没有 PF 发生}] = \Pr(\text{系统失效} | \text{事件 } 1') = 1 - e^{-\lambda_{\text{El}}t}$

$\Pr\{\text{在 Al 发生之前没有发生 PFSE 和 PFGE}\}$

$= \Pr(\text{事件 } 1') = \Pr(\text{Al}) - \Pr[(\text{Bps1} \cup \text{Bps2} \cup \text{Cps1} \cup \text{Cps2} \cup \text{Bpg} \cup \text{Cpg}) \to \text{Al}]$

$$= \frac{\lambda_{\text{Al}}}{\lambda_{\text{Al}} + \lambda_{\text{Bps1}} + \lambda_{\text{Bps2}} + \lambda_{\text{Cps1}} + \lambda_{\text{Cps2}} + \lambda_{\text{Bpg}} + \lambda_{\text{Cpg}}} -$$

$$\frac{\lambda_{\text{Al}}}{\lambda_{\text{Al}} + \lambda_{\text{Bps1}} + \lambda_{\text{Bps2}} + \lambda_{\text{Cps1}} + \lambda_{\text{Cps2}} + \lambda_{\text{Bpg}} + \lambda_{\text{Cpg}}} \cdot e^{-(\lambda_{\text{Al}} + \lambda_{\text{Bps1}} + \lambda_{\text{Bps2}} + \lambda_{\text{Cps1}} + \lambda_{\text{Cps2}} + \lambda_{\text{Bpg}} + \lambda_{\text{Cpg}})t}$$

应用全概率法则,$\Pr(\text{系统失效} | R_2) \times \Pr(R_2)$ 可以按下式计算:

$\Pr(\text{系统失效} | R_2) \times \Pr(R_2)$

$= \Pr[\text{系统失效} | (\text{Bps2} \cup \text{Cps2} \cup \text{Bpg} \cup \text{Cpg}) \to \text{Al}] \times$
  $\Pr[(\text{Bps2} \cup \text{Cps2} \cup \text{Bpg} \cup \text{Cpg}) \to \text{Al}] +$
  $\Pr\{\text{系统失效} | [(\text{Bps1} \cup \text{Cps1}) \cap (\overline{\text{Bps2} \cup \text{Cps2} \cup \text{Bpg} \cup \text{Cpg}})] \to \text{Al}\} \times$
  $\Pr\{[(\text{Bps1} \cup \text{Cps1}) \cap (\overline{\text{Bps2} \cup \text{Cps2} \cup \text{Bpg} \cup \text{Cpg}})] \to \text{Al}\} +$
  $\Pr[\text{系统失效} | \text{在 Al 发生之前没有 PFSE 和 PFGE 发生}] \times$
  $\Pr\{\text{在 Al 发生之前没有 PFSE 和 PFGE 发生}\}$

$$= 1 - e^{-\lambda_{\text{Al}}t} - \frac{\lambda_{\text{Al}}}{\lambda_{\text{Al}} + \lambda_{\text{Bps2}} + \lambda_{\text{Cps2}} + \lambda_{\text{Bpg}} + \lambda_{\text{Cpg}}} e^{-\lambda_{\text{El}}t} [1 - e^{-(\lambda_{\text{Al}} + \lambda_{\text{Bps2}} + \lambda_{\text{Cps2}} + \lambda_{\text{Bpg}} + \lambda_{\text{Cpg}})t}]$$

(8.91)

式(8.91)的计算结果与式(8.90)相一致。

步骤 7 计算系统的不可靠性。利用式(8.56)、式(8.69)、式(8.80)和式(8.90),我们可以按照下式计算考虑竞争失效以及 PFGE 和 PFSE 都存在情况下整个系统的不可靠性:

$$\begin{aligned}
&\Pr(\text{系统失效}) \\
&= \Pr(\text{系统失效} \mid R_1) \times \Pr(R_1) + \Pr(\text{系统失效} \mid R_2) \times \Pr(R_2) \\
&= 1 - \frac{\lambda_{Al}}{\lambda_{Al} + \lambda_{Bps2} + \lambda_{Cps2} + \lambda_{Bpg} + \lambda_{Cpg}} e^{-\lambda_{El} t} - \\
&\quad \frac{\lambda_{Bps2} + \lambda_{Cps2} + \lambda_{Bpg} + \lambda_{Cpg}}{\lambda_{Al} + \lambda_{Bps2} + \lambda_{Cps2} + \lambda_{Bpg} + \lambda_{Cpg}} e^{-(\lambda_{Al} + \lambda_{Bps2} + \lambda_{Cps2} + \lambda_{Bpg} + \lambda_{Cpg} + \lambda_{El})t} - \\
&\quad e^{-(\lambda_{Al} + \lambda_{Bl} + \lambda_{Bps1} + \lambda_{Bps2} + \lambda_{Cps1} + \lambda_{Cps2} + \lambda_{Bpg} + \lambda_{Cpg} + \lambda_{Dl})t} - e^{-(\lambda_{Al} + \lambda_{Bps1} + \lambda_{Bps2} + \lambda_{Cl} + \lambda_{Cps1} + \lambda_{Cps2} + \lambda_{Bpg} + \lambda_{Cpg} + \lambda_{Dl})t} + \\
&\quad e^{-(\lambda_{Al} + \lambda_{Bl} + \lambda_{Cl} + \lambda_{Bps1} + \lambda_{Bps2} + \lambda_{Cps1} + \lambda_{Cps2} + \lambda_{Bpg} + \lambda_{Cpg} + \lambda_{Dl})t} + e^{-(\lambda_{Al} + \lambda_{Bl} + \lambda_{Bps1} + \lambda_{Bps2} + \lambda_{Cps1} + \lambda_{Cps2} + \lambda_{Bpg} + \lambda_{Cpg} + \lambda_{Dl} + \lambda_{El})t} + \\
&\quad e^{-(\lambda_{Al} + \lambda_{Bps1} + \lambda_{Bps2} + \lambda_{Cl} + \lambda_{Cps1} + \lambda_{Cps2} + \lambda_{Bpg} + \lambda_{Cpg} + \lambda_{Dl})t} - e^{-(\lambda_{Al} + \lambda_{Bl} + \lambda_{Cl} + \lambda_{Bps1} + \lambda_{Bps2} + \lambda_{Cps1} + \lambda_{Cps2} + \lambda_{Bpg} + \lambda_{Cpg} + \lambda_{Dl} + \lambda_{El})t}
\end{aligned} \tag{8.92}$$

8.5 包含单功能相关组的多阶段任务系统

前面的章节仅关注单阶段任务系统。然而,在实际情况中,有许多系统是多阶段任务系统(PMS),这些系统通常需要执行具有多个连续且不交叠阶段的工作或任务。考虑 PMS 的竞争失效是一项具有挑战性和困难性的工作,因为 PMS 在系统结构和部件行为方面均具有动态特征,同时对于给定的部件,不同阶段之间具有统计相关性。本节介绍一种组合算法,用于评价只有一个任务阶段的部件存在功能相关的二态不可修 PMS 可靠性分析中竞争失效的影响。举一个实际情况下只在一个阶段中存在功能相关的例子,考虑一组计算机,它们一起工作,自动执行不同子任务,完成一个具有 N 个阶段的任务。在 $N-1$ 个阶段中,仅进行本地计算,但是在其中一个阶段中,一些计算机需要登录网络获取外部数据。在这一特定阶段,这些计算机(相关部件)和 NIC/路由器(触发部件)之间存在功能相关,而这些计算机中的失效(例如病毒)将会通过路由器进行传播,进而毁坏其他计算机。

存在 FDEP 组的阶段称为 FDEP 阶段;其他阶段称作非 FDEP 阶段。如果一组相关部件不被隔离,则组内相关部件的传播失效将会导致整个系统失效(此处假设传播失效具有全局效应);但是如果这一组部件与系统隔离,那么传播失效仅会导致该组内部件的失效。任何无法通过其他部件失效而与系统隔离的部件称作非相关部件。非相关部件的例子包括 FDEP 组的触发部件或者不属于任何 FDEP 组的部件。产生于非相关部件的传播失效总会导致整个系统的失效。该方法的其他假设条件如下:

(1) 任意部件的本地失效和传播失效都是统计独立的。
(2) 在任务开始时,所有的系统部件均处于工作状态。

(3) 在任务执行期间,系统及其部件均不可修。

(4) 阶段的持续时间与系统状态无关。

(5) 系统中仅存在一个功能相关(FDEP)组。

(6) 功能相关性仅存在于一个任务阶段,这表示仅在 FDEP 组存在的那个阶段中,相关部件的 PFGE 可通过触发部件传播或者通过该触发部件(如果该触发部件失效)被隔离。

(7) 触发部件以及任意其他部件的失效是统计独立的。

(8) 由于系统中仅存在一个 FDEP 组,因此失效传递的过程不存在级联效应。

8.5.1 组合算法

存在竞争失效隔离以及传播效应的 PMS 的可靠性分析算法步骤如下[15]:

步骤1 利用 8.2.1 节介绍的 PFGE 方法,将所有非相关部件的传播失效进行分离。如果任何非相关部件发生传播失效,PMS 失效。

$\Pr(\text{PMS 失效})$

$= \Pr\left[\text{PMS 失效} \left| \begin{array}{c}\text{执行任务期间,至少有一个}\\ \text{非相关部件发生全局性失效}\end{array}\right.\right] \times$

$\Pr(\text{执行任务期间,至少有一个非相关部件发生全局性失效}) +$

$\Pr[\text{PMS 失效} | (\text{执行任务期间,没有非相关部件发生全局性失效})] \times$

$\Pr(\text{执行任务期间,没有非相关部件发生全局性失效})$

$= 1 - P_u(t) + Q(t) \cdot P_u(t)$ (8.93)

其中,$P_u(t)$ 为在整个任务的任意一个阶段中,所有非相关部件都不会发生全局性失效的概率。假设 N 为能够导致传播失效的非相关部件的集合,则 $P_u(t)$ 可以由下式计算:

$$P_u(t) = \prod_{i \in N} \Pr(\text{执行任务期间,部件 } i \text{ 没有发生全局性失效})$$ (8.94)

需要注意的是,$Q(t)$ 为在没有非相关部件发生全局性失效的条件下的系统条件失效概率,因此,在计算 $Q(t)$ 时,须使用所有非相关部件本地失效的条件失效概率。

步骤2 对于没有非相关部件发生传播失效的情况,需要定义 3 个互斥事件 E_1, E_2 和 E_3,并且计算它们的发生概率。

E_1:在整个任务执行的过程中,相关部件不会发生传播失效。在这种情况下,可以将 PMS 看成不存在传播失效的系统进行分析。假设 D 是能引发传播失效的相关部件的集合,将 E_1 的发生概率记作 $\Pr(E_1)$,则

$$\Pr(E_1) = \prod_{i \in D} \Pr(\text{执行任务期间}, \text{部件 } i \text{ 没有发生全局性失效}) \quad (8.95)$$

E_2：在非 FDEP 阶段，至少有一个相关部件中发生传播失效。在这种情况下，传播失效在整个系统中传播，PMS 失效。将 E_2 的发生概率记作 $\Pr(E_2)$，计算如下：

$\Pr(E_2) = \Pr(\text{在非 FDEP 阶段}, \text{至少有一个相关部件发生传播失效})$

$= 1 - \Pr(\text{在非 FDEP 阶段}, \text{没有相关部件发生传播失效})$

$= 1 - \prod_{i \in D} \Pr(\text{在非 FDEP 阶段}, \text{部件 } i \text{ 没有发生全局性失效})$

$$= 1 - \prod_{i \in D} \begin{bmatrix} \Pr(\text{在 FDEP 阶段}, \text{部件 } i \text{ 发生全局性失效}) \\ + \Pr(\text{在执行任务期间}, \text{部件 } i \text{ 没有发生全局性失效}) \end{bmatrix}$$
$$(8.96)$$

E_3：在 FDEP 阶段，至少有一个相关部件发生传播失效，且在非 FDEP 阶段，没有相关部件发生传播失效。在这种情况下，FDEP 阶段可能发生竞争失效，在对 E_3 情况下的 PMS 进行可靠性分析时必须考虑触发部件的本地失效以及相关部件的传播失效之间的发生顺序。由于 $\Pr(E_1) + \Pr(E_2) + \Pr(E_3) = 1$，所以 $\Pr(E_3)$ 为

$$\Pr(E_3) = 1 - \Pr(E_1) - \Pr(E_2) \quad (8.97)$$

根据全概率法则，$Q(t)$ 可按照下式进行计算：

$$Q(t) = \Pr(E_1) \cdot Q_1^C + \Pr(E_2) \cdot Q_2^C + \Pr(E_3) \cdot Q_3^C \quad (8.98)$$

其中：$Q_i^C (i=1,2,3)$ 为 E_i 发生并且没有非相关部件发生传播失效条件下的系统条件失效概率。

步骤 3　计算 Q_1^C 和 Q_2^C。

Q_1^C 的值可以通过求解简化故障树得到。该简化故障树是通过将 FDEP 门用或门替换得到的，并且对于所有系统部件仅考虑本地失效。

$Q_2^C = 1$。因为至少一个传播失效在系统中传播，导致 PMS 失效。

步骤 4　计算 $\Pr(E_3) \cdot Q_3^C$。

首先，为 E_3 定义两个互斥的子事件：

子事件 1：发生隔离效应。

在这种情况下，触发部件本地失效发生在任何相关部件的传播失效之前。由于在 E_3 中，所有相关部件的传播失效均发生在 FDEP 阶段，因此触发部件的本地失效要么发生于 FDEP 阶段前的任一阶段，要么发生于 FDEP 阶段并发生在相关部件的传播失效之前。

子事件 2：发生传播效应。

在这种情况下，触发部件的本地失效要么发生在相关部件的传播失效之

后，要么根本不发生。由于在 E_3 中，所有相关部件的传播失效均发生在 FDEP 阶段，如果触发部件发生本地失效，则要么发生于 FDEP 阶段后的阶段，要么发生于 FDEP 阶段并发生在任意相关部件的传播失效之后。

令 $Q_{3,i}^C(i=1,2)$ 表示子事件 i 发生的条件下系统条件失效概率，根据全概率法则，有

$$\Pr(E_3) \times Q_3^C = \Pr(\text{子事件 1}) \times Q_{3,1}^C + \Pr(\text{子事件 2}) \times Q_{3,2}^C \quad (8.99)$$

假设阶段 m 为 FDEP 阶段，为了计算 $\Pr$(子事件 1) 的值，构建一个包含有 m 个事件的事件空间。事件 i ($i=1,2,\cdots,m-1$) 表示触发部件在阶段 i 发生本地失效，且 E_3 发生。而事件 m 表示触发部件在阶段 m（FDEP 阶段）发生本地失效，并且发生于所有相关部件在阶段 m 的传播失效之前。

事件 i ($i=1,2,\cdots,m-1$) 的发生概率为

$$\Pr(\text{事件 } i) = \Pr(\text{触发部件在阶段 } i \text{ 发生本地失效}) \cdot \Pr(E_3) \quad (8.100)$$

事件 m 的发生概率为

$$\Pr(\text{事件 } m) = \Pr\begin{bmatrix} \begin{pmatrix} \text{触发部件在阶段 } m \text{ 发生本地失效，并且该} \\ \text{失效发生在所有相关部件的全局失效之前} \end{pmatrix} \cap \\ (\text{在非 FDEP 阶段无相关部件发生全局失效}) \end{bmatrix} \quad (8.101)$$

式(8.101)所示的顺序失效概率可以利用积分公式(8.10)进行计算。式(8.10)中的 t 表示顺序事件发生阶段的持续时间。本书利用 MathCAD 软件计算多重积分[16]。

将在事件 i 发生条件下的条件失效概率记作 $Q_{3,1-i}^C$，其值可通过求解系统简化故障树模型得到。具体为，在原系统阶段 j($j<i$) 的故障树中，表示触发部件失效的事件替换为常量"0"（假），而在原系统阶段 k($k\geq i$) 的故障树中，表示触发部件失效的事件替换为常量"1"（真）。由于在 FDEP 阶段至少发生一个传播失效，处于同一 FDEP 组的所有相关部件将会受到影响而失效，该 FDEP 组外其他部件由于失效的隔离效应，不会受到传播失效的影响。因此，原系统 FDEP 阶段及其后的阶段的故障树中代表相关部件失效的事件，均替换为常量"1"（真）。利用布尔约简构建简化后的故障树模型，从而计算系统条件失效概率。布尔简化规则如下：

$$1+x=1, 1\cdot x=x, 0+x=x, 0\cdot x=0, \text{其中 } x \text{ 为布尔变量} \quad (8.102)$$

子事件 2 发生的概率可以简单计算为

$$\Pr(\text{子事件 2}) = \Pr(E_3) - \Pr(\text{子事件 1}) = \Pr(E_3) - \sum_{i=1}^{m} \Pr(\text{事件 } i) \quad (8.103)$$

$Q_{3,2}^C$ 为子事件 2 发生条件下系统的条件失效概率,且其值为 1,这是因为传播效应总是会发生的。

根据全概率法则,$\Pr(E_3) \cdot Q_3^C$ 可以按下式计算:

$$\Pr(E_3) \times Q_3^C = \Pr(\text{子事件 1}) \times Q_{3,1}^C + \Pr(\text{子事件 2}) \times Q_{3,2}^C$$
$$= \sum_{i=1}^{m} [\Pr(\text{事件 } i) \times Q_{3,1-i}^C] + \Pr(\text{子事件 2}) \quad (8.104)$$

步骤 5 整合所有计算结果,得到考虑竞争失效的 PMS 不可靠性为

$$\Pr(\text{PMS 失效}) = 1 - P_u(t) + Q(t) \cdot P_u(t)$$
$$= 1 - P_u(t) + [\Pr(E_1) \times Q_1^C + \Pr(E_2) \times Q_2^C + \Pr(E_3) \times Q_3^C] \cdot P_u(t) \quad (8.105)$$

8.5.2 案例分析

案例 PMS 包括了 4 个计算机 B, C, D 和 E,共同完成一个三阶段任务,图 8.19 给出了该案例 PMS 每个阶段的故障树模型。在阶段 1 和阶段 3,仅进行本地计算。特别地,计算机 D 失效且 B 或 C 其中之一失效,则阶段 1 失效;计算机 B 失效且 D 或 E 其中之一失效,则阶段 3 失效。在阶段 2,为了完成任务,计算机 B 和 C 需要通过路由器 A 登录网络获取数据文件。换言之,B、C 与 A 具有功能相关关系。然而,由于计算机 E 在本地具有所需的数据文件,因此,它可以独自完成阶段 2 的任务。当所有 3 台计算机 B, C 和 E 均发生失效,阶段 2 失效。也就是说,如果这 3 台计算机中的任意一台正常工作,系统都可以完成阶段 2 的任务。需要注意的是,由于阶段 2 存在功能相关,计算机 B 和 C 的正常工作依赖路由器 A 的正常运行。如果在阶段 2,计算机 B 和 C 在路由器 A 失效之前发生全局失效(病毒),这种失效将会传播,并且导致整个系统失效;如果路由器 A 在计算机 B 和 C 发生全局失效之前就已失效,那么这些失效将不会通过网络传播而导致整个系统失效。

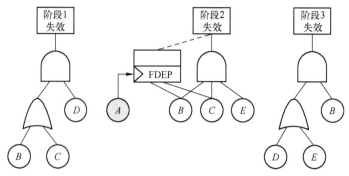

图 8.19 故障树模型

整个任务的时长为 60h,3 个阶段的持续时间分别为 10h,30h 和 20h。表 8.7 给出了每个阶段中各个部件的失效参数,所有的参数均是部件在之前阶段不发生失效条件下的条件失效参数。本案例包含 3 种不同类型的失效时间分布:①常量失效概率,记作 q_{xl_i/xp_i}。②具有恒定失效率 λ 的指数分布。在这种情况下,$q_{xl_i/xp_i}(t) = 1 - e^{-\lambda t}$,$f_{xl_i/xp_i}(t) = \lambda e^{-\lambda t}$。③具有尺度参数 λ_W 和形状参数 α_W 的威布尔分布。其中,$q_{xl_i/xp_i}(t) = 1 - e^{-(\lambda_W t)^{\alpha_W}}$,$f_{xl_i/xp_i}(t) = \alpha_W \lambda_W (\lambda_W t)^{\alpha_W - 1} \cdot e^{-(\lambda_W t)^{\alpha_W}}$。本案例的 5 个部件均可以在每个阶段发生本地失效。仅部件 A,B 和 C 能够在任务执行期间引发传播失效。

表 8.7 输入参数

参数	阶段 1 (10h)		阶段 2 (30h)		阶段 3 (20h)	
	LF	PF	LF	PF	LF	PF
A	$\lambda = 1.5 \times 10^{-4}$	$\lambda = 1 \times 10^{-4}$	$\lambda = 1.5 \times 10^{-4}$	$\lambda = 1 \times 10^{-4}$	$\lambda = 1.5 \times 10^{-4}$	$\lambda = 1 \times 10^{-4}$
B	$\lambda = 2 \times 10^{-4}$	$\lambda = 1 \times 10^{-4}$	$\lambda = 2 \times 10^{-4}$	$\lambda = 1 \times 10^{-4}$	$\lambda = 2 \times 10^{-4}$	$\lambda = 1 \times 10^{-4}$
C	$\lambda = 2 \times 10^{-4}$	$\lambda = 1 \times 10^{-4}$	$\lambda = 2 \times 10^{-4}$	$\lambda = 1 \times 10^{-4}$	$\lambda = 2 \times 10^{-4}$	$\lambda = 1 \times 10^{-4}$
D	$q = 0.001$	0	$q = 0.001$	0	$q = 0.001$	0
E	$\lambda_W = 2 \times 10^{-4}$, $\alpha_W = 2$	0	$\lambda_W = 1 \times 10^{-4}$, $\alpha_W = 2$	0	$\lambda_W = 1.5 \times 10^{-4}$, $\alpha_W = 2$	0

案例 PMS 的不可靠性可以通过利用本节介绍的方法得到,具体步骤如下:

步骤 1 将所有不相关部件的传播失效分离开。在本例中,仅有一个非相关部件 A 可能发生全局性失效。利用 8.2.1 节介绍的 PFGE 方法可以得到:

$$\begin{aligned}&\Pr(\text{PMS 失效}) \\ &= \Pr(\text{PMS 失效} | \text{执行任务期间 } A \text{ 发生全局失效}) \times \\ &\quad \Pr(\text{执行任务期间 } A \text{ 发生全局失效}) + \\ &\quad \Pr(\text{PMS 失效} | \text{执行任务期间 } A \text{ 未发生全局失效}) \times \\ &\quad \Pr(\text{执行任务期间 } A \text{ 未发生全局失效}) \\ &= 1 - P_u(t) + Q(t) \cdot P_u(t)\end{aligned} \tag{8.106}$$

式中:

$$\begin{aligned}P_u(t) &= \Pr(\text{执行任务期间 } A \text{ 未发生全局失效}) \\ &= P_{Ap_3} = 0.994018\end{aligned} \tag{8.107}$$

需要注意的是,$Q(t)$ 为在 A 未发生全局性失效的条件下,系统的条件失效概率,因此,在计算 $Q(t)$ 时,须使用本地失效条件概率。由于在本案例中,假设本地失效和全局失效相互独立,则本地条件失效概率与本地非条件失效概率相同,可由式(8.4)计算得到。

步骤2 定义3个互斥事件 E_1, E_2 和 E_3，并且计算它们的发生概率。

在本案例中，存在两个相关部件 B 和 C，并且两者均可发生全局失效，则定义的3个事件为

E_1：在执行任务的全过程中，B 和 C 均不发生全局失效。

$$\begin{aligned}\Pr(E_1) &= \Pr(\text{执行任务期间 } B \text{ 和 } C \text{ 均未发生全局失效}) \\ &= P_{B p_3} \cdot P_{C p_3} = 0.988072 \end{aligned} \quad (8.108)$$

E_2：在非 FDEP 阶段，即阶段1和阶段3，B 或 C 发生全局失效。需要注意的是部件 C 没有出现在阶段3的故障树模型中，意味着其本地失效对阶段3的失效没有贡献，但是，它仍然可以发生全局失效并且导致整个任务的失败。

$$\begin{aligned}&\Pr(E_2) \\ &= \Pr(B \text{ 或 } C \text{ 在阶段 1 或阶段 3 发生全局失效}) \\ &= 1 - \Pr(B \text{ 和 } C \text{ 在阶段 1 和阶段 3 均未发生全局失效}) \\ &= 1 - \begin{bmatrix} \Pr(B \text{ 在阶段 1 和阶段 3 未发生全局失效}) \times \\ \Pr(C \text{ 在阶段 1 和阶段 3 未发生全局失效}) \end{bmatrix} \\ &= 1 - \begin{bmatrix} \Pr\begin{pmatrix} B \text{ 在阶段 2 发生全局失效} \cup \\ B \text{ 在执行任务期间未发生全局失效} \end{pmatrix} \times \\ \Pr\begin{pmatrix} C \text{ 在阶段 2 发生全局失效} \cup \\ C \text{ 在执行任务期间未发生全局失效} \end{pmatrix} \end{bmatrix} \\ &= 1 - (p_{B p_1} q_{B p_2} + P_{B p_3})(p_{C p_1} q_{C p_2} + P_{C p_3}) = 0.00597 \end{aligned} \quad (8.109)$$

E_3：在 FDEP 阶段，即阶段2，B 或 C 发生全局失效，并且 B 和 C 均未在阶段1和阶段3发生全局失效。由于 $\Pr(E_1) + \Pr(E_2) + \Pr(E_3) = 1$，所以 $\Pr(E_3)$ 为

$$\Pr(E_3) = 1 - \Pr(E_1) - \Pr(E_2) = 0.005958 \quad (8.110)$$

步骤3 计算 Q_1^C 和 Q_2^C。

$Q_2^C = 1$，这是因为至少会有一个 B 或 C 的传播失效通过系统进行传播，并导致 PMS 失效。

Q_1^C 可以通过计算图 8.20 所示的简化故障树求得。

应用文献[17]提出的 PMS BDD 算法，图 8.21 给出图 8.20 中故障树对应的 PMS BDD 模型。用以构建 PMS BDD 模型的顺序是 $Al_2 < Bl_3 < Bl_2 < Bl_1 < Cl_2 < Cl_1 < Dl_3 < Dl_1 < El_3 < El_2$。

从图 8.21 可以得到：

$$\begin{aligned} Q_1^C &= Q_{Al_2} \{ Q_{Bl_3}(Q_{Dl_3} + P_{Dl_3} Q_{El_3}) + P_{Bl_3}[Q_{Cl_1}(Q_{Dl_1} + P_{Dl_1} Q_{El_2}) + P_{Cl_1} Q_{El_2}] \} + \\ &\quad P_{Al_2} \{ Q_{Bl_3}(Q_{Dl_3} + P_{Dl_3} Q_{El_3}) + P_{Bl_3} Q_{Cl_1} Q_{Dl_1} \} = 0.000038 \end{aligned} \quad (8.111)$$

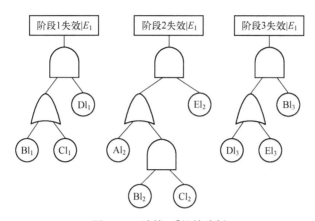

图 8.20 计算 Q_1^c 的故障树

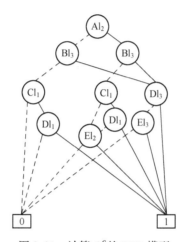

图 8.21 计算 Q_1^c 的 BDD 模型

步骤 4 计算 $\Pr(E_3) \cdot Q_3^c$。

此案例中，E_3 的两个子事件如下：

子事件 1：部件 A 在阶段 1 发生本地失效，或者部件 A 于阶段 2 在 B 和 C 发生全局失效之前发生本地失效。

子事件 2：部件 A 在阶段 3 发生本地失效，或者部件 A 于阶段 2 在 B 或 C 发生全局失效之后发生本地失效，或者部件 A 在整个任务期间没有发生本地失效。

基于子事件 1，构建包含两个事件的事件空间如下：

事件 1：A 在阶段 1 发生本地失效，并且 E_3 发生。

事件 2：A 在阶段 2 发生本地失效，且在 B 和 C 在阶段 2 发生全局失效之前发生。

事件 1 发生的概率为

Pr(事件 1)

$= \Pr(A \text{ 在阶段 1 发生本地失效}) \cdot \Pr(E_3) = Q_{Al_1} \Pr(E_3) = 0.000009$ (8.112)

基于事件 1 的简化故障树和 PMS BDD 分别如图 8.22 和图 8.23 所示。用以构建 PMS BDD 模型的顺序是 $Bl_1 < Cl_1 < Dl_3 < Dl_1 < El_3 < El_2$。

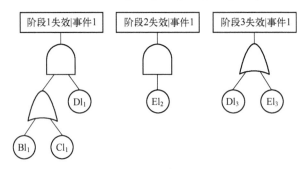

图 8.22 基于事件 1 的故障树

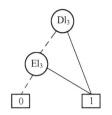

图 8.23 基于事件 1 的 BDD 模型

在事件 1 发生的条件下,将系统条件失效概率记作 $Q_{3,1-1}^C$,即为

$$Q_{3,1-1}^C = Q_{Dl_3} + P_{Dl_3} Q_{El_3} = 0.003019 \qquad (8.113)$$

令阶段 2 的持续时间为 t_2,事件 2 的发生概率为

Pr(事件 2)

$= \Pr \begin{bmatrix} (A \text{ 于阶段 2 在 } B \text{ 和 } C \text{ 发生全局失效之前发生本地失效}) \\ \cap (B \text{ 和 } C \text{ 在阶段 1 和阶段 3 未发生全局失效}) \end{bmatrix}$

$= \Pr \begin{bmatrix} (A \text{ 于阶段 2 在 } B \text{ 发生全局失效之前发生本地失效}) \\ \cap (\text{执行任务期间 } C \text{ 未发生全局失效}) \end{bmatrix} +$

$\Pr \begin{bmatrix} (A \text{ 于阶段 2 在 } C \text{ 发生全局失效之前发生本地失效}) \\ \cap (\text{执行任务期间 } B \text{ 未发生全局失效}) \end{bmatrix} +$

$\Pr(A \text{ 于阶段 2 在 } B \text{ 和 } C \text{ 都发生全局失效之前发生本地失效})$

$$\begin{aligned}
&= p_{Al_1} p_{Bp_1} P_{Cp_3} \int_0^{t_2} \int_{\tau_1}^{t_2} f_{Al_2}(\tau_1) f_{Bp_2}(\tau_2) \mathrm{d}\tau_2 \mathrm{d}\tau_1 + \\
&\quad p_{Al_1} p_{Cp_1} P_{Bp_3} \int_0^{t_2} \int_{\tau_1}^{t_2} f_{Al_2}(\tau_1) f_{Cp_2}(\tau_2) \mathrm{d}\tau_2 \mathrm{d}\tau_1 + \\
&\quad p_{Al_1} p_{Bp_1} p_{Cp_1} \int_0^{t_2} \int_{\tau_1}^{t_2} \int_{\tau_2}^{t_2} f_{Al_2}(\tau_1) f_{Bp_2}(\tau_2) f_{Cp_2}(\tau_3) \mathrm{d}\tau_3 \mathrm{d}\tau_2 \mathrm{d}\tau_1 + \\
&\quad p_{Al_1} p_{Bp_1} p_{Cp_1} \int_0^{t_2} \int_{\tau_1}^{t_2} \int_{\tau_2}^{t_2} f_{Al_2}(\tau_1) f_{Cp_2}(\tau_2) f_{Bp_2}(\tau_3) \mathrm{d}\tau_3 \mathrm{d}\tau_2 \mathrm{d}\tau_1 \\
&= 0.000013
\end{aligned} \tag{8.114}$$

基于事件 2 的简化故障树与基于事件 1 的相同,因此,在事件 2 发生的条件下,将系统条件失效概率记作 $Q_{3,1-2}^C$,即为

$$Q_{3,1-2}^C = Q_{Dl_3} + P_{Dl_3} Q_{El_3} = 0.003019 \tag{8.115}$$

子事件 2 发生的概率可以简单计算为

$$\begin{aligned}
\Pr(\text{子事件 2}) &= \Pr(E_3) - \Pr(\text{子事件 1}) \\
&= \Pr(E_3) - \Pr(\text{事件 1}) - \Pr(\text{事件 2}) = 0.0059359
\end{aligned} \tag{8.116}$$

因此,有

$$\begin{aligned}
&\Pr(E_3) \times Q_3^C \\
&= \Pr(\text{事件 1}) \times Q_{3,1-1}^C + \Pr(\text{事件 2}) \times Q_{3,1-2}^C + \Pr(\text{子事件 2}) \\
&= 0.005936
\end{aligned} \tag{8.117}$$

步骤 5 整合所有计算结果,得到 PMS 不可靠性的最终结果:

$$\begin{aligned}
\Pr(\text{PMS 失效}) &= 1 - P_u(t) + Q(t) \cdot P_u(t) \\
&= 1 - P_u(t) + [\Pr(E_1) \times Q_1^C + \Pr(E_2) \times Q_2^C + \Pr(E_3) \times Q_3^C] \cdot P_u(t) \\
&= 0.017854
\end{aligned} \tag{8.118}$$

8.6 包含多功能相关组的多阶段任务系统

本节描述一种马尔可夫方法,用于对包含有多组独立或者不独立功能相关组(FDEP)的 PMS 进行可靠性分析时,对竞争失效传播和隔离效应进行建模。8.5 节介绍的假设(1)~(4)仍然适用。此处假设系统部件失效时间服从指数分布,即系统中所有部件的失效率均为常数。

触发部件的失效仅能引发同 FDEP 组中相关部件在某一阶段中失效;如果

这些相关部件在某些阶段被系统功能直接访问,且这些阶段中不包含触发部件,那么它们仍然能够在这些阶段正常运行。相关部件的 PFGE 和 PFSE 均可以被触发部件失效隔离开来。被隔离的 PF,包括 PFGE 以及 PFSE,仅对该部件本身造成影响,即引发该部件的 LF。前面阶段被隔离 PF 仍然能够在接下来不具有相应 FDEP 组的阶段中传递给其他部件。例如,在计算机网络中,一台计算机在执行某一阶段的功能时,需要通过路由器访问网络,而在接下来的阶段中,仅要求其在局域网中执行本地功能,在早期阶段由于路由器失效而被隔离的 PF(如病毒)仍然会传递给其他部件(例如,在同一个局域网中的计算机),并且导致后续阶段的失效,从而使整个任务失败。

8.6.1 马尔可夫法

文献[18]提出一种基于马尔可夫的方法,在不考虑 FDEP 行为和竞争失效情况下分析 PMS 的可靠性。本节介绍一种基于文献[18]的扩展马尔可夫方法,在带有多个独立或相关 FDEP 组的 PMS 可靠性分析中考虑竞争失效效应。

扩展马尔可夫法可总结为以下 4 个步骤:

(1) 为每一个阶段分别构建马尔可夫链。马尔可夫链是在系统状态基础上构建的;每个状态可以用所有正常工作和失效系统部件的组合来表示,描述在任意给定时间点的系统行为[19-20]。不同状态之间由状态转移相连;两个不同状态之间的转移通常是由某一部件的失效而触发的。在系统可靠性分析时,马尔可夫模型由初始状态开始建立,在此状态下,所有系统部件均处于良好工作状态。随着部件一个接一个的失效,系统从一个状态转移到另一个状态,直到到达整个系统失效的状态。由于此处假设 LF、PFGE 和 PFSE 相互独立,每一个失效事件可以看成一个独立事件。在传统的马尔可夫模型中,对于每个部件的每个状态,只有一个事件代表部件正常工作或失效,而在扩展的模型中,对于每个部件的每个状态,最多有 3 个事件分别代表部件的 LF、PFGE 和 PFSE 发生或者不发生。每一个状态都表示在任意给定时刻部件本地失效和传播失效事件的特定组合。令事件 Xl、Xpg 和 Xps 分别表示部件 X 的 LF、PFGE 和 PFSE。例如,状态(Al,Aps,Bl,Bpg)表示的是部件 A 和部件 B 均可以发生本地失效,部件 A 会发生 PFSE,而部件 B 可以发生全局失效 PFGE。

(2) 将阶段 1 马尔可夫链中的初始完好状态(在该状态下,所有的系统部件均完好;任何部件均未发生 LF、PFGE 或者 PFSE 的状态)的概率记作"1",其他状态的初始状态概率记作"0",并求解该马尔可夫链。

(3) 从第二个阶段开始,将前一阶段最终状态的状态概率映射给当前阶段初始状态的状态概率,并且解算这一阶段的马尔可夫链。需要注意的是,由于我们利用简化的马尔可夫链来缩减马尔可夫模型的规模,因此一些状态不会在每个阶段都出现。例如,假设阶段 1 存在 FDEP,并且在该阶段中存在这样一个特殊"系统正常"的状态(状态 x),在该状态中,相关部件发生 PF,但是被触发失效隔离,系统仍然正常运行。但如果 FDEP 组在阶段 2 中不存在,那么就没有一个这样的状态,即相关部件发生 PF,系统仍然正常工作的状态存在。当从阶段 1 到阶段 2 的马尔可夫链进行映射时,阶段 1 中的系统正常状态(状态 x)即可直接映射到阶段 2 的失效状态。因此,由于存在竞争失效行为,在进行映射工作时,需要采取一些特殊的处理方法。

(4) 重复步骤 3,直至分析完所有的阶段。最后一个阶段的输出结果即可以给出整个 PMS 的不可靠性,即,最后一个阶段失效状态的概率就是整个 PMS 的失效概率或不可靠性。

8.6.2 案例分析

这里给出一个通用案例,在该案例中,至少有两个 FDEP 组共享相同的触发部件或者相关部件,并且这些相关 FDEP 组分布在不同的阶段中。图 8.24 给出了这种情况下的一个示例 PMS 的故障树模型。在这个示例中,两台计算机 B 和 C 同时工作来完成一个三阶段的任务,两个 FDEP 组共享相同的触发部件 A:在阶段 1,计算机 B 通过路由器 A 访问网络;在阶段 3,计算机 C 同样通过路由器 A 访问网络,而在阶段 2,系统仅需要本地的数据。表 8.8 给出了所有系统部件在每个阶段的恒定失效率。

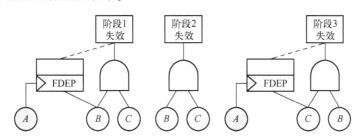

图 8.24 例子的故障树模型

表 8.8 输入参数

参数	阶段 1(4000h)		阶段 2(2000h)		阶段 3(4000h)	
	LF	PFGE	LF	PFGE	LF	PFGE
A	5×10^{-6}	0	2×10^{-6}	0	2×10^{-6}	0
B	3×10^{-5}	1×10^{-6}	3×10^{-5}	1×10^{-6}	3×10^{-5}	1×10^{-6}
C	1×10^{-5}	1×10^{-6}	2×10^{-5}	1×10^{-6}	3×10^{-5}	1×10^{-6}

图 8.25 给出例子中 PMS 在阶段 1 的马尔可夫模型。

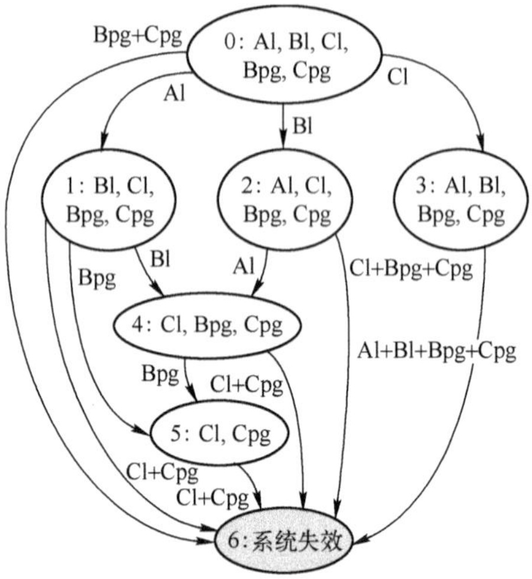

图 8.25　阶段 1 的马尔可夫链

阶段 1 中,初始状态(状态 0)下可发生 5 个失效事件 Al、Bl、Cl、Bpg 和 Dpg。如果 Bpg 发生并且因部件 A(状态 1,4 和状态 5)的本地失效而被隔离,仅会导致部件 B 失效,不会造成整个系统失效。但是对于状态 2 和 3,Bpg 的发生将会导致整个系统失效,因为触发部件没有失效,因而产生了传播效应。在任何状态中,事件 Cpg 的发生均将导致整个系统的失效,因为部件 C 在此阶段中不属于任何 FDEP 组,所以部件 C 的传播失效不会被隔离。

式(8.119)以通用矩阵的形式给出了马尔可夫模型的状态方程:

$$P'(t) = QP(t) \quad (8.119)$$

式中:$P(t)$ 为时间 t 的状态概率向量;$P'(t)$ 为 $P(t)$ 的微分形式;Q 为转移率矩阵,可以从马尔可夫链的状态转移图中得到。

为了计算状态概率,式(8.119)所示的微分方程可以基于特定初始状态概率,采用拉普拉斯变换进行求解[11]。

利用初始状态概率[1,0,0,0,0,0,0],我们可以求解如式(8.119)所列的阶段 1 的状态方程,得到阶段 1 结束时的状态(即任务时间=4000h)的状态概率为 [0.82861471, 0.01673913, 0.10564577, 0.03381641, 0.00213419, 0.00003792,0.01301188]。

图 8.26 给出的是案例 PMS 在阶段 2 对应的马尔可夫模型。在阶段 2,尽管只有部件 B 和 C 的本地失效对系统的失效有贡献,为了进行映射,事件 Al 也加入到了马尔可夫链中。因此,在阶段 2 的初始状态(状态 0)中,可能会发生 5 个失效事件。由于该阶段中不存在 FDEP 组,所以如果有任何传播失效发生,

系统就会失效。阶段 1 和阶段 2 之间的映射关系如图 8.27 所示。

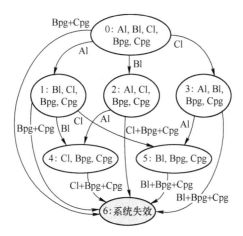

图 8.26　阶段 2 的马尔可夫链

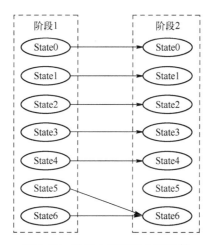

图 8.27　阶段 1 至阶段 2 的映射

从图 8.27 可以看出,阶段 1 的状态 5 映射到了阶段 2 的失效状态(状态 6),原因是在该状态中,Bpg 已经发生并且在阶段 1 中被隔离,但在阶段 2 中,由于未被隔离,Bpg 的发生将导致系统失效,因此,阶段 2 中状态 6 的初始状态概率等于阶段 1 最终状态 5 与状态 6 的概率之和。当部件 A 和部件 C 在阶段 1 均发生本地失效,则阶段 1 失效,阶段 2 中状态 5 的初始状态概率为 0。总之,用于求解阶段 2 马尔可夫链的初始状态概率向量为 [0.82861471,0.01673913, 0.10564577,0.03381641,0.00213419,0.01304981]。通过求解图 8.26 所示的阶段 2 的马尔可夫链,阶段 2(任务时间 = 2000h)结束时的状态概率为 [0.74378743,0.01806683,0.1466878,0.06194787,0.00356309,0.00086395,

0.02508303]。

图 8.28 所示为案例 PMS 在阶段 3 的马尔可夫模型。

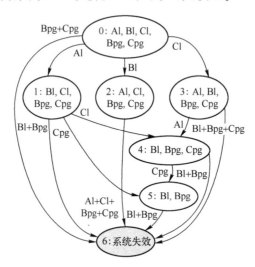

图 8.28　阶段 3 的马尔可夫链

图 8.26 所示阶段 2 与图 8.28 所示阶段 3 的各状态之间的映射关系如图 8.29 所示。

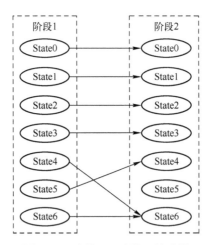

图 8.29　阶段 2 至阶段 3 的映射

映射后,我们能够得到用于求解阶段 3 马尔可夫链的初始状态概率向量为 [0.74378743, 0.01806683, 0.14668778, 0.06194787, 0.00086395, 0, 0.02864612]。通过求解图 8.28 的马尔可夫链,就能够得到任务最终状态的状态概率为 [0.62375351, 0.02028291, 0.15349123, 0.13810075, 0.00387994, 0.00008459,

0.06040708]。因此,案例 PMS 的不可靠度为 0.06040708。

 参考文献

[1] LEVITIN G,XING L. Reliability and performance of multi-state systems with propagated failures having selective effect[J]. Reliability engineering & system safety,2010,95(6):655-661.

[2] AMARI S V,DUGAN J B,MISRA R B. A separable method for incorporating imperfect fault-coverage into combinatorial models[J]. IEEE transactions on reliability,1999,48(3):267-274.

[3] LEVITIN G,AMARI S V. Reliability analysis of fault tolerant systems with multi-fault coverage. International Journal of Performability Engineering[J]. International journal of performability engineering,2007,3(4):441-451.

[4] XING L,DUGAN J B. Analysis of generalized phased-mission system reliability,performance and sensitivity[J]. IEEE Transactions on Reliability,2002,51(2):199-211.

[5] MASIR K B. Handbook of Performability Engineering[M]. London:Springer-Verlag,2008.

[6] MYERS A F. k-out-of-n:G system reliability with imperfect fault coverage[J]. IEEE Transactions on Reliability,2002,56(3):464-473.

[7] SHRESTHA A,XING L. Quantifying Application Communication Reliability of Wireless Sensor Networks[J]. International Journal of Performability Engineering,Special Issue on Reliability and Quality in Design,2008,4(1):43-56.

[8] XING L,WANG C,LEVITIN G. Competing Failure Analysis in Non-repairable Binary Systems Subject to Functional Dependence[J]. Proc IMechE,Part O:Journal of Risk and Reliability,2002,226(4):406-416.

[9] PAPOULIS A,PILLAI S U. Probability, random variables, and stochastic processes[M], 2nd ed. New York:McGraw-Bill,2002.

[10] XING L,LEVITIN G. Combinatorial analysis of systems with competing failures subject to failure isolation and propagation effects[J]. Reliability engineering & system safety,2010,95(11):1210-1215.

[11] RAUSAND M,HOYLAND A. A System reliability theory:models. statistical methods,and applications[M]. 2nd ed. Hoboken:John Wiley & Sons,Inc,2004.

[12] WANG C,XING L,LEVITIN G. Reliability analysis of multi-trigger binary systems subject to competing failures[J]. Reliability engineering & system safety,2013,111:9-17.

[13] DUGAN J B,DOYLE S A. New results in Fault-Tree analysis,Tutorial Notes of Annual Reliability and Maintainability Symposium[C]. Pennsylvania:Philadelphia,1999.

[14] WANG C, XING L, LEVITIN G. Propagated failure analysis for non-repairable systems considering both global and selective effects[J]. Reliability engineering & system safety,2012,99:96-104.

[15] WANG C,XING L,LEVI'I'IN G. Competing failure analysis in phased-mission systems

with functional dependence in one of phases[J]. Reliability engineering & system safety, 2012,108:90-99.

[16] MAXFIELD B, Essential Mathcad for Engineering, Science and Math [M]. 2nd ed. London:Academic Press. 2009.

[17] ZANG X,SUN H,TRIVEDI K S. A BDD-based algorithm for reliability analysis of phased-mission systems[J]. IEEE transactions on reliability,1999,48(1):50-60.

[18] SOMANI A K, RITCEY J A, AU S H L. Computationally efficient phased - mission reliability analysis for systems with variable configurations[J]. IEEE transactions on reliability,1992,41(4):504-511.

[19] AGGARWAL. K K. Reliability engineering [M]. Dordrecht: Kluwer Academic publishers,1996.

[20] SHOOMAN M L. Reliability of computer systems at networks:fault tolerance,analysis,and design[M]. New York:John Wilev. 2002.

第 9 章

概率性竞争失效

9.1 概 述

第 8 章主要介绍存在确定性竞争失效的系统可靠性分析:如果触发部件的本地失效先发生,将会对同一 FDEP 组的相关部件的失效产生"确定性"的隔离效应。然而,在一些实际系统中,这种隔离效应可能是概率性或不确定的。例如,一个中继辅助无线传感器网络(WSN)系统中,其无线信号的衰减会显著降低系统性能,并且一些传感器倾向于通过中继节点将其感应的信号传递给接收装置[1]。每个部件(传感器或中继器)都会因为无法传输而发生 LF,也会因为干扰攻击而发生 PFGE。当中继器(即触发部件)发生本地失效时,作为概率相关(PDEP)部件的传感器会以一定的概率增加传输功率来无线连接到接收装置,该概率与传感器的剩余能量相关。如果某一传感器的剩余能量不足以使信号直接传输到接收装置,那么它将与 WSN 隔离开,于是阻止了这个被隔离传感器的 PF,因此,在这个 WSN 中,传感器与中继器之间存在概率功能相关性(PFD),中继器 LF 会导致其相关传感器的概率性失效隔离效应。

如上述 WSN 例子所示,存在 PFD 行为的系统中,触发部件的 LF(如果先发生)会以不同的概率隔离 PDEP 部件,这种隔离效应可以防止由于那些相关部件进一步的 PF 而导致的系统功能的损害。然而,如果某一任意 PDEP 部件的 PF 在触发部件 LF 之前发生,那么整个系统将会由于全局失效传播效应而失效。总之,触发部件的 LF(概率性失效隔离效应)和相应 PDEP 部件的 PFGE(失效传播效应)的时域竞争可能导致显著不同的系统状态。

图 9.1 为表示 PFD 行为的故障树门[2]示意图。PFD 门有一个作为输入的触发事件,以及一个或多个 PDEP 事件表示相应相关部件的隔离效应。当触发事件发生,相应的 PDEP 事件以一定的(也许不同的)概率发生,该行为用门中的开关符号进行建模,换句话说,当触发部件发生失效时,相应的相关部件将以

一定的概率被隔离(不可访问或不可用)。

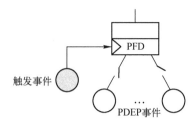

图 9.1　PFD 门的结构[2]

在下面的章节中,我们介绍在存在 PFD 行为的不可修系统可靠性分析中,对概率性失效隔离和失效传播效应的竞争关系进行建模的方法。

9.2　存在单类本地失效的系统

9.2.1　组合算法

可以通过以下 4 个步骤来描述带有全局性失效传播和概率性失效隔离的不可修系统可靠性分析的一般方法。

步骤 1　定义概率性功能相关事件(PFDC),计算出它们的发生概率以及明确受各 PFDC 影响的 PDEP 部件的集合。

对于带有 PFD 的系统,PFDC 被定义为能够涵盖同一 PFD 组内触发部件和相应 PDEP 部件之间所有可能的关系,其中,每个 PFDC 都是一个 PDEP 部件及其触发部件之间相关性或独立性的事件组合。在一组有 n 个 PDEP 部件的情况下,则有 2^n 个不相交的、完整的组合,因此,在一个 PFD 组内,PFDC 空间大小与 PDEP 部件数量呈指数关系。每个 PFDC 的发生概率可用表示触发部件和 PDEP 部件之间的功能相关关系的参数来计算,在 9.2.2 节中有示例说明。用 $S(\text{PFDC}_i)$ 表示受各 $\text{PFDC}_i, i \in \{1, 2, \cdots, 2^n\}$ 影响的 PDEP 部件的集合,是所有属于该组的 PDEP 部件的子集。需要注意的是,对应 PFDC_i 的集合 $S(\text{PFDC}_i)$ 可以是空集,表示实际上没有部件与触发部件功能相关。

步骤 2　定义失效竞争事件(FCE)并评估其发生概率。

根据触发部件的状态以及触发部件的 LF 和相应 PDEP 部件的 PF 之间的竞争关系,可以定义 3 种不同的事件:

FCE_1:在任务期间触发部件处于工作状态;

FCE_2:至少一个 PDEP 部件的 PF 在触发部件的 LF 之前发生;

FCE_3:在任意 PDEP 部件的 PF 发生之前,触发部件就已经发生本地失效。

接下来讨论评估每个 FCE 发生概率的方法。

$\Pr(\mathbf{FCE}_1)$：假设触发部件的无条件 LF 事件由 X_{Tl} 表示，其发生概率用 $q_{Tl}(t)$ 表示，那么，FCE_1 发生概率为

$$\Pr(\text{FCE}_1) = \Pr(\overline{X_{Tl}}) = 1 - q_{Tl}(t) \tag{9.1}$$

在触发部件同时存在 LF 和 PF 的情况下，可应用 PFGE 方法（8.2.1 节）在这 4 个步骤前将触发部件的 PF 分离开，同时，$q_{Tl}(t)$ 应当由条件失效概率 $q_T(t)$ 来代替，$q_T(t)$ 是依据触发部件的 LF 和 PF 之间的统计关系计算得出的。

$\Pr(\mathbf{FCE}_2)$：在评估 $\Pr(\text{FCE}_2)$ 时需要考虑用 PFDC 建模的触发部件和相应 PDEP 部件之间的不同关系。具体来说，基于步骤 1 中定义的 2^n 个不相交 PFDC，可计算条件发生概率 $\Pr(\text{FCE}_2 \mid \text{PFDC}_i)$（$i \in \{1, 2, \cdots, 2^n\}$）。假设集合 $S(\text{PFDC}_i)$ 中有 k 个部件，其无条件 PF 事件由 $X_{D1p}, X_{D2p}, \cdots, X_{Dkp}$ 表示，那么，$\Pr(\text{FCE}_2 \mid \text{PFDC}_i)$ 为

$$\begin{aligned}\Pr(\text{FCE}_2 \mid \text{PFDC}_i) &= \Pr[(X_{D1p} \to X_{Tl}) \cup (X_{D2p} \to X_{Tl}) \cup \cdots \cup (X_{Dkp} \to X_{Tl})] \\ &= \Pr[(X_{D1p} \cup X_{D2p} \cup \cdots \cup X_{Dkp}) \to X_{Tl}]\end{aligned} \tag{9.2}$$

类似于式（8.8）的评估，式（9.2）中的顺序失效概率可通过下式得出：

$$\Pr[(X_{D1p} \cup X_{D2p} \cup \cdots \cup X_{Dkp}) \to X_{Tl}] = \int_0^t \int_{\tau_1}^t f_{(X_{D1p} \cup X_{D2p} \cup \cdots \cup X_{Dkp})}(\tau_1) f_{Tl}(\tau_2) \mathrm{d}\tau_2 \mathrm{d}\tau_1 \tag{9.3}$$

其中

$$\begin{aligned}f_{(X_{D1p} \cup X_{D2p} \cup \cdots \cup X_{Dkp})}(\tau) &= \frac{\mathrm{d}[\Pr(X_{D1p} \cup X_{D2p} \cup \cdots \cup X_{Dkp})]}{\mathrm{d}t} \\ &= \frac{\mathrm{d}[1 - \Pr(\overline{X}_{D1p}) \Pr(\overline{X}_{D2p}) \cdots \Pr(\overline{X}_{Dkp})]}{\mathrm{d}t}\end{aligned} \tag{9.4}$$

当 $S(\text{PFDC}_i)$ 为空集时，$\Pr(\text{FCE}_2 \mid \text{PFDC}_i)$ 等于 0。基于全概率定理，可以得出

$$\Pr(\text{FCE}_2) = \sum_{i=1}^{2^n} \Pr(\text{FCE}_2 \mid \text{PFDC}_i) \times \Pr(\text{PFDC}_i) \tag{9.5}$$

$\Pr(\mathbf{FCE}_3)$：由于这 3 个 FCE 是互斥的，而且能形成一个完整的事件空间，那么

$$\Pr(\text{FCE}_3) = 1 - \Pr(\text{FCE}_1) - \Pr(\text{FCE}_2) \tag{9.6}$$

步骤 3 在每个 FCE 发生条件下，评估系统的条件失效概率 $\Pr(\text{系统失效} \mid \text{FCE}_i)$（$i \in \{1, 2, 3\}$）。

去除触发部件和 PFD 门后，对简化系统模型运用 PFGE 方法（8.2.1 节）来

评估 $\Pr(\text{系统失效} \mid \text{FCE}_1)$。

当 FCE_2 发生时，$\Pr(\text{系统失效} \mid \text{FCE}_2)$ 等于 1，这是由于发生了失效传播效应而导致整个系统失效。

当 FCE_3 发生时，触发部件 LF 先发生并隔离相应的相关部件。在 PFDC_i，$i \in \{1,2,\cdots,2^n\}$ 发生的条件下，为了对隔离效应建模，在系统故障树模型中，将表示触发部件以及相应 PDEP 部件失效的事件用常数"1"（真）来代替，从而生成简化系统模型用以评估 $\Pr(\text{系统失效} \mid \text{PFDC}_i)$。PFGE 方法（8.2.1 节）与 BDD 方法一起用于评估该系统条件失效概率。最后，基于全概率定理，可得

$$\Pr(\text{系统失效} \mid \text{FCE}_3) = \sum_{i=1}^{2^n} \Pr(\text{系统失效} \mid \text{PFDC}_i) \times \Pr(\text{PFDC}_i) \quad (9.7)$$

步骤 4 运用全概率定理整合系统不可靠性为

$$U_{sys} = \sum_{j=1}^{3} \left[\Pr(\text{系统失效} \mid \text{FCE}_j) \times \Pr(\text{FCE}_j) \right] \quad (9.8)$$

以上介绍的 4 个步骤将原来的可靠性问题分解为一组简化问题。简化问题的空间复杂度为 $O(2 \times (2^n+1))$。更重要的是，所有这些简化问题是相互独立的，因此可以在给定足够计算资源的情况下并行解决。

9.2.2 案例分析

本节研究了一个用于生产车间状态监测的 WSN 系统案例（图 9.2），它由安装在车间不同位置的 5 个传感器（A,B,C,D 和 E）和一个中继节点

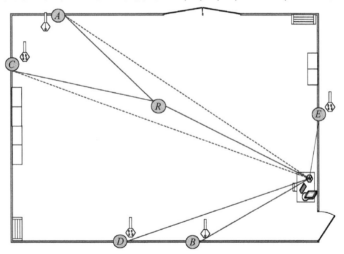

图 9.2 关键车间监控 WSN 示例

(R)组成。这 5 个传感器可以安装在墙壁上,中继节点位于车间天花板的中心。传感器 A 和 B 用于测量温度,C、D 和 E 用于获取车间的湿度,中继器(R)将传感器 A 和 C 获取的数据传输到位于右侧墙壁边下方的接收装置。接收装置收集所有传感器和中继器获得的信息,然后经由外部网关与用户进行通信。

图 9.3 给出了该 WSN 系统的故障树模型。逻辑或门表示若要成功监控,将同时需要两类物理信息(室温和湿度)。传感器 A 和 C 对中继节点 R 是概率性功能相关的,这是由于当 R 发生本地失效时,A 和 C 可以通过增加传输功率,以一定的概率无线连接到接收装置,该概率与剩余能量比例有关。PFD 门用于表示引起竞争失效传播和概率性失效隔离效应的 PFD 行为。如果中继节点 R 发生本地失效,那么对于剩下的 WSN 系统,传感器 A 和 C 将分别以条件概率 q_{RA} 和 q_{RC} 变得不可访问或被隔离。

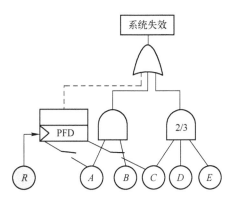

图 9.3 示例 WSN 的故障树模型

所有传感器和中继器都会由于传输失效而发生 LF,也会由于干扰攻击发生 PF。由于干扰攻击是由损坏的系统部件连续发射干扰信号引起的,所以同一部件的传输 LF 和 PF 是互斥的。

9.2.1 节中描述的 4 步方法可用于分析示例 WSN 系统的可靠性。用 X_{il} ($i \in \{A,B,C,D,E,R\}$),X_{ip}($i \in \{A,B,C,D,E,R\}$)分别表示所有系统部件的无条件 LF 和 PF 事件,用 $f_{il}(t)$($i \in \{A,B,C,D,E,R\}$)和 $f_{ip}(t)$($i \in \{A,B,C,D,E,R\}$)表示相应失效时间的概率密度函数。由于同一部件的 LF 和 PF 是互斥的,在部件 i 没有发生 PF 条件下,需要用式(8.6)计算部件条件失效概率 $q_i(t)$。

步骤 1 定义 PFDCs,计算其发生概率,并确定 $S(\text{PFDC}_i)$。

传感器 A 和 C 对中继器 R 存在 PFD,因此,可定义出 4 种不相交的事件,见

表9.1。

表9.1 示例 WSN 系统的 PFDCs

事 件	事件定义	发生概率	$S(\text{PFDC}_i)$
PFDC_1	$\bar{A} \cap \bar{C}$	$\Pr(\text{PFDC}_1) = (1-q_{RA})(1-q_{RC})$	$\varnothing$
PFDC_2	$A \cap C$	$\Pr(\text{PFDC}_2) = q_{RA} q_{RC}$	$\{A, C\}$
PFDC_3	$A \cap \bar{C}$	$\Pr(\text{PFDC}_3) = q_{RA}(1-q_{RC})$	$\{A\}$
PFDC_4	$\bar{A} \cap C$	$\Pr(\text{PFDC}_4) = (1-q_{RA}) q_{RC}$	$\{C\}$

步骤2 定义 FCEs 并评估其发生概率。

由于在本示例 WSN 中,不论其他系统部件状态如何,R 的 PF 都会损坏整个系统,首先用 PFGE 法(8.2.1节)将触发部件的 PF 从组合求解中分离出来。特别地,在本例中,定义了两个互补事件:至少一个 PF 发生(由 E_1 表示);没有 PF 发生(由 E_2 表示)。基于全概率定理,系统的不可靠度为

$$U_{\text{sys}}(t) = \Pr(\text{系统失效} | E_1) \times \Pr(E_1) + \Pr(\text{系统失效} | E_2) \times \Pr(E_2) \quad (9.9)$$

对 $\Pr(E_2)$ 的评估很直接,将 PF 的影响从系统中分离开。假定任意触发部件 i 的无条件 PF 概率为 $q_{ip}(t)$,可以得出

$$\Pr(E_2) = \prod_{\forall i} \Pr(\text{部件 } i \text{ 没有发生 PF}) = \prod_{\forall i} (1 - q_{ip}(t)) \quad (9.10)$$

对于本例来说,可以得出 $\Pr(E_2) = 1 - q_{R_p}(t)$,$\Pr(E_1) = 1 - \Pr(E_2)$。$\Pr(\text{系统失效} | E_1)$ 为 1。对式(9.9)中 $\Pr(\text{系统失效} | E_2)$ 和系统不可靠度 $U_{\text{sys}}(t)$ 的评估可通过下列过程来描述。

FCE_1:在任务期间中继器 R 一直处于工作状态。FCE_1 的发生概率为

$$\Pr(\text{FCE}_1) = \Pr(\bar{X}_R) = 1 - q_R(t) = 1 - \frac{q_{Rl}(t)}{1 - q_{Rp}(t)} = \frac{1 - \int_0^t f_{Rp}(\tau) d\tau - \int_0^t f_{Rl}(\tau) d\tau}{1 - \int_0^t f_{Rp}(\tau) d\tau}$$

$$(9.11)$$

FCE_2:至少有一个 PDEP 部件(A 和 C)的 PF 在 R 的 LF 之前发生。基于 4 种不相交 PFDCs,FCE_2 的发生概率可通过下列子步骤分析。

$\Pr(\text{FCE}_2 | \text{PFDC}_1)$:由于 $S(\text{PFDC}_1) = \varnothing$,在这种情况下不存在相关部件,因此 $\Pr(\text{FCE}_2 | \text{PFDC}_1) = 0$。

$\Pr(\text{FCE}_2 | \text{PFDC}_2)$:在这种情况下,$S(\text{PFDC}_2) = \{A, C\}$,$A$ 或 C 的全局失效发生在 R 的 LF 之前,FCE_2 则会发生。$\Pr(\text{FCE}_2 | \text{PFDC}_2)$ 计算如下:

$$\Pr(\text{FCE}_2 | \text{PFDC}_2) = \Pr\{(X_{Ap} \cup X_{Cp}) \to X_R\}$$

$$= \int_0^t \int_{\tau_1}^t f_{Ap}(\tau_1) f_R(\tau_2) d\tau_2 d\tau_1 + \int_0^t \int_{\tau_1}^t f_{Cp}(\tau_1) f_R(\tau_2) d\tau_2 d\tau_1 - \qquad (9.12)$$

$$\int_0^t \int_{\tau_1}^t \int_{\tau_2}^t f_{Ap}(\tau_1) f_{Cp}(\tau_2) f_R(\tau_3) d\tau_3 d\tau_2 d\tau_1 - \int_0^t \int_{\tau_1}^t \int_{\tau_2}^t f_{Cp}(\tau_1) f_{Ap}(\tau_2) f_R(\tau_3) d\tau_3 d\tau_2 d\tau_1$$

其中 $f_R(\tau) = dq_R(t)/dt = d\left(\dfrac{\int_0^t f_{Rl}(\tau) d\tau}{1 - \int_0^t f_{Rp}(\tau) d\tau}\right) \bigg/ dt$

$\Pr(\mathrm{FCE}_2 | \mathrm{PFDC}_3)$ 和 $\Pr(\mathrm{FCE}_2 | \mathrm{PFDC}_4)$：在这两种情况下，$S(\mathrm{PFDC}_i)$ 中仅存在一个部件，当这个仅有的相关部件在 R 的 LF 发生之前发生全局失效，FCE_2 会发生。因此，有

$$\Pr(\mathrm{FCE}_2 | \mathrm{PFDC}_3) = \Pr(X_{Ap} \to X_R) = \int_0^t \int_{\tau_1}^t f_{Ap}(\tau_1) f_R(\tau_2) d\tau_2 d\tau_1 \quad (9.13)$$

$$\Pr(\mathrm{FCE}_2 | \mathrm{PFDC}_4) = \Pr(X_{Cp} \to X_R) = \int_0^t \int_{\tau_1}^t f_{Cp}(\tau_1) f_R(\tau_2) d\tau_2 d\tau_1 \quad (9.14)$$

根据式(9.3)，$\Pr(\mathrm{FCE}_2)$ 计算如下：

$$\Pr(\mathrm{FCE}_2) = \sum_{i=1}^4 \Pr(\mathrm{FCE}_2 | \mathrm{PFDC}_i) \times \Pr(\mathrm{PFDC}_i)$$

$$= q_{RA} \int_0^t \int_{\tau_1}^t f_{Ap}(\tau_1) f_R(\tau_2) d\tau_2 d\tau_1 + q_{RC} \int_0^t \int_{\tau_1}^t f_{Cp}(\tau_1) f_R(\tau_2) d\tau_2 d\tau_1 -$$

$$q_{RA} q_{RC} \int_0^t \int_{\tau_1}^t \int_{\tau_2}^t f_{Ap}(\tau_1) f_{Cp}(\tau_2) f_R(\tau_3) d\tau_3 d\tau_2 d\tau_1 - \qquad (9.15)$$

$$q_{RA} q_{RC} \int_0^t \int_{\tau_1}^t \int_{\tau_2}^t f_{CP}(\tau_1) f_{AP}(\tau_2) f_R(\tau_3) d\tau_3 d\tau_2 d\tau_1$$

式中：$f_R(\tau) = dq_R(t)/dt = d\left(\dfrac{\int_0^t f_{Rl}(\tau) d\tau}{1 - \int_0^t f_{Rp}(\tau) d\tau}\right) \bigg/ dt$。

FCE_3：触发部件 R 在任意 PDEP 部件的 PF 发生之前发生本地失效。可以得出 $\Pr(\mathrm{FCE}_3) = 1 - \Pr(\mathrm{FCE}_1) - \Pr(\mathrm{FCE}_2)$。

步骤3 评估 $\Pr(系统失效 | \mathrm{FCE}_i)(i=1,2,3)$。

$\Pr(系统失效 | \mathrm{FCE}_1)$：在 FCE_1 中，触发部件 R 处于工作状态，不存在失效隔离效应。图 9.4(a) 和 (b) 说明了去除 R 和 PFD 门后的简化故障树模型和相应的 BDD 模型。

$\Pr(系统失效 | \mathrm{FCE}_1)$ 由式(9.16)、式(9.17)和式(9.18)计算得出

$$P_{\mathrm{FCE}_1}(t) = (1 - q_{Ap}(t))(1 - q_{Bp}(t))(1 - q_{Cp}(t))(1 - q_{Dp}(t))(1 - q_{Ep}(t))$$

$$(9.16)$$

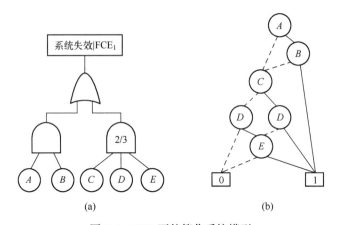

图 9.4　FCE_1 下的简化系统模型

(a) 简化故障树模型；(b) 评估 $Q_{FCE_1}(t)$ 的 BDD。

$$Q_{FCE_1}(t) = q_A(t)q_B(t) + [1 - q_A(t)q_B(t)][q_C(t)q_D(t) + q_C(t)q_E(t) + q_D(t)q_E(t) - 2q_C(t)q_D(t)q_E(t)] \tag{9.17}$$

$\Pr(系统失效 | FCE_1) = 1 - P_{FCE_1}(t) + P_{FCE_1}(t) \times Q_{FCE_1}(t) =$
$1 - (1 - q_{Ap}(t))(1 - q_{Bp}(t))(1 - q_{Cp}(t))(1 - q_{Dp}(t))(1 - q_{Ep}(t)) \cdot$
$[1 - q_A(t)q_B(t) - (1 - q_A(t)q_B(t)) \cdot (q_C(t)q_D(t) + q_C(t)q_E(t) + q_D(t)q_E(t) - 2q_C(t)q_D(t)q_E(t))]$
$$\tag{9.18}$$

其中 $q_{ip}(t) = \int_0^t f_{ip}(\tau)d\tau$ 和 $q_i(t) = \dfrac{q_{il}(t)}{1 - q_{ip}(t)} = \dfrac{\int_0^t f_{il}(\tau)d\tau}{1 - \int_0^t f_{ip}(\tau)d\tau}, i \in \{A, B, C, D, E\}$

$\Pr(系统失效 | FCE_2)$：当 FCE_2 发生时，全局失效传播先发生，并损坏整个 WSN 系统，可以得出 $\Pr(系统失效 | FCE_2) = 1$。

$\Pr(系统失效 | FCE_3)$：当 FCE_3 发生时，可基于 PFDCs 产生不同的简化故障树模型，并且系统条件失效概率 $\Pr(系统失效 | PFDC_i)$ 可用如下方式评估。

$\Pr(系统失效 | PFDC_1)$：在这种情况下，$S(PFDC_1) = \varnothing$，A 和 C 都不会与 R 功能相关，因此 R 的 LF 不能隔离任何部件。这种情况下的简化系统故障树模型与图 9.4(a) 中的模型相同。因此，可运用式(9.18)中分析 $\Pr(系统失效 | FCE_1)$ 的相同过程来评估 $\Pr(系统失效 | PFDC_1)$。

$\Pr(系统失效 | PFDC_2)$：在这种情况下，$S(PFDC_2) = \{A, C\}$，A 和 C 都被 R 的 LF 隔离开，这种情况下的简化系统故障树模型和相应的 BDD 模型如图 9.5 所示。系统条件失效概率可由式(9.19)、式(9.20)和式(9.21)计算得出

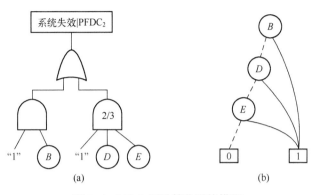

图 9.5 PFDC$_2$ 下的简化系统模型

(a) 简化故障树模型；(b) 评估 $Q_{\text{PFDC}_2}(t)$ 的 BDD。

$$P_{\text{PFDC}_2}(t)=(1-q_{B_p}(t))(1-q_{D_p}(t))(1-q_{E_p}(t)) \quad (9.19)$$

$$Q_{\text{PFDC}_2}(t)=q_B(t)+[1-q_B(t)][q_D(t)+q_E(t)-q_D(t)q_E(t)] \quad (9.20)$$

$$\begin{aligned}\Pr(\text{系统失效}|\text{PFDC}_2)&=1-P_{\text{PFDC}_2}(t)+P_{\text{PFDC}_2}(t)\times Q_{\text{PFDC}_2}(t)\\&=1-(1-q_{B_p}(t))(1-q_{D_p}(t))(1-q_{E_p}(t))[1-q_B(t)-(1-q_B(t))\cdot\\&\quad(q_D(t)+q_E(t)-q_D(t)q_E(t))]\end{aligned} \quad (9.21)$$

其中：$q_{ip}(t)=\int_0^t f_{ip}(\tau)\mathrm{d}\tau$ 和 $q_i(t)=\dfrac{q_{il}(t)}{1-q_{ip}(t)}=\dfrac{\int_0^t f_{il}(\tau)\mathrm{d}\tau}{1-\int_0^t f_{ip}(\tau)\mathrm{d}\tau}$ $(i\in\{B,D,E\})$。

$\Pr(\text{系统失效}|\text{PFDC}_3)$：在这种情况下，$S(\text{PFDC}_3)=\{A\}$，只有传感器 A 被 R 的 LF 隔离，$\Pr(\text{系统失效}|\text{PFDC}_3)$ 通过图 9.6，式(9.22)、式(9.23)和式(9.24) 来分析。

$$P_{\text{PFDC}_3}(t)=(1-q_{B_p}(t))(1-q_{C_p}(t))(1-q_{D_p}(t))(1-q_{E_p}(t)) \quad (9.22)$$

$$\begin{aligned}Q_{\text{PFDC}_3}=&q_B(t)+(1-q_B(t))\cdot(q_C(t)q_D(t)+q_C(t)q_E(t)+q_D(t)q_E(t)-\\&2q_C(t)q_D(t)q_E(t))\end{aligned} \quad (9.23)$$

$$\begin{aligned}\Pr(\text{系统失效}|\text{PFDC}_3)&=1-P_{\text{PFDC}_3}(t)+P_{\text{PFDC}_3}(t)\times Q_{\text{PFDC}_3}(t)\\&=1-(1-q_{B_p}(t))(1-q_{C_p}(t))(1-q_{D_p}(t))(1-q_{E_p}(t))\cdot\\&\quad[1-q_B(t)-(1-q_B(t))\cdot(q_C(t)q_D(t)+q_C(t)q_E(t)+\\&\quad q_D(t)q_E(t)-2q_C(t)q_D(t)q_E(t))]\end{aligned} \quad (9.24)$$

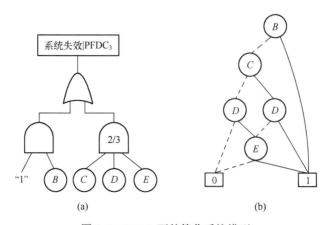

图 9.6 PFDC$_3$下的简化系统模型

（a）简化故障树模型；（b）评估 $Q_{\text{PFDC}_3}(t)$ 的 BDD。

其中：$q_{ip}(t)=\int_0^t f_{ip}(\tau)\mathrm{d}\tau$ 和 $q_i(t)=\dfrac{q_{il}(t)}{1-q_{ip}(t)}=\dfrac{\int_0^t f_{il}(\tau)\mathrm{d}\tau}{1-\int_0^t f_{ip}(\tau)\mathrm{d}\tau}$ （$i\in\{B,C,D,E\}$）。

Pr(系统失效|PFDC$_4$)：类似地，在这种情况下，$S(\text{PFDC}_4)=\{C\}$，只有传感器 C 被隔离，图 9.7 展示了其简化系统故障树模型和相应的 BDD 模型，由式(9.25)、式(9.26)和式(9.27)来评估。

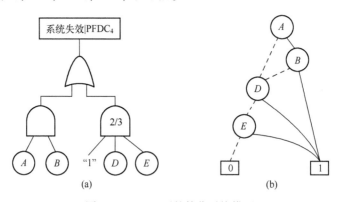

图 9.7 PFDC$_4$下的简化系统模型

（a）简化故障树模型；（b）评估 $Q_{\text{PFDC}_4}(t)$ 的 BDD。

$$P_{\text{PFDC}_4}(t)=(1-q_{Ap}(t))(1-q_{Bp}(t))(1-q_{Dp}(t))(1-q_{Ep}(t)) \qquad (9.25)$$

$$Q_{\text{PFDC}_4}(t)=q_A(t)q_B(t)+(1-q_A(t)q_B(t))(q_D(t)+q_E(t)-q_D(t)q_E(t))$$

$$(9.26)$$

$$\Pr(系统失效|\text{PFDC}_4) = 1 - P_{\text{PFDC}_4}(t) + P_{\text{PFDC}_4}(t) \times Q_{\text{PFDC}_4}(t)$$
$$= 1 - (1 - q_{Ap}(t))(1 - q_{Bp}(t))(1 - q_{Dp}(t))(1 - q_{Ep}(t)) \cdot \quad (9.27)$$
$$[1 - q_A(t)q_B(t) - (1 - q_A(t)q_B(t))(q_D(t) + q_E(t) - q_D(t)q_E(t))]$$

其中：$q_{ip}(t) = \int_0^t f_{ip}(\tau)d\tau$，和 $q_i(t) = \dfrac{q_{il}(t)}{1 - q_{ip}(t)} = \dfrac{\int_0^t f_{il}(\tau)d\tau}{1 - \int_0^t f_{ip}(\tau)d\tau}$ $(i \in \{A, B, D, E\})$。

根据式（9.7），$\Pr(系统失效|\text{FCE}_3)$可以通过综合 PFDCs（参考表9.1）的发生概率和式（9.18）、式（9.21）、式（9.24）、式（9.27）来获得。

步骤4 最后，系统不可靠性可通过综合前3步分析结果应用式（9.28）和式（9.29）来评估。

$$\Pr(系统失效|E_2) = \sum_{j=1}^{3} \Pr(系统失效|\text{FCE}_j) \times \Pr(\text{FCE}_j) \quad (9.28)$$

$$U_{\text{sys}}(t) = 1 - \Pr(E_2) + \Pr(系统失效|E_2) \times \Pr(E_2),\ 其中\Pr(E_2) = 1 - q_{R_p}(t) \quad (9.29)$$

评估结果

在这个案例的研究中，我们通过使用表9.2和表9.3中的参数来计算示例 WSN 系统的不可靠性，评价结果见表9.3。

表9.2 部件失效参数

参　数	威布尔分布	
	LF	PF
A	$\beta = 2 \times 10^{-4}, \alpha = 1$	$\beta = 1 \times 10^{-5}, \alpha = 2$
B	$\beta = 2 \times 10^{-4}, \alpha = 1$	$\beta = 1 \times 10^{-5}, \alpha = 2$
C	$\beta = 1.5 \times 10^{-4}, \alpha = 2$	$\beta = 1 \times 10^{-5}, \alpha = 2$
D	$\beta = 1.5 \times 10^{-4}, \alpha = 2$	$\beta = 1 \times 10^{-5}, \alpha = 2$
E	$\beta = 1.5 \times 10^{-4}, \alpha = 2$	$\beta = 1 \times 10^{-5}, \alpha = 2$
R	$\beta = 1 \times 10^{-4}, \alpha = 1$	$\beta = 1 \times 10^{-5}, \alpha = 1$

表9.3 示例 WSN 在不同隔离因子组下的不可靠性

t/h	隔离因子组		1000	5000	10000
	q_{RA}	q_{RC}			
IFG_1	1	1	0.061766	0.755232	0.997676
IFG_2	0	0	0.044367	0.661346	0.994672
IFG_3	1	0	0.058458	0.715533	0.996393
IFG_4	0	1	0.048275	0.726089	0.997058
IFG_5	0.1	0.9	0.049239	0.722786	0.996893
IFG_6	0.6	0.6	0.054951	0.723704	0.996741
IFG_7	$\beta = 1.5 \times 10^{-4}, \alpha = 2$	$\beta = 1 \times 10^{-4}, \alpha = 1$	0.045051	0.705911	0.997097

一方面,触发部件(中继器)的 LF 会阻止相关部件的失效传播,这会提高系统的可靠性;另一方面,相关部件将无法使用,并被视为因失效隔离而本地失效,这会降低系统性能。这种降低性能的影响可在建立简化的系统故障树模型期间考虑进去,其中隔离的相关部件在故障树中用"1"(失效)来代替。通过比较表 9.3 中在 IFG_1(两部件均在触发部件 LF 的情况下被隔离)和 IFG_2(两部件均未被隔离)下的不可靠性结果,示例 WSN 在 IFG_2 下的不可靠性实际上比在 IFG_1 下的不可靠性更低(即系统在 IFG_2 下的可靠性更好),这意味着在本案例设置的参数情况下,失效隔离的恶化影响比它的改善效应要更明显。

9.3 存在多类本地失效的系统

一些系统部件可能会发生多种类型的本地失效(LFs)。例如,WSN 系统中的每个传感器都会发生两种类型的 LF,分别是传感器节点无法传输和感测功能无法实现,相应地称为传输 LF 和感测 LF,每个中继节点基于其功能仅有传输 LF,传感器节点和中继节点都会因干扰攻击而发生 PFGE,干扰攻击是连续发射干扰信号到接收装置引起的,它会阻止所有其他 WSN 部件的传输来毁坏整个系统[3]。由于干扰攻击依赖于 WSN 部件的传输功能,所以同一部件的 PFGE 和传输 LF 是互斥的,这意味着传输 LF 的发生会阻止干扰攻击从而引起 PFGE 的发生,然而,同一部件的 PFGE 和感测 LF 是统计独立的。

本节提供了一种系统可靠性分析的组合方法来研究竞争失效传播和概率性隔离效应,以及系统部件的本地失效和传播失效之间不同的统计关系。

9.3.1 组合算法

组合算法可用以下 4 步程序来描述。

步骤 1 由于触发部件的 PF 会不管其他部件状态而毁坏整个系统,所以我们要用 8.2.1 节中描述的 PFGE 方法来将触发部件的全局失效传播效应分离开:

$$U_{sys} = \Pr(系统失效|触发部件发生 PF) \cdot \Pr(触发部件发生 PF) + \\ \Pr(系统失效|在任务过程中触发部件不发生 PF) \cdot \\ \Pr(在任务过程中触发部件不发生 PF) \quad (9.30)$$

其中,$\Pr(系统失效|触发部件发生 PF)=1$。用 $q_{A_p}(t)$ 表示触发部件 A 的传播失效概率,可以得出 $\Pr(在任务过程中触发部件不发生 PF)=1-q_{A_p}(t)$。系统条件失效概率 $\Pr(系统失效|在任务过程中触发部件不发生 PF)$ 通过下列步骤进行评估。

步骤 2 定义概率性功能相关事件(PFDC)和失效竞争事件(FCE)。

根据 PFD 组中涉及的概率性相关部件的数目(n),可以定义 2^n 个不相交的完整的 PFDCs,以覆盖 PFD 组内触发部件及其他部件之间所有可能的相关关系。

假设触发部件在任务期间没有发生 PF,则触发部件有两个不同的状态:触发部件处于工作状态(FCE_1)或触发部件发生本地失效。在后一种情况下,根据触发部件的 LF 及相应相关部件的 PF 之间的时域竞争过程(即不同的发生顺序),可定义出两个不相交的事件:至少一个相关部件的 PF 在触发部件的 LF 发生之前发生(FCE_2);在任意相关部件的 PF 发生之前,触发部件发生本地失效(FCE_3)。可以看出,FCE_2 和 FCE_3 实际代表的是失效传播效应和概率性失效隔离效应之间的竞争。

步骤 3 评估每个 $FCE_j(j \in \{1,2,3\})$ 的发生概率。

FCE_1:触发部件在任务期间处于工作状态。假定触发部件 A 的本地失效事件为 X_{Al},则 FCE_1 的发生概率为

$$\Pr(FCE_1) = \Pr(\overline{X}_{Al}) = 1 - q_{Al}(t) = 1 - \int_0^t f_{Al}(\tau)d\tau \tag{9.31}$$

在触发部件会发生 PF 的情况下,$q_{Al}(t)$ 应当由部件在给定无 PF 发生条件下的条件失效概率 $q_A(t)$ 来代替,可以根据 A 的 LF 和 PF 之间的统计关系由式(8.4)或式(8.6)计算出来。$f_{Al}(t)$ 是触发部件 A 的本地失效时间概率密度函数(pdf)。

FCE_2:至少一个相关部件的 PF 在触发部件的 LF 发生之前发生。

基于步骤 2 中得到的 2^n 个不相交 PFDCs,可计算出在每个 $PFDC_k$ 发生条件下的条件发生概率 $\Pr(FCE_2|PFDC_k)$($k \in \{1,2,\cdots,2^n\}$)。假定在 $PFDC_k$ 中有 m_k 个相关部件 $D_1, D_2, \cdots, D_{m_k}$,它们的传播失效事件为 $X_{D1p}, X_{D2p}, \cdots, X_{Dm_kp}$,则 $\Pr(FCE_2|PFDC_k)$ 的计算式为

$$\Pr(FCE_2|PFDC_k) = \Pr[(X_{D1p} \to X_{Al}) \cup (X_{D2p} \to X_{Al}) \cup \cdots \cup (X_{Dm_kp} \to X_{Al})] \tag{9.32}$$

可以看出当 $m_k = 0$ 时,

$$\Pr(FCE_2|PFDC_k) = 0 \tag{9.33}$$

这是由于 PFD 组中不存在相关部件。运用式(8.10),$\Pr(FCE_2|PFDC_k)$ 计算为

$$\begin{aligned}\Pr(FCE_2|PFDC_k) &= \Pr[(X_{D1p} \to X_{Al}) \cup (X_{D2p} \to X_{Al}) \cup \cdots \cup (X_{Dm_kp} \to X_{Al})] \\ &= \Pr[(X_{D1p} \cup X_{D2p} \cup \cdots \cup X_{Dm_kp}) \to X_{Al}] \\ &= \int_0^t \int_{\tau_1}^t f_{(X_{D1p} \cup X_{D2p} \cup \cdots \cup X_{Dm_kp})}(\tau_1) f_{X_{Al}}(\tau_2) d\tau_2 d\tau_1\end{aligned} \tag{9.34}$$

其中:

$$f_{(X_{D1p} \cup X_{D2p} \cup \cdots \cup X_{Dm_kp})}(\tau) = \mathrm{d}\left[\Pr(X_{D1p} \cup X_{D2p} \cup \cdots \cup X_{Dm_kp})\right]/\mathrm{d}t \quad (9.35)$$

$$\Pr[(X_{D1p} \cup X_{D2p} \cup \cdots \cup X_{Dm_kp})] = \Pr[\overline{(\overline{X}_{D1p} \cap \overline{X}_{D2p} \cap \cdots \cap \overline{X}_{Dm_kp})}]$$
$$= 1 - \Pr(\overline{X}_{D1p})\Pr(\overline{X}_{D2p})\cdots\Pr(\overline{X}_{Dm_kp}) \quad (9.36)$$

在实际中,式(9.34)可用 Mathcad 工具计算,它是用龙贝格数值算法(Romberg Algorithm,详见参考文献[4])来评估多重积分的。

FCE_2 的发生概率可通过全概率定理整合所有条件发生概率 $\Pr(FCE_2 | PFDC_k)$,以及每个 $\Pr(PFDC_k)$($k \in \{1,2,\cdots,2^n\}$)的发生概率而得出:

$$\Pr(FCE_2) = \sum_{k=1}^{2^n} \Pr(FCE_2 | PFDC_k) \times \Pr(PFDC_k) \quad (9.37)$$

FCE_3:触发部件的 LF 发生在源于任意相关部件的 PF 发生之前。由于这3个失效竞争事件是互斥的,而且能形成一个完整的事件空间,所以 $\Pr(FCE_3) = 1 - \Pr(FCE_1) - \Pr(FCE_2)$。

步骤 4 给定 FCE_j 的发生概率,评估系统条件失效概率 $\Pr($系统失效$|FCE_j)$,$j \in \{1,2,3\}$。

对于会发生多类 LF 的部件,引入表示不同 LF 的伪部件,用逻辑或门连接这些不同类型的 LF 来表示部件总的 LF。伪部件的条件失效概率是在其本地失效和传播失效不同的统计关系基础上获得的。

在每个事件 FCE_j 发生条件下的系统条件失效概率可运用 PFEG 方法(8.2.1节)来评价,步骤如下:

(1) 在系统故障树中,用逻辑或门连接的伪部件的失效事件来代替存在多种 LF 的部件的失效事件;

(2) 根据失效竞争的结果构建一个简化故障树模型;

(3) 确定简化系统中会导致 PF 的部件的集合 I,并运用式(8.2)计算无 PF 发生的概率 $P_u(t)$;

(4) 依据简化故障树构建 BDD 模型,并评价 BDD 来获得在给定简化系统中无 PF 发生条件下的系统条件失效概率 $Q(t)$;

(5) 运用式(8.1)计算在给定 FCE_j 发生概率条件下的系统条件失效概率。

具体来说,当 FCE_1 发生时,触发部件正常工作,因而不存在失效隔离效应,$\Pr($系统失效$|FCE_1)$ 通过运用上述 PFGE 方法来评估,其中,简化系统故障树模型只是简单的通过去除触发部件和 PDEP 门来构建。

当 FCE_2 发生时,$\Pr($系统失效$|FCE_2) = 1$,这是由于先发生失效传播,整个系统发生失效。

当 FCE₃ 发生时,概率性失效隔离效应发生。基于 2^n 个 PFDCs 定义的概率性失效隔离来构建不同的简化系统模型。在这种情况下,基于全概率定理,系统条件失效概率 Pr(系统失效|FCE₃)用下式评估:

$$\Pr(\text{系统失效}|\text{FCE}_3) = \sum_{k=1}^{2^n} \Pr(\text{系统失效}|\text{PFDC}_k) \times \Pr(\text{PFDC}_k) \quad (9.38)$$

PFDC_k 发生条件下的系统条件失效概率 Pr(系统失效|PFDC_k)($k \in \{1,2,\cdots,2^n\}$)也可用 SEA 方法来评估。原始系统故障树模型中表示触发部件和相应隔离部件失效的事件用常数"1"来代替,然后运用布尔简化(使用 1 OR $x = 1$ 和 1 AND $x = x$ 的规则,其中 x 为布尔变量)来构建简化故障树模型,从而评估 Pr(系统失效|PFDC_k)。

步骤 5 综合后求整个系统的不可靠性。对于触发部件存在 PFGE 的系统,基于全概率定理,在触发部件不发生 PFGE 条件下的系统条件失效概率计算如下:

$$\Pr(\text{系统失效}|\text{在任务过程中触发部件不发生 PF})$$
$$= \sum_{j=1}^{3} [\Pr(\text{系统失效}|\text{FCE}_j) \times \Pr(\text{FCE}_j)] \quad (9.39)$$

最后,结合式(9.30)和式(9.39)来计算系统的不可靠性。

上述 5 步法是通用的,它适用于具有一个 PFD 组或多个独立的 PFD 组的系统。在具有多个独立的 PFD 组的系统中,触发部件的 LF 对同一组中相应相关部件的概率性失效隔离效应是相互独立的,因此在不同组部件的 PFGE 可以单独分析。

9.3.2 案例分析

图 9.8 展示了一个用于患者监测的示例人体传感器网络(BSN)系统,它包括 4 个生物医学传感器和一个中继节点。患者的生理血压可以通过生物医学传感器 B_1 或 B_2 测量,心跳速率可以由传感器 H_1 或 H_2 得到,中继节点(R)用于将传感器 B_1 和 H_1 获得的数据传输至接收装置,接收装置从 BSN 系统中收集信息,并经由外部网关与用户(如护士、医生等)进行通信。

图 9.9 为示例 BSN 系统的故障树模型。在这个监测和诊断系统中,患者的血压和心跳速率都需要一个有效的诊断。B_1 和 H_1 均与 R 概率性功能相关,这通过 9.1 节介绍的 PFD 门来模拟。如果触发事件(即中继器的 LF)先发生,那将引起相应相关事件(即生物医学传感器 B_1 和 H_1 无法连接到 BSN 系统的其余部分)以不同的概率发生。在这个示例中,我们假设 q_{RB} 和 q_{RH} 分别表示传感器 B_1 和 H_1 会因 R 的 LF 而被隔离的概率。

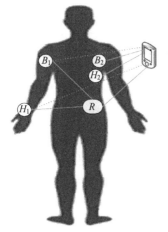
图9.8 用于患者监测的示例 BSN 系统

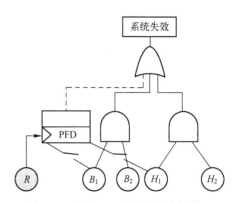
图9.9 示例 BSN 系统的故障树模型

用 $X_{iLS}(t)$ 和 $X_{iLT}(t)$ ($i\in\{B_1,B_2,H_1,H_2\}$) 分别表示所有生物医学传感器的无条件本地感测失效事件和无条件本地传输失效事件,$X_{RLT}(t)$ 表示中继节点的无条件本地传输失效事件,所有系统部件的 PFGE 用 $X_{ip}(t)$ ($i\in\{B_1,B_2,H_1,H_2,R\}$) 来表示。假定 $q_{iLS}(t)$、$q_{iLT}(t)$ 和 $q_{ip}(t)$ 相应地表示这些失效事件在 t 时刻的无条件发生概率,这些事件的概率密度函数为 $f_{iLS}(t)$、$f_{iLT}(t)$ 和 $f_{ip}(t)$。用 $X_i(t)$ ($i\in\{B_1,B_2,H_1,H_2,R\}$) 表示在给定无 PFGE 发生条件下的部件条件失效事件,用 $q_i(t)$ ($i\in\{B_1,B_2,H_1,H_2,R\}$) 表示在给定无 PFGE 发生条件下每个系统部件的条件失效概率。

步骤 1 利用 8.2.1 节中描述的 PFGE 方法分离触发部件的全局失效传播。使用式(9.30)求解,其中 Pr(在任务过程中触发部件不发生 PF) = $1-q_{R_p}(t)$。通过下列步骤评价 Pr(系统失效 | 在任务过程中触发部件不发生 PF)。

步骤 2 定义 PFDC 和 FCE。根据示例 BSN 的故障树模型,PFD 组中包含两个概率性相关部件 B_1 和 H_1,从而可确定 4 个不相交的完整 PFDC。

PFDC_1:B_1 和 H_1 都不与触发部件 R 功能相关,表示为 $(\overline{B_1}\cap\overline{H_1})$,因此触发部件的 LF 不会隔离该 PFD 组中任意部件的 PF。这种情况的发生概率为 $\text{Pr}(\text{PFDC}_1)=(1-q_{RB})(1-q_{RH})$。

PFDC_2:B_1 和 H_1 都是触发部件 R 的相关部件,表示为 $(B_1\cap H_1)$。当 R 发生本地失效时,B_1 和 H_1 都无法连接到系统的其余部分。这种情况的发生概率为 $\text{Pr}(\text{PFDC}_2)=q_{RB}q_{RH}$。

PFDC_3:只有 B_1 和 R 功能相关,表示为 $(B_1\cap\overline{H_1})$,因此会被 R 的 LF 隔离。这种情况的发生概率为 $\text{Pr}(\text{PFDC}_3)=q_{RB}(1-q_{RH})$。

第9章　概率性竞争失效

$PFDC_4$：只有 H_1 是触发部件 R 的相关部件，表示为 $(\overline{B_1} \cap H_1)$。这种情况的发生概率为 $\Pr(PFDC_4) = (1-q_{RB}) q_{RH}$。

根据 9.3.1 节中的论述，3 个 FCE 定义为

FCE_1：在任务期间触发部件 R 一直处于工作状态；

FCE_2：至少一个相关传感器的 PF 在触发部件 R 的 LF 发生之前发生；

FCE_3：在任意相关传感器的 PF 发生之前，触发部件 R 发生本地失效。

每个 $FCE_j (j \in \{1,2,3\})$ 的发生概率以及在给定 FCE_j 发生条件下的系统条件失效概率分别在步骤 3 和 4 中分析。

步骤3 评估 FCE_1、FCE_2 和 FCE_3 的发生概率。

FCE_1：触发部件在任务期间正常工作。由于触发部件 R 的 PF 已经在步骤 1 中分离开，条件本地失效概率 $q_R(t)$ 由式(8.6)(R 的 LF 和 PF 互斥)得到并在此步骤中使用。因此 FCE_1 的发生概率为

$$\Pr(FCE_1) = 1 - q_R(t) = 1 - \frac{q_{RLT}(t)}{1 - q_{R_p}(t)} = \frac{1 - \int_0^t f_{R_p}(\tau)d\tau - \int_0^t f_{RLT}(\tau)d\tau}{1 - \int_0^t f_{R_p}(\tau)d\tau}$$

(9.40)

FCE_2：至少一个相关传感器的 PF 在 R 的 LF 发生之前发生。为运用式(9.37)计算 $\Pr(FCE_2)$，应当评估条件发生概率 $\Pr(FCE_2 | PFDC_k)(k \in \{1,2,3,4\})$。

在 $PFDC_1$ 的情况下，PFD 组中没有相关部件，即 $m_1 = 0$，$\Pr(FCE_2 | PFDC_1) = 0$。

在 $PFDC_2$ 的情况下，B_1 和 H_1 都是相关部件，即 $m_2 = 2$。只要它们中的任意一个在 R 的 LF 发生之前发生 PFGE，FCE_2 就会发生。运用式(9.34)~式(9.36)，$\Pr(FCE_2 | PFDC_2)$ 的计算如下：

$$\Pr(FCE_2 | PFDC_2) = \Pr[(X_{B_{1p}} \to X_R) \cup (X_{H_{1p}} \to X_R)]$$
$$= \Pr[(X_{B_{1p}} \cup X_{H_{1p}}) \to X_R]$$
$$= \int_0^t \int_{\tau_1}^t f_{(X_{B_{1p}} \cup X_{H_{1p}})}(\tau_1) f_R(\tau_2) d\tau_2 d\tau_1$$

(9.41)

其中 $f_{(X_{B_{1p}} \cup X_{H_{1p}})}(t) = d[1-(1-q_{B_{1p}}(t))(1-q_{H_{1p}}(t))]/dt$，和 $f_R(t) = \frac{dq_R(t)}{dt}$

在 $PFDC_3$ 或 $PFDC_4$ 的情况下，只有一个相关部件，即 $m_3 = m_4 = 1$。当该唯一的相关部件在 R 的 LF 发生之前发生全局失效时，FCE_2 就会发生。可以得出

$$\Pr(FCE_2 | PFDC_3) = \Pr(X_{B_{1p}} \to X_R) = \int_0^t \int_{\tau_1}^t f_{B_{1p}}(\tau_1) f_R(\tau_2) d\tau_2 d\tau_1 \quad (9.42)$$

$$\Pr(\text{FCE}_2|\text{PFDC}_4) = \Pr(X_{H_1P} \to X_R) = \int_0^t \int_{\tau_1}^t f_{H_1P}(\tau_1) f_R(\tau_2) d\tau_2 d\tau_1 \quad (9.43)$$

基于式(9.37)，FCE_2 的发生概率可通过综合 PFDC 的发生概率和式(9.41)~式(9.43)来获得：

$$\Pr(\text{FCE}_2) = \sum_{k=1}^{4} \Pr(\text{FCE}_2|\text{PFDC}_k) \times \Pr(\text{PFDC}_k) \quad (9.44)$$

$\text{FCE}_3: \Pr(\text{FCE}_3) = 1 - \Pr(\text{FCE}_1) - \Pr(\text{FCE}_2)$。

步骤 4 评估 $\Pr(\text{系统失效}|\text{FCE}_j)(j \in \{1,2,3\})$。

$\Pr(\text{系统失效}|\text{FCE}_1)$：在事件 FCE_1 中，不存在失效隔离。通过运用 PFGE 方法，触发部件 R 和 PDEP 门都从原始故障树模型中去除掉。能发生 PFGE 的部件的集合为 $I = \{B_1, B_2, H_1, H_2\}$，因此基于式(8.2)，$P_{\text{FCE}_1}(t)$ 计算如下：

$$P_{\text{FCE}_1}(t) = \prod_{\forall i \in I} [1 - q_{ip}(t)]$$
$$= (1 - q_{B_1P}(t))(1 - q_{B_2P}(t))(1 - q_{H_1P}(t))(1 - q_{H_2P}(t)) \quad (9.45)$$

图 9.10(a) 给出了在事件 FCE_1 下引入伪部件后的简化故障树模型。每个生物医学传感器分别由表示无法感测的 LF 和无法传输的 LF 的两个伪部件来代替。感测失效或传输失效都会导致生物医学传感器发生无法为诊断提供信息的问题，或门用于对该行为进行建模。由于感测 LF 和 PF 是统计独立的，依据式(8.4)，给定无 PF 发生条件下，这些发生感测失效的伪部件的条件失效概率计算如下：

$$q_{iS}(t) = q_{iLS}(t) = \int_0^t f_{iLS}(\tau) d\tau \quad (i \in \{B_1, B_2, H_1, H_2\}) \quad (9.46)$$

由于传输 LF 和 PF 是互斥的，依据式(8.6)，在分离 PF 之后，这些发生传输失效的伪部件的条件失效概率计算如下：

$$q_{iT}(t) = \frac{q_{iLT}(t)}{1 - q_{ip}(t)} = \frac{\int_0^t f_{iLT}(\tau) d\tau}{1 - \int_0^t f_{ip}(\tau) d\tau} \quad (i \in \{B_1, B_2, H_1, H_2\}) \quad (9.47)$$

在 FCE_1 下的简化故障树的 BDD 模型如图 9.10(b) 所示，BDD 评估如下：

$$Q_{\text{FCE}_1}(t) = [q_{B_1S}(t) + (1 - q_{B_1S}(t))q_{B_1T}(t)][q_{B_2S}(t) + (1 - q_{B_2S}(t))q_{B_2T}(t)] +$$
$$\{1 - [q_{B_1S}(t) + (1 - q_{B_1S}(t))q_{B_1T}(t)][q_{B_2S}(t) + (1 - q_{B_2S}(t))q_{B_2T}(t)]\} \cdot$$
$$[q_{H_1S}(t) + (1 - q_{H_1S}(t))q_{H_1T}(t)][q_{H_2S}(t) + (1 - q_{H_2S}(t))q_{H_2T}(t)]$$

$$(9.48)$$

依据式(8.1)，在给定 FCE_1 发生的前提下，系统条件失效概率可通过综合式(9.45)和式(9.48)来获得：

第 9 章 概率性竞争失效

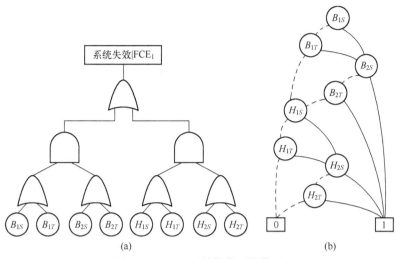

图 9.10　FCE_1 下的简化系统模型

(a) 简化故障树模型；(b) $Q_{FCE_1}(t)$ 的 BDD 模型。

$$\Pr(\text{系统失效} | FCE_1) = 1 - P_{FCE_1}(t) + P_{FCE_1}(t) \times Q_{FCE_1}(t) \quad (9.49)$$

$\Pr(\text{系统失效} | FCE_2)$：全局失效传播效应先发生，则 $\Pr(\text{系统失效} | FCE_2) = 1$。

$\Pr(\text{系统失效} | FCE_3)$：发生概率性失效隔离效应。为了运用式 (9.38) 来评估 $\Pr(\text{系统失效} | FCE_3)$，我们要用 PFGE 方法来评估 $\Pr(\text{系统失效} | PFDC_k)(k \in \{1, 2, 3, 4\})$。

在 $PFDC_1$ 的情况下，触发部件 R 的 LF 不会导致任何隔离效应。触发部件 R 和 PDEP 门在简化时从系统故障树中移除，这是由于它们都不会影响系统的失效行为。在这种情况下，具有伪部件的简化故障树模型与图 9.10(a) 中的模型相同。因此，可运用与评估 $\Pr(\text{系统失效} | FCE_1)$ 相同的方法来计算 $\Pr(\text{系统失效} | PFDC_1)$。

在 $PFDC_2$ 的情况下，触发部件 R 的 LF 使得传感器 B_1 和 H_1 无法访问。也就是说，B_1 和 H_1 都不能无线连接到接收装置，因此，阻止了 B_1 和 H_1 的 PFGE（干扰攻击）。能发生 PFGE 的传感器的集合是 $I = \{B_2, H_2\}$，$P_{PFDC_2}(t)$ 计算如下：

$$P_{PFDC_2}(t) = \prod_{\forall i \in I} [1 - q_{ip}(t)] = (1 - q_{B_{2p}}(t))(1 - q_{H_{2p}}(t)) \quad (9.50)$$

图 9.11 给出了简化故障树模型，其中伪部件 B_{1T} 和 H_{1T} 因隔离效应用 "1" 来代替。在式 (9.51) 中通过对图 9.11 的 BDD 评估得到了 $Q_{PFDC_2}(t)$。依据式 (8.1)，$\Pr(\text{系统失效} | PFDC_2)$ 由式 (9.52) 计算得出：

$$Q_{PFDC_2}(t) = 1 - (1 - q_{B_{2S}}(t))(1 - q_{B_{2T}}(t))(1 - q_{H_{2S}}(t))(1 - q_{H_{2T}}(t)) \quad (9.51)$$

$$\Pr(\text{系统失效} | \text{PFDC}_2) = 1 - P_{\text{PFDC}_2}(t) + P_{\text{PFDC}_2}(t) \times Q_{\text{PFDC}_2}(t)$$
$$= 1 - (1 - q_{B_{2p}}(t))(1 - q_{H_{2p}}(t))(1 - q_{B_{2S}}(t)) \cdot$$
$$(1 - q_{B_{2T}}(t))(1 - q_{H_{2S}}(t))(1 - q_{H_{2T}}(t)) \quad (9.52)$$

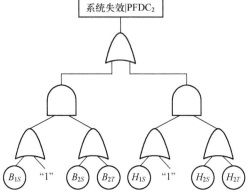

图 9.11　PFDC_2 的简化故障树模型

在 PFDC_3 的情况下，R 的 LF 仅引起传感器 B_1 失效隔离。能引起失效传播效应的部件的集合为 $I = \{B_2, H_1, H_2\}$，因此，依据式(8.2)可得

$$P_{\text{PFDC}_3}(t) = \prod_{\forall i \in I}[1 - q_{ip}(t)] = (1 - q_{B_{2p}}(t))(1 - q_{H_{1p}}(t))(1 - q_{H_{2p}}(t)) \quad (9.53)$$

图 9.12 展示了简化故障树模型，其中伪部件 B_{1T} 因隔离效应用"1"来代替。

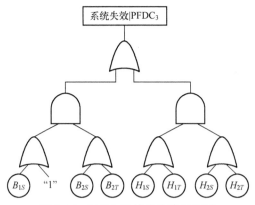

图 9.12　PFDC_3 的简化故障树模型

图 9.12 的 BDD 评估给出了

$$Q_{\text{PFDC}_3}(t) = 1 - (1 - q_{B_{2S}}(t))(1 - q_{B_{2T}}(t)) + (1 - q_{B_{2S}}(t))(1 - q_{B_{2T}}(t)) \cdot$$
$$[q_{H_{1S}}(t) + (1 - q_{H_{1S}}(t))q_{H_{1T}}(t)][q_{H_{2S}}(t) + (1 - q_{H_{2S}}(t))q_{H_{2T}}(t)] \quad (9.54)$$

依据式(8.1),在给定 PFDC₃ 发生概率的条件下,简化系统的不可靠性为

$$\Pr(系统失效 | \mathrm{PFDC}_3) = 1 - P_{\mathrm{PFDC}_3}(t) + P_{\mathrm{PFDC}_3}(t) \times Q_{\mathrm{PFDC}_3}(t)$$

$$= 1 - (1 - q_{B_{2p}}(t))(1 - q_{H_{1p}}(t))(1 - q_{H_{2p}}(t))(1 - q_{B_{2S}}(t))(1 - q_{B_{2T}}(t)) \cdot$$

$$\{1 - [q_{H_{1S}}(t) + (1 - q_{H_{1S}}(t))q_{H_{1T}}(t)][q_{H_{2S}}(t) + (1 - q_{H_{2S}}(t))q_{H_{2T}}(t)]\}$$

(9.55)

类似于分析 PFDC₃,在 PFDC₄ 的情况下,简化系统用 PFGE 方法来分析,如图 9.13 以及式(9.56)、式(9.57)和式(9.58)所示。

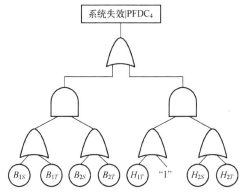

图 9.13 PFDC₄ 的简化故障树模型

$$P_{\mathrm{PFDC}_4}(t) = (1 - q_{B_{1p}}(t))(1 - q_{B_{2p}}(t))(1 - q_{H_{2p}}(t)) \tag{9.56}$$

$$Q_{\mathrm{PFDC}_4}(t) = 1 - (1 - q_{H_{2S}}(t))(1 - q_{H_{2T}}(t)) + (1 - q_{H_{2S}}(t))(1 - q_{H_{2T}}(t)) \cdot$$

$$[q_{B_{1S}}(t) + (1 - q_{B_{1S}}(t))q_{B_{1T}}(t)][q_{B_{2S}}(t) + (1 - q_{B_{2S}}(t))q_{B_{2T}}(t)]$$

(9.57)

$$\Pr(系统失效 | \mathrm{PFDC}_4) = 1 - P_{\mathrm{PFDC}_4}(t) + P_{\mathrm{PFDC}_4}(t) \times Q_{\mathrm{PFDC}_4}(t)$$

$$= 1 - (1 - q_{B_{1p}}(t))(1 - q_{B_{2p}}(t))(1 - q_{H_{2p}}(t))(1 - q_{H_{2S}}(t))(1 - q_{H_{2T}}(t)) \cdot$$

$$\{1 - [q_{B_{1S}}(t) + (1 - q_{B_{1S}}(t))q_{B_{1T}}(t)][q_{B_{2S}}(t) + (1 - q_{B_{2S}}(t))q_{B_{2T}}(t)]\}$$

(9.58)

依据式(9.38),可以得出

$$\Pr(系统失效 | \mathrm{FCE}_3) = \sum_{k=1}^{4} \Pr(系统失效 | \mathrm{PFDC}_k) \times \Pr(\mathrm{PFDC}_k) \tag{9.59}$$

步骤 5 运用式(9.39)综合前 4 步中得出的结果,再运用式(9.30)评价示例 BSN 系统的失效概率。

评价结果

表 9.4 列出了用于评价示例 BSN 可靠性的部件失效参数。感测 LF(LF$_S$)、

传输 LF(LF_T) 和系统部件 PF 的时间服从威布尔分布,尺度参数(β)和形状参数(α)在表中给出。式(9.60)给出了威布尔分布的概率密度函数。可以看出,当形状参数(α)为1时,威布尔分布可简化为指数分布：

$$f_k(t) = \alpha_k (\beta_k)^{\alpha_k} t^{\alpha_k-1} e^{-(\beta_k t)^{\alpha_k}} \qquad (9.60)$$

为 PFD 组分配不同的隔离因子组合(IFP)(q_{RB}, q_{RH}):$IFP_1 = (1,1)$,$IFP_2 = (0,0)$,$IFP_3 = (1,0)$,$IFP_4 = (0,1)$,$IFP_5 = (\beta_{RB} = 2e-4, \alpha_{RB} = 1; \mu_{RH} = 8, \sigma_{RH} = 0.6)$。可以看出,在 IFP_5 中,q_{RB} 和 q_{RH} 假定分别服从威布尔分布(或当 $\alpha_{RB} = 1$ 时的指数分布)和对数正态分布。这些 IFPs 设计覆盖了特殊的系统模型,包括服从确定性功能相关(FDEP)行为的系统(IFP_1)、无任何 FDEP 行为的系统(IFP_2),以及 FDEP 组中只有一个相关部件的系统(IFP_3 和 IFP_4)。IFP_5 表示组中具有多个概率性相关部件的一般情况。表9.5给出了多个任务时刻的不可靠性结果。

可以直观看出,BSN 的不可靠性在 IFP_1 下最高,在 IFP_2 下最低,这些结果表明,对于该示例 BSN 来说,失效隔离造成的负面影响比它们带来的可靠性改善效果大。具体来说,在服从竞争失效行为的系统中,触发部件(中继节点)的 LF 会阻止相关部件的失效传播,这将提高系统的可靠性;同时,相关部件将无法使用,并被视为因失效隔离而本地失效。当构建简化系统故障树模型时,这种负面影响已经被考虑进去,其中,隔离的相关部件在故障树中用"1"(失效)来代替。

表9.4 系统部件的威布尔失效参数

参数	LF_S	LF_T	PF
H_1	$\beta=2.5e-4, \alpha=2$	$\beta=3.5e-4, \alpha=2$	$\beta=3e-5, \alpha=2$
H_2	$\beta=2.5e-4, \alpha=2$	$\beta=3.5e-4, \alpha=2$	$\beta=3e-5, \alpha=2$
B_1	$\beta=2.2e-4, \alpha=1$	$\beta=3.2e-4, \alpha=1$	$\beta=3e-5, \alpha=2$
B_2	$\beta=2.2e-4, \alpha=1$	$\beta=3.2e-4, \alpha=1$	$\beta=3e-5, \alpha=2$
R	—	$\beta=2e-4, \alpha=2$	$\beta=3e-5, \alpha=2$

表9.5 示例 BSN 的不可靠性结果

t/h	1000	2000	3000	4000	5000
IFP_1	0.21386	0.63517	0.90984	0.98826	0.99942
IFP_2	0.20145	0.59927	0.88575	0.98201	0.99889
IFP_3	0.21067	0.62288	0.90119	0.98603	0.99923
IFP_4	0.20597	0.61965	0.90129	0.98618	0.99924
IFP_5	0.20327	0.61155	0.89901	0.98637	0.99931

参考文献

[1] LUO X, YU H, WANG X. Energy-aware self-organisation algorithms with heterogeneous connectivity in wireless sensor networks [J]. International journal of systems science, 2013, 44(10): 1857-1866.

[2] WANG Y, XING L, WANG H. Reliability of systems subject to competing failure propagation and probabilistic failure isolation [J]. International journal of systems science: operations & logistics, 2016(9): 1-19 [2017-4-15].

[3] WANG Y, XING L, WANG H, et al. Combinatorial analysis of body sensor networks subject to probabilistic competing failures [J]. Reliability engineering & system safety, 2015, 142: 388-398.

[4] BENKER H. Practical use of Mathcad: solving mathematical problems with a computer algebra system[M]. London: Springer Science & Business Media, 2012.

第 10 章

动 态 贮 备

10.1 概 述

贮备技术是指一个或几个单元在线工作,同时一些冗余部件作为贮备单元待用[1-2]。当某个在线单元发生故障时,一个可用的贮备单元被激活以代替失效的在线单元,并接管任务来保证整个系统的持续正常工作。贮备技术已被应用在许多领域以实现系统的容错性和高可靠性,例如,电力系统[3-5]、存储系统[6]、高性能计算系统[7]、分布式系统[8]和电信系统[9-10]。在飞行控制[1,11]和空间任务[12-13]等任务或生命非常关键的领域,对通信和计算机系统的故障部件进行在线维修、更换等人工干预活动十分困难,甚至是不可行的,此时贮备技术显得尤为重要。

根据保证系统运行而需在线工作的单元数量,可将含 n 个部件的贮备系统分为 1-out-of-n:G 和 k-out-of-n:G 两类。当且仅当有 $k<=n$ 个单元正常工作时(剩余单元处于贮备模式),k-out-of-n:G 贮备系统才能正常运行[14-15]。1-out-of-n:G 贮备系统为 k-out-of-n:G 系统在 $k=1$ 时的特例。

根据贮备部件的失效特性和贮备成本,贮备系统被分为冷、热和温三类[16-18]。热贮备部件和在线部件同时运行[1],与在线工作的部件承受相同的运行环境和压力,因此有着相同的失效率。由于热贮备单元可以在任意时刻接管任务,所以系统能够从失效中快速恢复,但也由于热贮备单元与在线工作单元消耗等量的能量和原料,导致运行成本高。因此,热贮备技术常被应用于系统恢复时间至关重要的领域。冷贮备单元处于贮备模式时,不通电,不受工作应力的影响,且不会失效(除了可能因爆炸等外部因素而被破坏)。由于冷贮备单元在被激活以代替故障的在线单元之前,不消耗任何能量和原料,所以使贮备部件处于冷贮备模式近乎无开销。然而,在需要用冷贮备单元替代故障的在线单元时,会有较长的恢复延迟或较大的启动消耗[19-21]。因此,冷贮备技术通常应用在能量消耗至关紧要的领域,如卫星[1]、空间探索[13]、现场系统[22]和纺织制造系统[4]。

作为热贮备和冷贮备的权衡,温贮备单元有着更温和的工作环境,只承受部分工作应力[5,23-28],因此,温贮备单元的失效率和工作消耗低于相应的热贮备单元;另一方面,与冷贮备相比,温贮备部件替代失效的在线单元所需的恢复延迟和消耗更小。如发电厂就是温贮备系统,其中旋转发电机组就处于温贮备模式中待用[17]。温贮备单元也能够失效,但其失效率及启动消耗比工作于满负荷情况下且消耗更多原料的主在线单元的更小。

热、冷和温贮备行为可分别由动态故障树分析(2.3.2节)中的 HSP、CSP 和 WSP 门来表示。一个有完美切换机制的热贮备系统与激活冗余(active redundance)系统相同,其系统部件在寿命周期内有不变的失效行为,然而,用冷贮备和温贮备设计的系统的部件却表现出动态的失效行为[18,25],这些部件在被激活并替代失效的在线单元的前后有着不同的失效率。为在贮备系统建模和评估过程中处理这种动态失效率行为,本章将介绍马尔可夫法(10.2节)、基于决策图的组合方法(10.3节)和近似算法(10.4节)。另外,蒙特卡罗仿真[29]、贝叶斯网络法[30]、通用生成函数技术[20]和数值方法[17]已经被应用于贮备系统的可靠性分析中,感兴趣的读者可以参考相关文献了解更多细节。

本章专注于由二态部件组成的动态贮备系统的可靠性建模和分析问题,而对于贮备系统的优化问题现也有大量研究[31]。一个传统的优化问题就是冗余的配置问题,即以满足某成本约束而使整个系统的可靠性最大或满足系统可靠性的约束而使系统成本最小为目的,确定在系统或其子系统中需要配置的贮备或冗余部件的数量[22,32-40]。最新研究表明,在由不同种类部件组成的贮备系统中,部件的激活顺序严重地影响系统性能指标[20],因此,一类被称为贮备部件顺序优化问题(SESP)的新型优化问题被构建,并分别针对冷贮备系统[14,20,41]、温贮备系统[17,42]、冷热混合贮备系统[43,44]、贮备模式可变换的贮备系统[16,45-47]和有检查点或备份机制的贮备系统[48-50]进行了求解。给定所需的冗余级别和可选择的部件,SESP 的目的是通过选择系统部件的初始或激活顺序,以使系统可靠性最大,或使在提供所需系统可靠性水平的同时系统预期成本最小。检查点或备份机制可在某部件失效时,帮助系统高效恢复,对于含检查点或备份机制的贮备计算系统,检查点的分布对系统性能有着非单调的影响,这就产生了检查点分布的优化问题,读者可参考文献[51-53],了解在有不同种备份或检查点机制的贮备系统中此优化问题的建立及其求解。

10.2 马尔可夫法

在马尔可夫法中,系统状态和状态转移是两个重要概念[54]。系统状态的定义为在某给定时刻系统参数(状态变量)的一个特定组合。在系统可靠性领域，马尔可夫模型中的每个状态通常被定义为故障和未故障部件的一个不同组合。状态转移则控制着由于某一系统部件的失效或维修从一个状态到另一状态的变换，因此，状态转移通常用失效率或维修率等部件参数来表征[55]。随着时间的流逝和部件失效的发生，系统会从一个状态转移至另一个状态，直到列举出所有可能的状态。马尔可夫法通常假设系统部件的失效时间均服从指数分布。

求解有 s 个不同状态的马尔可夫模型会产生系统处于每个状态的概率，即 $P_i(t)$ 表示系统在时刻 t 处于状态 i 的概率。具体来说，它们可通过求解式(10.1)中的一组微分方程得

$$\begin{bmatrix} -\alpha_{11} & \alpha_{21} & \alpha_{31} & \cdots & \alpha_{s1} \\ \alpha_{12} & -\alpha_{22} & \alpha_{32} & \cdots & \alpha_{s2} \\ \alpha_{13} & \alpha_{23} & -\alpha_{33} & \cdots & \alpha_{s3} \\ \vdots & \vdots & \vdots & & \vdots \\ \alpha_{1s} & \alpha_{2s} & \alpha_{3s} & \cdots & -\alpha_{ss} \end{bmatrix} \cdot \begin{bmatrix} P_1(t) \\ P_2(t) \\ P_3(t) \\ \vdots \\ P_s(t) \end{bmatrix} = \begin{bmatrix} P'_1(t) \\ P'_2(t) \\ P'_3(t) \\ \vdots \\ P'_s(t) \end{bmatrix} \quad 或 \quad \boldsymbol{AP}(t)=\boldsymbol{P}'(t)$$

(10.1)

式(10.1)中，$\alpha_{ij},i\neq j$ 表示从状态 i 至状态 j 的转移率。转移率矩阵 $\boldsymbol{A}$ 中，对角线上的元素 α_{ii} 是同列内从状态 i 转移至其他状态的转移率之和，即 $\alpha_{ii} = \sum_{k=1,k\neq i}^{n}\alpha_{ik}$。通常可以使用拉普拉斯变换来求解式(10.1)[56]，最终的系统不可靠性可由系统处于每个失效状态的概率累加得到。10.2.1 节和 10.2.2 节将分别介绍用马尔可夫法分析冷贮备和温贮备系统。

10.2.1 冷贮备系统

图 10.1 展示了由一个主部件 A 和 n 个冷贮备部件 $A_i(i=1,2,\cdots,n)$ 组成的冷贮备系统的动态故障树模型。简单起见，假设所有系统部件的失效时间均服从相同失效率 λ 的指数分布。

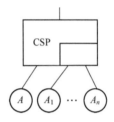

图 10.1 一个冷贮备系统的 DFT 模型

图10.2展示了由一个主部件A和一个冷贮备部件A_1组成的冷贮备系统的状态转移图。状态(A,A_1)是系统的初始状态,其中A工作,A_1处于冷贮备状态;状态(A_1)是系统的一个工作状态,其中A已失效,A_1已被激活来替代A工作;状态(F)是系统的失效状态。两个状态转移分别以部件A和A_1的失效率来表征。

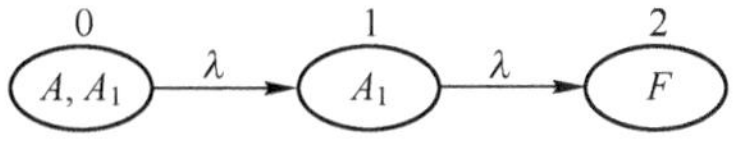

$$\underset{(A,A_1)}{0} \xrightarrow{\lambda} \underset{(A_1)}{1} \xrightarrow{\lambda} \underset{(F)}{2}$$

图10.2 含1个贮备的冷贮备系统的马尔可夫模型

根据式(10.1),该冷贮备系统案例的状态方程如式(10.2)所列:

$$\begin{bmatrix} -\lambda & 0 & 0 \\ \lambda & -\lambda & 0 \\ 0 & \lambda & 0 \end{bmatrix} \cdot \begin{bmatrix} P_0(t) \\ P_1(t) \\ P_2(t) \end{bmatrix} = \begin{bmatrix} P_0'(t) \\ P_1'(t) \\ P_2'(t) \end{bmatrix} \quad (10.2)$$

按照文献[56]中所述的基于拉普拉斯变换的方法来求解式(10.2),可得状态概率如下:

$$P_0(t) = e^{-\lambda t}$$
$$P_1(t) = \lambda t e^{-\lambda t}$$
$$P_2(t) = 1 - P_0(t) - P_1(t)$$

因此,含一个贮备部件的冷贮备系统的可靠性为

$$R(t) = P_0(t) + P_1(t) = e^{-\lambda t} + \lambda t e^{-\lambda t} = (1 + \lambda t) e^{-\lambda t} \quad (10.3)$$

含n个相同的冷贮备部件的冷贮备系统可靠性[57]可由以下多项式计算:

$$R(t) = \left(\sum_{i=0}^{n} \frac{(\lambda t)^i}{i!} \right) e^{-\lambda t} = \left(1 + \lambda t + \frac{\lambda^2 t^2}{2!} + \cdots + \frac{\lambda^n t^n}{n!} \right) e^{-\lambda t} \quad (10.4)$$

10.2.2 温贮备系统

图10.3展示了由一个主部件A和n个温贮备部件$A_i(i=1,2,\cdots,n)$组成的温贮备系统的动态故障树模型。简单起见,假设所有系统部件处于在线工作状态时,其失效时间均服从相同失效率λ的指数分布;处在温贮备模式的部件,其失效率为α($\alpha \leq \lambda$)。

图10.4为由一个主部件A和一个温贮备部件A_1所组成的温贮备系统的状态转移图。状态(A,A_1)是系统的初始状态,其中A正常工作,A_1处于温贮备状态;状态(A_1)是系统的一个工作状态,其中A已失效,A_1已被激活来替代A在线工作;状态(A)是系统的另一个工作状态,其中A_1已失效,主部件A仍在线工作;状态(F)是系统的失效状态。值得注意的是,由(A,A_1)至(A)的状态转移

需采用温贮备部件 A_1 的降低失效率 α 来表征。

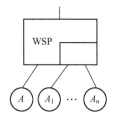

图 10.3 一个温贮备系统的 DFT 模型

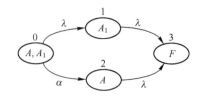

图 10.4 含 1 个贮备部件的温贮备系统的马尔可夫模型

根据式(10.1),该温贮备系统案例的状态方程如式(10.5)所列:

$$\begin{bmatrix} -(\lambda+\alpha) & 0 & 0 & 0 \\ \lambda & -\lambda & 0 & 0 \\ \alpha & 0 & -\lambda & 0 \\ 0 & \lambda & \lambda & 0 \end{bmatrix} \cdot \begin{bmatrix} P_0(t) \\ P_1(t) \\ P_2(t) \\ P_3(t) \end{bmatrix} = \begin{bmatrix} P_0'(t) \\ P_1'(t) \\ P_2'(t) \\ P_3'(t) \end{bmatrix} \quad (10.5)$$

与冷贮备系统的分析类似,由文献[56]中所述的基于拉普拉斯变换的方法来求解式(10.5)可得状态概率,从而进一步得到含一个主部件和一个贮备部件的温贮备系统的可靠性[23]:

$$R(t) = \left(1 + \frac{\lambda}{\alpha}\right) e^{-\lambda t} - \frac{\lambda}{\alpha} e^{-(\lambda+\alpha)t} \quad (10.6)$$

根据文献[23],k-out-of-n 温贮备系统的可靠性可由以下多项式计算:

$$R(t) = \frac{1}{(n-k)!\alpha^{n-k}} \sum_{i=0}^{n-k} (-1)^i C_{n-k}^i \cdot \left[\prod_{j=0, j\neq i}^{n-k} (k\lambda + j\alpha)\right] e^{-(k\lambda+i\alpha)t}$$

(10.7)

令式(10.7)中的 $k=1$ 便可得到 1-out-of-n 温贮备系统的可靠性。

10.3 基于决策图的算法

马尔可夫法通常需要系统部件的失效时间服从指数分布[58]。为分析失效时间服从任意分布的冷贮备和温贮备系统的可靠性,本节将介绍基于顺序二元决策图(SBDD)的组合方法。对于考虑不完全故障覆盖、备份或检查点机制的贮备系统的基于决策图的可靠性分析方法,可参考文献[58-61]。

10.3.1 冷贮备系统

用于冷贮备系统可靠性分析的基于 SBDD 的组合方法包含 3 个步骤:系统

DFT 的转换,系统 SBDD 的生成和系统 SBDD 的评估[19]。

步骤1 系统 DFT 的转换

在此步骤中,移除系统 DFT 模型中的 CSP 门。具体地,对于含主部件 P 和一个贮备部件 S 的 CSP 门将被顺序事件($P \prec S$)所代替,其中"$\prec$"表示只有在此符号左侧的部件失效后,符号右侧的部件才被启动并开始工作,之后才能失效。当多个 CSP 门共享相同的冷贮备单元时,用一个逻辑或门来连接那些与 CSP 门相对应的顺序事件。此处使用逻辑或门的原因是如果贮备单元被用来代替某 CSP 门的主部件,那么该贮备部件就不可以再替代其他 CSP 门的主部件了。

举例说明,图 10.5(a)为计算机系统中由 3 个处理器(A,B 和 C)组成的一个处理器子系统的 DFT 模型[62]。处理器 A 和 B 为主部件,它们共享同一冷贮备处理器 C,当这 3 个处理器均不能正常工作时,处理器子系统失效。图 10.5(b)展示了用顺序事件代替 CSP 门后的故障树。顺序事件($A \prec C$)和($B \prec C$)分别由图 10.5(a)中左侧和右侧的 CSP 门生成,由于这两个顺序事件共享同一冷贮备部件 C,所以二者用逻辑或门连接。

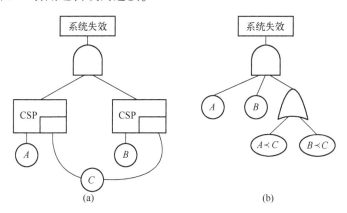

图 10.5 案例冷贮备系统
(a) 原始 DFT;(b) 替代后 FT。

步骤2 系统 SBDD 的生成

与传统 BDD 的生成(2.4.2 节)类似,按式(2.23)的处理规则,由转换后的故障树模型按由下至上的方式生成 SBDD 模型。

考虑图 10.5(b)中的故障树模型,假设变量的顺序为 $A<B<(A \prec C)<(B \prec C)$。图 10.6 展示了案例冷贮备处理器子系统的最终系统 SBDD 模型。

不同于传统的 BDD、SBDD 模型中包含顺序事件,如图 10.6 所示。值得注意的是,按由下至上的生成过程生成的 SBDD 模型内,路径中可能包含一些无

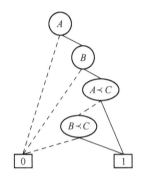

图 10.6 案例冷贮备系统的 SBDD 模型

效节点(无效节点所表示的事件与此节点之前的某节点所代表的事件冲突),这些无效节点必须从最终的系统 SBDD 模型中移除。参考文献[19],查阅包含无效节点的例子。

步骤 3 系统 SBDD 的评估

与传统的 BDD 类似,在 SBDD 模型中,每条从根节点至终节点"1"的路径都代表着能使整个系统失效的发生或未发生的事件的一个不交组合。通过累加所有不交路径的概率,来得到系统的不可靠性。不同于传统的 BDD 评估,在对路径概率的分析过程中,必须处理同一路径上的事件之间的相关性。

考虑图 10.6 的 SBDD 模型,有两条指向节点"1"的不交路径:

$$A \text{-->} B \text{-->} (A \prec C)$$
$$A \text{-->} B \text{-->} \neg (A \prec C) \text{-->} (B \prec C)$$

因此,案例冷贮备处理器子系统的系统不可靠性为

$$\text{UR}_{系统}(t) = \Pr\{A \cdot B \cdot (A \prec C)\} + \Pr\{A \cdot B \cdot \neg (A \prec C) \cdot (B \prec C)\} \tag{10.8}$$

式(10.8)中,合并的事件 $\{A \cdot B \cdot (A \prec C)\}$ 可化简为 $\{B \cdot (A \prec C)\}$,理由是事件 $(A \prec C)$ 就意味着事件 A 的发生,简化的事件 $\{B \cdot (A \prec C)\}$ 可进一步变化为 $\{(A \to B) \cdot (A \prec C)\}$,原因是 $(A \prec C)$ 代表在 A 失效后贮备部件 C 代替 A,因此,B 必须在 A 失效后才能失效,此处符号"→"表示优先顺序(此符号左侧的部件失效发生在符号右侧的部件失效之前)。通过类似的推理,式(10.8)中的 $\{A \cdot B \cdot \neg (A \prec C) \cdot (B \prec C)\}$ 可转化为 $\{(B \to A) \cdot (B \prec C)\}$。因此,式(10.8)可重写为

$$\text{UR}_{系统}(t) = \Pr\{(A \to B) \cdot (A \prec C)\} + \Pr\{(B \to A) \cdot (B \prec C)\} \tag{10.9}$$

根据文献[19],给定所有部件在时刻 $t = 0$ 同时开始工作,一般顺序失效事件 $A_1 \to A_2 \to \cdots \to A_n$ 的发生概率为

$$\Pr\{A_1 \to A_2 \to \cdots \to A_n\}$$
$$= \int_0^t \int_{\tau_1}^t \cdots \int_{\tau_{n-1}}^t \prod_{k=1}^n f_{A_k}(\tau_k) \, d\tau_n \cdots d\tau_2 d\tau_1 \quad (10.10)$$

顺序事件 $A_1 \prec A_2 \prec \cdots \prec A_n$ 的发生概率为

$$\Pr\{A_1 \prec A_2 \prec \cdots \prec A_n\}$$
$$= \int_0^t \int_0^{t-\tau_1} \cdots \int_0^{t-\tau_1-\tau_2-\cdots-\tau_{n-1}} \prod_{k=1}^n f_{A_k}(\tau_k) \, d\tau_n \cdots d\tau_2 d\tau_1 \quad (10.11)$$

式(10.10)和式(10.11)中, $f_{A_k}(t)$ 为部件 A_k 失效时间的概率密度函数(pdf)。

值得注意的是,针对 CSP 而定义的优先符号"$\prec$"意味着此符号左侧的部件失效,符号右侧的部件才能开始工作;而符号"$\to$"两侧的部件可以同时开始工作。

由式(10.10)和式(10.11)可得

$$\Pr\{(A \to B)\} = \int_0^t \int_{\tau_1}^t f_A(\tau_1) f_B(\tau_2) d\tau_2 d\tau_1 \quad (10.12)$$

$$\Pr\{(A \prec C)\} = \int_0^t \left[\int_0^{t-\tau_1} f_C(\tau_3) d\tau_3\right] f_A(\tau_1) d\tau_1 \quad (10.13)$$

综合式(10.12)和式(10.13)可得

$$\Pr\{(A \to B) \cdot (A \prec C)\} = \int_0^t \int_{\tau_1}^t \int_0^{t-\tau_1} f_A(\tau_1) f_B(\tau_2) f_C(\tau_3) d\tau_3 d\tau_2 d\tau_1$$
$$(10.14)$$

类似可得

$$\Pr\{(B \to A) \cdot (B \prec C)\} = \int_0^t \int_{\tau_2}^t \int_0^{t-\tau_2} f_B(\tau_2) f_A(\tau_1) f_C(\tau_3) d\tau_3 d\tau_1 d\tau_2 \quad (10.15)$$

因此,式(10.9)可计算为

$$\mathrm{UR}_{系统}(t) = \int_0^t \int_{\tau_1}^t \int_0^{t-\tau_1} f_A(\tau_1) f_B(\tau_2) f_C(\tau_3) d\tau_3 d\tau_2 d\tau_1 +$$
$$\int_0^t \int_{\tau_2}^t \int_0^{t-\tau_2} f_B(\tau_2) f_A(\tau_1) f_C(\tau_3) d\tau_3 d\tau_1 d\tau_2 \quad (10.16)$$

基于 SBDD 的方法适用于失效时间服从任意分布的情况。考虑两组失效参数:组 1 中,3 个处理器的失效时间均服从失效率为定值的指数分布: $\lambda_A = 0.001/$天, $\lambda_B = 0.003/$天和 $\lambda_C = 0.0025/$天(激活后),式(10.16)中的 pdf 为 $f_k(t) = \lambda_k e^{-\lambda_k t}$;组 2 中,3 个处理器的失效时间均服从尺度参数(λ)和形状参数(α)的威布尔分布: $\lambda_A = 0.001, \alpha_A = 1, \lambda_B = 0.003, \alpha_B = 2, \lambda_C = 0.0025, \alpha_C = 2.5$(激活后),pdf 为 $f_k(t) = \alpha_k (\lambda_k)^{\alpha_k} t^{\alpha_k - 1} e^{-(\lambda_k t)^{\alpha_k}}$。

表 10.1 列出了由这两组失效参数得到的任务时间分别为 $t = 300$、600 和 1000 天的系统不可靠性。

表 10.1 案例冷贮备系统的不可靠性

t	组 1：指数分布	组 2：威布尔分布
300	0.062571	0.023292
600	0.249829	0.275869
1000	0.511374	0.614208

10.3.2 温贮备系统

基于 SBDD 的温贮备系统的可靠性分析方法包括 3 个步骤：系统 DFT 的转换，系统 SBDD 的生成和系统 SBDD 的评估[25]。与分析冷贮备系统的 SBDD 相似，在最后一个步骤，即 SBDD 模型的评估期间，处理温贮备部件的顺序或时间相关性。

步骤 1 系统 DFT 的转换

本步骤中，移除系统 DFT 模型的 WSP 门。如含主部件 P 和贮备部件 S 的每个 WSP 门均被以逻辑或门连接的两个顺序事件 $(P \rightarrow S)$ 和 $(S \rightarrow P)$ 所代替。顺序事件 $(P \rightarrow S)$ 意味着主部件先失效，然后贮备部件以完全失效率 λ_s 失效；顺序事件 $(S \rightarrow P)$ 则代表在主部件失效前贮备部件就以较低失效率 α_s 失效。

举例说明，图 10.7(a) 展示了含 3 个硬盘(A,B 和 S)的温贮备硬盘驱动系统的 DFT[25]。A 和 B 为主部件且共享同一温贮备硬盘 S，两个 WSP 门中，若任意一个失效，则系统失效。图 10.7(b) 为用顺序事件代替 WSP 门后的故障树。

步骤 2 系统 SBDD 的生成

与传统 BDD 的生成(2.4.2 节)类似，按式(2.23)的处理规则，由转换后的故障树模型按由下至上的方式生成 SBDD 模型。

考虑图 10.7(b) 中的故障树模型，假设变量顺序为 $A<B<(S \rightarrow A)<(A \rightarrow S)<(S \rightarrow B)<(B \rightarrow S)$。图 10.8 所示为案例温贮备硬盘系统的最终系统 SBDD 模型。

图 10.8 中的两个阴影节点为无效节点，原因是它们与其祖父节点 B 冲突，节点 B 的左边意味着 B 工作，而 $(S \rightarrow B)$ 意味着 S 失效后 B 失效，$(B \rightarrow S)$ 意味着 S 失效前 B 失效，因此这两个阴影节点应该从路径中移除。图 10.9 展现了移除这两个无效节点后的最终 SBDD 模型。

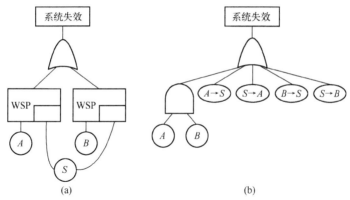

图 10.7 案例温贮备系统

(a) 原始 DFT；(b) 替代后 FT。

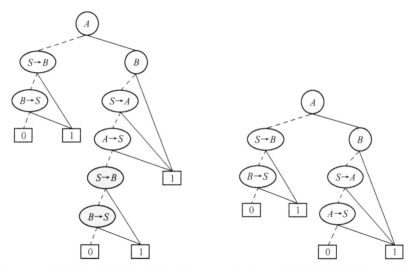

图 10.8 案例温贮备系统的 SBDD 模型   图 10.9 硬盘系统的最终 SBDD 模型

步骤 3　系统 SBDD 的评估

温贮备系统的不可靠性可通过在 SBDD 模型中,对从根节点至终节点"1"的所有不交路径的概率求和得到。值得注意的是,在模型评估,尤其是计算路径概率期间,必须考虑温贮备部件导致的顺序或时间相关性。

考虑图 10.9 中的 SBDD,有 5 条导致系统失效的路径：

$$A \Rightarrow B$$
$$A \Rightarrow \neg B \Rightarrow (S \rightarrow A)$$
$$A \Rightarrow \neg B \Rightarrow \neg (S \rightarrow A) \Rightarrow (A \rightarrow S)$$
$$\neg A \Rightarrow (S \rightarrow B)$$
$$\neg A \Rightarrow \neg (S \rightarrow B) \Rightarrow (B \rightarrow S)$$

应用与10.3.1节类似的简化方法,可按下式计算案例温贮备系统的不可靠性:

$$U_{系统} = \Pr(A\cap B) + \Pr(\neg B\cap(S\to A)) + \Pr(\neg B\cap(A\to S)) + \Pr(\neg A\cap(S\to B)) + \Pr(\neg A\cap(B\to S)) \tag{10.17}$$

结合式(10.10),系统的不可靠性为

$$\begin{aligned}U_{系统} =& \left(\int_0^t f_A(\tau_2)\mathrm{d}\tau_2\right)\left(\int_0^t f_B(\tau_3)\mathrm{d}\tau_3\right) + \\ & \left(1-\int_0^t f_B(\tau_3)\mathrm{d}\tau_3\right)\int_0^t\int_{\tau_1}^t f_{S,\alpha}(\tau_1)f_A(\tau_2)\mathrm{d}\tau_2\mathrm{d}\tau_1 + \\ & \left(1-\int_0^t f_B(\tau_3)\mathrm{d}\tau_3\right)\int_0^t\int_0^{t-\tau_2} f_A(\tau_2)f_{S,\lambda}(\tau_1)\left(1-\int_0^{\tau_2}f_{S,\alpha}(\tau_1)\mathrm{d}\tau_1\right)\mathrm{d}\tau_1\mathrm{d}\tau_2 + \\ & \left(1-\int_0^t f_A(\tau_2)\mathrm{d}\tau_2\right)\int_0^t\int_{\tau_1}^t f_{S,\alpha}(\tau_1)f_B(\tau_3)\mathrm{d}\tau_3\mathrm{d}\tau_1 + \\ & \left(1-\int_0^t f_A(\tau_2)\mathrm{d}\tau_2\right)\int_0^t\int_0^{t-\tau_3} f_B(\tau_3)f_{S,\lambda}(\tau_1)\left(1-\int_0^{\tau_3}f_{S,\alpha}(\tau_1)\mathrm{d}\tau_1\right)\mathrm{d}\tau_1\mathrm{d}\tau_3 \end{aligned}$$

$$\tag{10.18}$$

基于SBDD的方法适用于失效时间服从任意分布的情况。考虑两组失效参数:组1中,3个硬盘的失效时间均服从失效率为定值的指数分布: $\lambda_A = 0.001$/天,$\lambda_B = 0.003$/天,$\alpha_S = 0.0015$/天(激活前)和$\lambda_S = 0.0025$/天(激活后),式(10.18)中的概率密度函数pdf为$f_k(t) = \lambda_k \mathrm{e}^{-\lambda_k t}$;组2中,3个硬盘的失效时间均服从相同的形状参数($\alpha = 1.8$)和不同比例参数的威布尔分布:$\lambda_A = 0.001$,$\lambda_B = 0.003$,$\alpha_S = 0.0015$(激活前)和$\lambda_S = 0.0025$(激活后),pdf为$f_k(t) = \alpha_k (\lambda_k)^{\alpha_k} t^{\alpha_k-1} \mathrm{e}^{-(\lambda_k t)^{\alpha_k}}$。

表10.2列出了由这两组失效参数得到的任务时间t分别为300天、600天和1000天的系统不可靠性。

表10.2 案例温贮备系统的不可靠性

t	指数分布	威布尔分布
300	0.404359	0.183705
600	0.758792	0.716139
1000	0.938432	0.977974

10.4 近似算法

本节将介绍基于中心极限定理的快速近似算法,以分析 1-out-of-n 同构和异构冷贮备系统的可靠性。参考文献[63],了解适用于更普遍的、需要 k 个部件在线的 k-out-of-n 冷贮备系统的扩展近似模型;参考文献[64]了解另一种适用于温贮备系统可靠性分析的扩展近似算法。

10.4.1 同构冷贮备系统

考虑含 n 个相同部件的同构冷贮备系统,其中部件 A_1 为主工作部件,$A_2,\cdots,A_n$ 为按下标的顺序投入使用的冷贮备部件。当 A_1 在时刻 T_1 失效时,其被 A_2 替代;当 A_2 在时刻 T_1+T_2 失效时,其被 A_3 替代,这样所有部件依次替代。此处假设替代是瞬间发生的,时间间隔 $T_1,T_2,\cdots$ 是独立同分布的。当 n 个部件均失效时,整个系统失效。

定义 S_n 为第 n 次失效时间,即系统的失效时间,记为 $S_n = T_1 + T_2 + \cdots T_n = \sum_{i=1}^{n} T_i$[65]。令 μ 为部件的平均失效时间(MTTF),基于强大数定律[56],有 $\frac{S_n}{n} \to \mu$,当 $n \to \infty$ 时。根据中心极限定理(CLT)[56],S_n 服从渐进正态分布:

$$\frac{S_n - n\mu}{\sigma \sqrt{n}} \to N(0,1) \tag{10.19}$$

式中:σ 为 T_i 的标准差。因此,1-out-of-n 同构冷贮备系统的不可靠性可近似为[63]

$$UR'(t) = \Pr(S_n \leq t) \approx \Phi\left(\frac{t - n\mu}{\sigma \sqrt{n}}\right) \tag{10.20}$$

式中:$\Phi(\cdot)$ 表示标准正态分布 $N(0,1)$ 的分布函数。

接下来,以部件失效时间服从相同的指数或正态分布的 1-out-of-n 冷贮备系统为例对近似模型进行说明。假设案例系统中,每个部件的 MTTF 均为 1000h。

例 1 指数分布

基于式(10.20)中的近似模型,部件失效时间服从指数分布的 1-out-of-n 冷贮备系统的不可靠性为

$$\text{UR}'(t)_{\text{指数}} \approx \Phi\left(\frac{t-n\mu}{\sigma\sqrt{n}}\right) = \frac{1}{2}\left[1+\text{erf}\left(\frac{t-n\mu}{\mu\sqrt{2n}}\right)\right] \quad (10.21)$$

式(10.21)中,误差函数 $\text{erf}(\cdot)$ 为 $\text{erf}(z) = \frac{2}{\sqrt{\pi}}\int_0^z e^{-x}\mathrm{d}x$,$\mu$ 为 MTTF,σ 为标准差。对于指数分布,$\mu=\sigma$。

为了分析近似模型的准确度,将式(10.21)的结果与由10.2.1节中马尔可夫法得到的准确解作比较。结合式(10.4)和 $\lambda=1/\mu$,得到最初含 $(n-1)$ 个冷贮备部件的案例冷贮备系统的精确不可靠性为

$$\text{UR}(t)_{\text{指数}} = 1 - e^{-t/\mu}\sum_{i=0}^{n-1}\frac{(t/\mu)^i}{i!} \quad (10.22)$$

图10.10展示了当系统部件数为10和50时,由近似模型式(10.21)得到的不可靠性结果和由式(10.22)得到的准确解的图解比较。显然,近似模型非常好地近似了系统的不可靠性。另外,近似模型的准确度随着系统部件数量 n 的增加而增加。

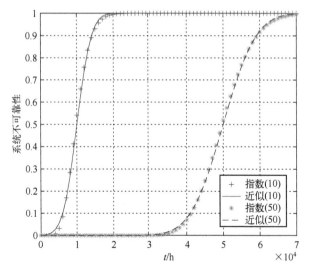

图 10.10 指数分布时的不可靠性比较

例2 正态分布

如果 $T_1, T_2, \cdots, T_n$ 是 n 个独立且服从同一均值为 μ,标准差为 σ 的正态分布的随机变量,那么它们的和也服从正态分布[66]:$S_n = T_1 + T_2 + \cdots + T_n = \sum_{i=1}^{n} T_i \sim N(n\mu, n\sigma^2)$。根据式(10.20),部件失效时间服从正态分布的 1-out-of-n 冷贮备系统的不可靠性为

$$\mathrm{UR}'(t)_{正态} = \Phi\left(\frac{t-n\mu}{\sigma\sqrt{n}}\right) = \frac{1}{2}\left[1+\mathrm{erf}\left(\frac{t-n\mu}{\sigma\sqrt{2n}}\right)\right] \quad (10.23)$$

为了分析近似模型的准确度,将式(10.23)的结果与精确解作比较,精确解可由将式(10.11)应用于正态分布得到:

$$\mathrm{UR}(t)_{正态} = \int_0^t \int_0^{t-\tau_1} \cdots \int_0^{t-\tau_1-\tau_2\cdots-\tau_{n-1}} \frac{1}{(\sigma\sqrt{2\pi})^n} e^{-\frac{(\tau_1-\mu)^2+(\tau_2-\mu)^2+\cdots+(\tau_n-\mu)^2}{2\sigma^2}} \mathrm{d}\tau_n\cdots\mathrm{d}\tau_2\mathrm{d}\tau_1 \quad (10.24)$$

当 $\mu=1000$, $\sigma=200$ 和 $n=4$ 时,计算案例冷贮备系统在不同任务时刻的不可靠性,结果列于表10.3中。两种方法所得的结果完全一致。然而,近似模型(10.23)的分析过程比基于多重积分的式(10.24)要简便得多。

表10.3 正态分布时的结果比较

t	近似模型 式(10.23)	精确方法 式(10.24)
3000	0.0062	0.0062
3500	0.1056	0.1056
4000	0.5000	0.5000
4500	0.8944	0.8944

10.4.2 异构冷贮备系统

考虑含 n 个不同部件的异构冷贮备系统,其中部件 A_1 为主工作部件,$A_2,\cdots,A_n$ 为按下标的顺序投入使用的冷贮备部件。与同构情况类似,当 A_1 在时刻 T_1 失效时,其被 A_2 替代;当 A_2 在时刻 T_1+T_2 失效时,其被 A_3 替代,所有部件这样依次替代。整个系统的失效时间为 $S_n = T_1 + T_2 + \cdots T_n = \sum_{i=1}^n T_i$。

令 μ_i 为 T_i 的MTTF,σ_i 为 T_i 的标准差。基于李雅普诺夫(Lyapunov)中心极限定理[67],若存在 $\delta>0$,满足李雅普诺夫条件 $\lim_{n\to\infty} \frac{1}{\left(\sqrt{\sum_{i=1}^n \sigma_i^2}\right)^{2+\delta}} \sum_{i=1}^n \mathrm{E}[|T_i-\mu_i|^{2+\delta}] = 0$

时,随着 n 趋于无穷,$(T_i-\mu_i)/\sqrt{\sum_{i=1}^n \sigma_i^2}$ 之和将收敛于服从标准正态分布的变量,即

$$\frac{1}{\sqrt{\sum_{i=1}^{n}\sigma_i^2}}\sum_{i=1}^{n}(T_i-\mu_i)=\frac{S_n-\sum_{i=1}^{n}\mu_i}{\sqrt{\sum_{i=1}^{n}\sigma_i^2}}\to N(0,1) \qquad (10.25)$$

因此,1-out-of-n 异构冷贮备系统的不可靠性可近似为[68]

$$\mathrm{UR}'(t)=\Pr(S_n\leqslant t)\approx\Phi\left(\frac{t-\sum_{i=1}^{n}\mu_i}{\sqrt{\sum_{i=1}^{n}\sigma_i^2}}\right) \qquad (10.26)$$

与式(10.20)中的相同,$\Phi(\cdot)$ 表示标准正态分布 $N(0,1)$ 的分布函数。

接下来,以部件失效时间服从不同的指数或正态分布的 1-out-of-n 冷贮备系统为例对近似模型进行说明。

例1 指数分布

假设 n 个部件(当其工作时)的失效时间服从不同失效率 $\lambda_1,\lambda_2,\cdots,\lambda_n$ 的指数分布。部件 i 指数分布的 pdf 为 $f_i(t)_{\exp}=\lambda_i\mathrm{e}^{-\lambda_i t}$,其中 $t\geqslant 0$,MTTF 为 $\mu_i=\frac{1}{\lambda_i}$,方差为 $\sigma_i^2=\frac{1}{\lambda_i^2}$。文献[68]表明,指数分布时能够满足李雅普诺夫条件,因此,根据式(10.26),部件失效时间服从不同指数分布的 1-out-of-n 异构冷贮备系统的不可靠性可近似为

$$\mathrm{UR}'(t)_{指数}\approx\Phi\left(\frac{t-\sum_{i=1}^{n}\mu_i}{\sqrt{\sum_{i=1}^{n}\sigma_i^2}}\right)=\frac{1}{2}\left[1+\mathrm{erf}\left(\frac{t-\sum_{i=1}^{n}\frac{1}{\lambda_i}}{\sqrt{2\sum_{i=1}^{n}\left(\frac{1}{\lambda_i}\right)^2}}\right)\right] \qquad (10.27)$$

为了分析近似模型的准确度,将式(10.27)的结果与文献[69]中的准确解,即式(10.28)作比较。

$$\mathrm{UR}(t)_{指数}=1-\sum_{i=1}^{n}\left(\mathrm{e}^{-\lambda_i t}\prod_{\substack{j=1\\j\neq i}}^{n}\frac{\lambda_i}{\lambda_j-\lambda_i}\right) \qquad (10.28)$$

值得注意的是,式(10.28)仅适用于系统部件的失效率完全不同的系统,而近似模型式(10.27)没有此限制。

图 10.11 展示了当系统部件数为 5 和 15 时,由近似模型式(10.27)得到的不可靠性结果和由式(10.28)得到的准确解的图解比较。通过生成一个由 n 个介于 1000~2000h 之间的线性间隔数字所组成的行向量给出 μ_i,例如,在 5 个部件的情况下,MTTF 分别为 1000h、1250h、1500h、1750h 和 2000h。显然,近似模

型非常好地近似了系统的不可靠性。另外,近似模型的准确度随着系统部件数量 n 的增加而增加。

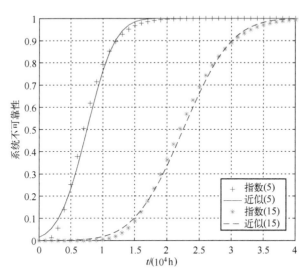

图 10.11 指数分布的不可靠性比较

例 2 正态分布

假设 $T_1, T_2, \cdots, T_n$ 是 n 个独立的服从不同均值 μ 和标准差 σ 的正态分布的随机变量。因此,总和 $\sum_{i=1}^{n} T_i$ 服从均值为 $\sum_{i=1}^{n} \mu_i$ 和方差为 $\sum_{i=1}^{n} \sigma_i^2$ 的正态分布[69]。部件 i 正态分布的 pdf 为 $f_i(t)_{\text{normal}} = \dfrac{1}{\sqrt{2\pi\sigma_i^2}} e^{-\frac{(t-\mu_i)^2}{2\sigma_i^2}}$。部件失效时间服从不同正态分布的 1-out-of-n 异构冷贮备系统的不可靠性为

$$UR(t)_{\text{正态}} = \Phi\left(\frac{t - \sum_{i=1}^{n} \mu_i}{\sqrt{\sum_{i=1}^{n} \sigma_i^2}}\right) = \frac{1}{2}\left[1 + \text{erf}\left(\frac{t - \sum_{i=1}^{n} \mu_i}{\sqrt{2\sum_{i=1}^{n} \sigma_i^2}}\right)\right] \quad (10.29)$$

以 1-out-of-10 冷贮备系统为例,通过生成一个由 10 个介于 1000~2000h 之间的线性间隔数字所组成的行向量给出 10 个部件不同的 μ_i,所有部件的标准差均为 $\sigma_i = 100$h。应用式(10.29)得到案例系统在任务时间 t 的不可靠性函数,如图 10.12 所示。

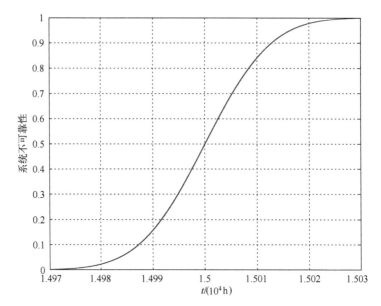

图 10.12 服从正态分布的 1-out-of-10 冷贮备系统不可靠性

参考文献

[1] JOHNSON B W. Design and analysis of fault tolerant digital systems [M]. 1st ed. Boston: Addison-Wesley Longman Publishing Co. ,Inc,1988.

[2] KILMER W L. Failure distributions for local vs. global and replicate vs. standby redundancies[J]. IEEE transactions on reliability,1994,43(3):476-483,488.

[3] IEEE. ANSI/IEEE Std 446-1995:IEEE recommended practice for emergency and standby power systems for industrial and commercial applications (IEEE orange book) [S],1995.

[4] PANDEY D,JACOB M,YADAV J. Reliability analysis of a powerloom plant with cold standby for its strategic unit [J]. Microelectronics reliability,1996,36(1):115-119.

[5] ZHANG T,XIE M,HORIGOME M. Availability and reliability of k-out-of-(M+N):G warm standby systems [J]. Reliability engineering & system safety,2006,91(4):381-387.

[6] ELERATH J G,PECHT M. A highly accurate method for assessing reliability of redundant arrays of inexpensive disks (RAID) [J]. IEEE transactions on computers,2009,58(3): 289-299.

[7] HSIEH C,HSIEH Y. Reliability and cost optimization in distributed computing systems [J]. Computers and operations research,2003,30(8):1103-1119.

[8] LUO W,QIN X,TAN X C,et al. Exploiting redundancies to enhance schedulability in fault-tolerant and real-time distributed systems [J]. IEEE transactions on systems,man and cybernetics,part a:systems and humans,2009,39(3):626-639.

[9] PHAM H,PHAN H K,AMARI S V. A general model for evaluating the reliability of tele-

communications systems [J]. Communications in Reliability, Maintainability, and Supportability-An International Journal,1995,2:4-13.

[10] STERRITT R,BUSTARD D W. Fusing hard and soft computing for fault management in telecommunications systems [J]. IEEE transactions on systems,man,and cybernetics,part c:applications and reviews,2002,32(2):92-98.

[11] JOHNSON B W,JULISH P M. Fault-tolerant computer system for the A129 helicopter[J]. IEEE transactions on aerospace and electronic systems,1985,AES-21(2): 220-229.

[12] SKLAROFF J R. Redundancy management technique for space shuttle computers [J]. IBM journal of research & development,1976,20(1):20-28.

[13] SINAKI G. Ultra-reliable fault tolerant inertial reference unit for spacecraft[C]. San Diego: Univelt Inc. ,1994.

[14] LEVITIN G, XING L, DAI Y. Sequencing optimization in k-out-of-n cold-standby systems considering mission cost [J]. International journal of general systems, 2013, 42 (8):870-882.

[15] MISRA K B. Reliability analysis and prediction: a methodology oriented treatment[M]. Amsterdam: Elsevier,1992.

[16] LEVITIN G,XING L,DAI Y. Reliability and mission cost of 1-out-of-n:G systems with state-dependent standby mode transfers [J]. IEEE transactions on reliability,2015,64 (1):454-462.

[17] LEVITIN G,XING L,DAI Y. Optimal sequencing of warm standby elements [J]. Computers & industrial engineering,2013,65(4):570-576.

[18] AMARI S V, PHAM H, MISRA R B. Reliability characteristics of k-out-of-n warm standby systems [J]. IEEE transactions on reliability,2012,61(4):1007-1018.

[19] XING L,TANNOUS O,DUGAN J B. Reliability analysis of non-repairable cold-standby systems using sequential binary decision diagrams [J]. IEEE transactions on systems, man,and cybernetics,part a:systems and humans,2012,42(3):715-726.

[20] LEVITIN G,XING L,DAI Y. Cold-standby sequencing optimization considering mission cost [J]. Reliability engineering & system safety,2013,118:28-34.

[21] GEMUND A J C V,REIJNS G L. Reliability analysis of k-out-of-n systems with single cold standby using pearson distributions [J]. IEEE transactions on reliability, 2012, 61 (2):526-532.

[22] COIT D W. Cold-standby redundancy optimization for non-repairable systems [J]. IIE transactions,2001,33(6):471-478.

[23] SHE J,PECHT M G. Reliability of a k-out-of-n warm-standby system [J]. IEEE transactions on reliability,1992,41(1):72-75.

[24] YUN W Y,CHA J H. Optimal design of a general warm standby system [J]. Reliability engineering & system safety,2010,95(8):880-886.

[25] TANNOUS O, XING L, DUGAN J B. reliability analysis of warm standby systems using

sequential BDD[C]//Proceedings of the 57th annual reliability & maintainability symposium, Florida, 2011.

[26] ERYILMAZ S. Reliability of a k-out-of-n system equipped with a single warm standby component [J]. IEEE transactions on reliability, 2013, 62(2): 499-503.

[27] LI X, YAN R, ZUO M J. Evaluating a warm standby system with components having proportional hazard rates [J]. Operations research letters, 2009, 37(1): 56-60.

[28] RUIZ-CASTRO J E, FERNÁNDEZ-VILLODRE G. A complex discrete warm standby system with loss of units [J]. European journal of operational research, 2012, 218(2): 456-469.

[29] LONG W, ZHANG T L, LU Y F, et al. On the quantitative analysis of sequential failure logic using Monte Carlo method for different distributions [C]//Proceedings of Probabilistic Safety Assessment and Management, Helsinki, 2002.

[30] BOUDALI H, DUGAN J B. A discrete-time Bayesian network reliability modeling and analysis framework [J]. Reliability engineering & system safety, 2005, 87(3): 337-349.

[31] KUO W, WAN R. Recent advances in optimal reliability allocation [J]. IEEE transactions on systems, man and cybernetics, part a: systems and humans, 2007, 37(2): 143-156.

[32] BODDU P, XING L. Reliability evaluation and optimization of series-parallel systems with k-out-of-n: G subsystems and mixed redundancy types [J]. Proc IMechE, Part O, Journal of risk and reliability, 2013, 227(2): 187-198.

[33] AMARI S V, DILL G. Redundancy optimization problem with warm-standby redundancy [C]. The proceedings of annual reliability and maintainability symposium (RAMS) San Jose, 2010.

[34] COIT D W. Maximization of system reliability with a choice of redundancy strategies [J]. IIE transactions, 2003, 35(6): 535-544.

[35] MISRA K B, SHARMA U. An efficient algorithm to solve integer programming problems arising in system-reliability design [J]. IEEE transactions on reliability, 1991, 40(1): 81-91.

[36] CHIA L Y, SMITH A E. An ant colony optimization algorithm for the redundancy allocation problem (RAP) [J]. IEEE Transactions on Reliability, 2004, 53(3): 417-423.

[37] MISRA K B. Reliability optimization of a series-parallel system[J]. IEEE transactions on reliability, 1972, R-21(4): 230-238.

[38] ONISHI J, KIMURA S, JAMES R J W, et al. Solving the redundancy allocation problem with a mix of components using the improved surrogate constraint method [J]. IEEE transactions on reliability, 2007, 56(1): 94-101.

[39] TANNOUS O, XING L, RUI P, et al. Redundancy allocation for series-parallel warm-standby systems[C]//IEEE International Conference on Industrial Engineering and Engineering Management, Singapore, 2011.

[40] ZHAO R, LIU B. Standby redundancy optimization problems with fuzzy lifetimes [J].

Computers & industrial engineering,2005,49(2):318-338.

[41] BODDU P,XING L,LEVITIN G. Energy consumption modeling and optimization in heterogeneous cold-standby systems [J]. International journal of systems science: operations & logistics,2014,1(3):142-152.

[42] LEVITIN G,XING L,DAI Y. Mission cost and reliability of 1-out-of-n warm standby systems with imperfect switching mechanisms [J]. IEEE transactions on systems, man, and cybernetics:systems,2014,44(9):1262-1271.

[43] LEVITIN G,XING L,DAI Y. Effect of failure propagation on cold vs. hot standby tradeoff in heterogeneous 1-out-of-n:G Systems [J]. IEEE transactions on reliability,2015,64(1):410-419.

[44] LEVITIN G,XING L,DAI Y. Cold vs. hot standby mission operation cost minimization for 1-out-of-n systems [J]. European journal of operational research,2014,234(1):155-162.

[45] LEVITIN G,XING L,DAI Y. Optimization of predetermined standby mode transfers in 1-out-of-n:G systems [J]. Computers and industrial engineering,2014,72:106-113.

[46] DAI Y,LEVITIN G,XING L. Optimal periodic inspections and activation sequencing policy in standby systems with condition based mode transfer [J]. IEEE transactions on reliability,2017,66(1):189-201.

[47] LEVITIN G, XING L, DAI Y. Optimal design of hybrid redundant systems with delayed failure-driven standby mode transfer [J]. IEEE transactions on systems, man, and cybernetics:systems,2015,45(10):1336-1344.

[48] LEVITIN G, XING L, DAI Y. Cold-standby systems with imperfect backup [J]. IEEE transactions on reliability,2016,65(4):1798-1809.

[49] LEVITIN G, XING L, DAI Y. Heterogeneous 1-out-of-n warm standby systems with dynamic uneven backups [J]. IEEE transactions on reliability,2015,64(4) 1325-1339.

[50] LEVITIN G, XING L,JOHNSON B W, et al. Mission reliability, cost and time for cold standby computing systems with periodic backup [J]. IEEE transactions on computers,2015,64(4):1043-1057.

[51] LEVITIN G,XING L,ZHAI Q,et al. Optimization of full vs. incremental periodic backup policy [J]. IEEE transactions on dependable and secure computing,2016,13(6):644-656.

[52] LEVITIN G,XING L,DAI Y. Optimal backup distribution in 1-out-of-n cold standby systems [J]. IEEE transactions on systems, man, and cybernetics:systems,2015,45(4):636-646.

[53] LEVITIN G,XING L,DAI Y. Preventive replacements in real-time standby systems with periodic backups [J]. IEEE transactions on reliability,doi:10.1109/TR.2015.2500369.

[54] MISRA K B. Handbook of Performability Engineering[M]. London:Springer-Verlag,2008.

［55］ GULATI R. A modular approach to static and dynamic fault tree analysis［D］. Charlattesville：University of Virginia,1996.

［56］ RAUSAND M,HOYLAND A. System reliability theory：models,statistical methods,and applications［M］. 2nd ed. Hoboken：John Wiley & Sons,Inc,2004.

［57］ XING L,LI H,MICHEL H E. Fault-tolerance and reliability analysis for wireless sensor networks［J］. International journal of performability engineering,2009,5(5)：419-431.

［58］ ZHAI Q,PENG R,XING L. Reliability of demand-based warm standby systems subject to fault level coverage［J］. Applied stochastic models in business and industry,special issue on mathematical methods in reliability,2015,31(3)：380-393.

［59］ TANNOUS O,XING L,PENG R,et al. Reliability of warm-standby systems subject to imperfect fault coverage［J］. Proc IMechE,Part O：Journal of risk and reliability,2014,228(6)：606-620.

［60］ ZHAI Q,PENG R,XING L,et al. BDD-based reliability evaluation of k-out-of-(n+k) warm standby systems subject to fault-level coverage［J］. Proc IMechE,Part O：Journal of risk and reliability,2013,227(5)：540-548.

［61］ ZHAI Q,XING L,PENG R,et al. Multi-valued decision diagram-based reliability analysis of k-out-of-n cold standby systems subject to scheduled backups［J］. IEEE transactions on reliability,2015,64(4)：1310-1324.

［62］ XING L,SHRESTHA A,MESHKAT L,et al. Incorporating common-cause failures into the modular hierarchical systems analysis［J］. IEEE transactions on reliability,2009,58(1)：10-19.

［63］ WANG C,XING L,AMARI S V. A fast approximation method for reliability analysis of cold-standby systems［J］. Reliability engineering & system safety,2012,106：119-126.

［64］ TANNOUS O,XING L. Efficient analysis of warm standby systems using central limit theorem［C］//The proceedings of the 58th annual reliability and maintainability symposium(RAMS),Reno,2012.

［65］ AMARI S V,DILL G. A new method for reliability analysis of standby systems［C］. The proceedings of the 55th annual reliability and maintainability symposium(RAMS),Fort Worth,2009.

［66］ MODARRES M,KAMINSKIY M P,KRIVTSOV V. Reliability engineering and risk analysis［M］. 2nd ed. New York：Taylor & Francis Group,2009.

［67］ KORALOV L,SINAI Y G. Theory of probability and random processes［M］. 2nd ed. Berlin：Springer,2007.

［68］ WANG C,XING L,PENG R. Approximate reliability analysis of large heterogeneous cold-standby systems［C］//Proceedings of international conference on quality,reliability,risk,maintenance,and safety engineering(QR2MSE 2014),Dalian,2014.

［69］ AMARI S V,MISRA R B. Closed-form expressions for distribution of sum of exponential random variables［J］. IEEE transactions on reliability,1997,46(4)：519-522.